网络技术系列丛书

普通高等教育“十三五”应用型人才培养规划教材

网络设备配置与管理实践

主编　周伟　张靖　张春宇　张杰

西南交通大学出版社
·成都·

内容简介

本书为高等学校实践课程教材。全书共35个实验，分为计算机网络基础、网络设备配置与管理、IPv6技术、网络服务和综合应用案例五部分。主要内容包括网络传输介质及数据传输协议、交换机和路由器的配置与管理、路由协议、网络安全、IPv6等实验内容。本书面向网络工程实践，在实验设计过程中通过实验使学生系统深入地分析和理解网络设备工作原理，通过学生实际操作网络设备和模拟软件来提高学生的工程实践能力，同时紧跟网络技术的前沿，设计了一些与IPv6技术相关的实验，使学生在具备计算机网络基本理论知识的基础上加强理论和网络工程实践具体项目的结合。

本书可供普通高校计算机专业学生使用，对从事计算机网络工作的工程技术人员也有一定的参考价值。

图书在版编目（CIP）数据

网络设备配置与管理实践 / 周伟等主编. —成都：西南交通大学出版社，2017.4
（网络技术系列丛书）
普通高等教育“十三五”应用型人才培养规划教材
ISBN 978-7-5643-5345-2

Ⅰ. ①网… Ⅱ. ①周… Ⅲ. ①网络设备 – 配置 – 高等学校 – 教材 Ⅳ. ①TP393

中国版本图书馆CIP数据核字（2017）第048055号

网络技术系列丛书
普通高等教育“十三五”应用型人才培养规划教材

网络设备配置与管理实践

主编　周伟　张靖　张春宇　张杰

责任编辑　穆丰
封面设计　严春艳

出版发行　西南交通大学出版社
（四川省成都市二环路北一段111号
西南交通大学创新大厦21楼）
发行部电话　028-87600564　028-87600533
邮政编码　610031
网址　http://www.xnjdcbs.com

印刷　四川森林印务有限责任公司
成品尺寸　185 mm × 260 mm
印张　15
字数　320千
版次　2017年4月第1版
印次　2017年4月第1次
书号　ISBN 978-7-5643-5345-2
定价　36.00元

课件咨询电话：028-87600533
图书如有印装质量问题　本社负责退换
版权所有　盗版必究　举报电话：028-87600562

CONTENTS 目录

第一部分　计算机网络基础实验

第二部分　网络设备配置与管理

第三部分　IPv6 技术实验

第四部分　网络服务

第五部分　综合应用案例

第一部分　计算机网络基础实验

实验一　常见网络设备与连接线缆介绍

一、实验内容

掌握常见网络设备和常见网络传输介质。

二、实验目的

（1）了解常见网络设备及其特点；
（2）了解常见网络传输介质及其特点。

三、实验器材

集线器（Hub）、交换机（Switch）、路由器（Router）；双绞线、同轴电缆、光缆。

四、实验步骤

（一）集线器

集线器的英文名称为“Hub”，“Hub”是“中心”的意思。集线器的主要功能是对接收到的信号进行再生整形放大，以扩大网络的传输距离，同时把所有节点集中在以它为中心的节点上。它工作于OSI参考模型（开放系统互联参考模型）第一层，即“物理层”。集线器与网卡、网线等传输介质一样，属于局域网中的基础设备，采用CSMA/CD（一种检测协议）访问方式。

集线器属于纯硬件网络底层设备，基本上不具有类似于交换机的“智能记忆”能力和“学习”能力，如图1-1所示。它也不具备交换机所具有的MAC地址表，所以它发送数据时都是没有针对性的，而是采用广播方式发送。也就是说，当它要向某节点发送数据时，不是直接把数据发送到目的节点，而是把数据包发送到与集线器相连的所有节点。

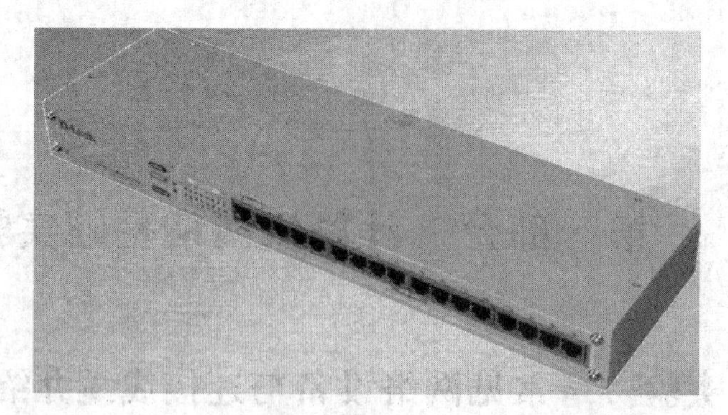

图 1-1　集线器

（二）交换机

交换机（Switch）也叫交换式集线器，是一种工作在 OSI 第二层（数据链路层，参见“广域网”定义）上的、基于 MAC（网卡的介质访问控制地址）识别、能完成封装转发数据包功能的网络设备，如图 1-2 所示。它通过对信息进行重新生成，并经过内部处理后转发至指定端口，具备自动寻址能力和交换作用。

图 1-2　交换机

交换机可以“学习”源主机的 MAC 地址，并把其存放在内部地址表中，通过在数据帧的始发者和目标接收者之间建立临时的交换路径，使数据帧直接由源地址到达目的地址。交换机上的所有端口均有独享的信道带宽，以保证每个端口上数据的快速有效传输。由于交换机根据所传递信息包的目的地址，将每一信息包独立地从源端口送至目的端口，而不会向所有端口发送，避免了和其他端口发生冲突，因此，交换机可以同时互不影响地传送这些信息包，并防止传输冲突，提高了网络的实际吞吐量。

（三）路由器

路由器是一种连接多个网络或网段的网络设备，它能将不同网络或网段之间的数据信息进行“翻译”，以使它们能够相互“读”懂对方的数据，从而构成一个更大的网络，如图 1-3 所示。

图 1-3　路由器

路由器有两大主要功能，即数据通道功能和控制功能。数据通道功能包括转发决定、背板转发以及输出链路调度等，一般由特定的硬件来完成；控制功能一般用软件来实现，包括与相邻路由器之间的信息交换、系统配置、系统管理等。

路由器工作在OSI模型中的第三层，即网络层。路由器利用网络层定义的“逻辑”上的网络地址（即IP地址）来区别不同的网络，实现网络的互联和隔离，保持各个网络的独立性。路由器不转发广播报文，而把广播报文限制在各自的网络内部。发送到其他网络的数据应先被送到路由器，再由路由器转发出去。

IP路由器只转发IP分组，把其余的部分挡在网内（包括广播），从而保持各个网络具有相对的独立性，这样可以组成具有许多网络（子网）互联的大型网络。由于是在网络层的互联，路由器可方便地连接不同类型的网络，只要网络层运行的是IP协议，通过路由器就可互联起来。

（四）双绞线

双绞线的英文名称为“Twist-Pair”，是综合布线工程中最常用的一种传输介质。它分为两种类型：屏蔽双绞线和非屏蔽双绞线。屏蔽双绞线电缆的外层由铝铂包裹，以减少辐射，但并不能完全消除辐射，如图1-4所示。屏蔽双绞线价格相对较高，安装时要比非屏蔽双绞线电缆困难。非屏蔽双绞线无金属屏蔽材料，只有一层绝缘胶皮包裹。非屏蔽双绞线电缆具有以下优点：（1）无屏蔽外套，直径小，节省所占用的空间；（2）质量轻，易弯曲，易安装；（3）将串扰减至最小或加以消除；（4）具有阻燃性；（5）具有独立性和灵活性，适用于结构化综合布线。非屏蔽双绞线如图1-5所示。

图1-4　屏蔽双绞线

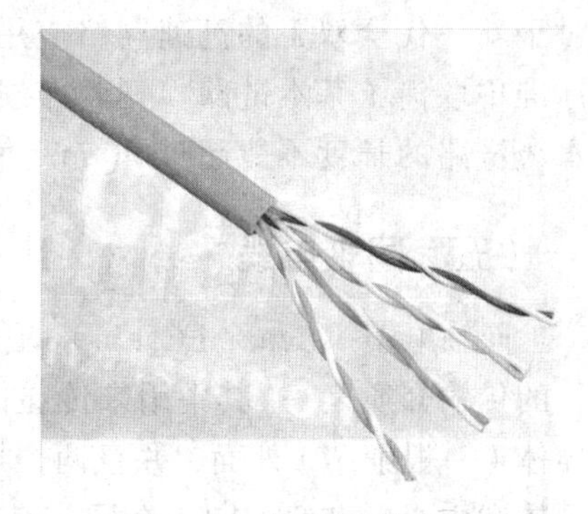

图1-5　非屏蔽双绞线

双绞线采用一对互相绝缘的金属导线互相绞合的方式来抵御一部分外界电磁波干扰。把两根绝缘的铜导线按一定密度互相绞在一起，可以降低信号干扰的程度，每一根导线在传输中辐射的电波会被另一根导线上发出的电波抵消，“双绞线”的名字也是由此而来。双绞线是由4对双绞线一起包在一个绝缘电缆套管里的。一般双绞线扭线越密，其抗干扰能力就越强，与其他传输介质相比，双绞线在传输距离、信道宽度和数据传输速度等方面均受到一定限制，但价格较为低廉。

双绞线常见的有三类线、五类线和超五类线，以及最新的六类线，前者线径细而后者线径粗，型号介绍如下：

（1）一类线：主要用于传输语音（一类标准主要用于20世纪80年代初之前的电话线缆），不同于数据传输。

（2）二类线：传输频率为1 MHz，用于语音传输和最高传输速率4 Mb/s的数据传输，常见于使用4 Mb/s规范令牌传递协议的旧的令牌网。

（3）三类线：该类线是目前在ANSI和EIA/TIA568标准中指定的电缆，该电缆的传输频率为16 MHz，用于语音传输及最高传输速率为10 Mb/s的数据传输，主要用于10BASE-T网络。

（4）四类线：该类电缆的传输频率为 20 MHz，用于语音传输和最高传输速率为16 Mb/s的数据传输，主要用于基于令牌的局域网和10BASE-T/100BASE-T网络。

（5）五类线：该类电缆增加了绕线密度，外套一种高质量的绝缘材料，传输率为 100 MHz，用于语音传输和最高传输速率为 10 Mb/s 的数据传输，主要用于100BASE-T和10BASE-T网络。这是最常用的以太网电缆。

（6）超五类线：具有衰减小、串扰少的优点，并且具有更高的衰减与串扰比值（ACR）和信噪比（Structural Return Loss）及更小的时延误差，性能得到很大提高。超五类线主要用于千兆位以太网（1 000 Mb/s）。

（7）六类线：该类电缆的传输频率为 1～250 MHz，六类布线系统在 200 MHz时综合衰减串扰比（PS-ACR）应该有较大的余量，它提供两倍于超五类线的带宽。六类布线的传输性能远远高于超五类标准，最适用于传输速率高于1 Gb/s的应用。六类线与超五类线的一个重要的不同点是：改善了在串扰以及回波损耗方面的性能，对于新一代全双工的高速网络应用而言，优良的回波损耗性能是非常重要的。六类标准中取消了基本链路模型，布线标准采用星形的拓扑结构，要求的布线距离为：永久链路的长度不能超过90 m，信道长度不能超过100 m。

（五）同轴电缆

同轴电缆（Coaxial Cable）的得名与它的结构相关。同轴电缆也是局域网中最常见的传输介质之一。其中用来传递信息的一对导体是按照一层圆筒式的外导体套在内导体（一根细芯）外面，并且两个导体间是用绝缘材料互相隔离的结构制作的，外层导体和中心轴芯线的圆心在同一个轴心上，所以叫作同轴电缆。同轴电缆之所以设计成这样，是为了防止外部电磁波干扰异常信号的传递。同轴电缆如图1-6所示。

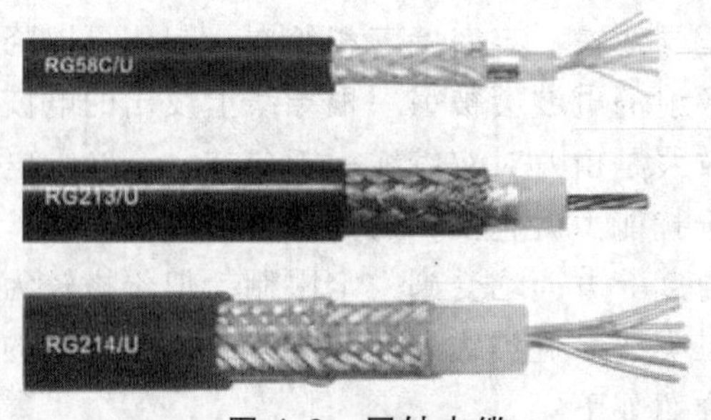

图1-6　同轴电缆

同轴电缆根据其直径大小可以分为粗同轴电缆（简称粗缆）与细同轴电缆（简称细缆）。粗缆适用于比较大型的局部网络，它的标准距离长，可靠性高，由于安装时不需要切断电缆，因此可以根据需要灵活调整计算机的入网位置，但粗缆网络必须安装收发器电缆，安装难度大，所以总体造价高。相反，细缆安装则比较简单，造价低，但由于安装过程要切断电缆，两头需要装上基本网络连接头（BNC），然后接在 T 形连接器两端，所以当接头多时容易产生不良的隐患，这是目前运行中的以太网所发生的最常见的故障之一。粗同轴电缆与细同轴电缆的区别如表 1-1 所示。

表 1-1　粗同轴电缆与细同轴电缆

介质类型	细同轴电缆	粗同轴电缆
费　用	比双绞线贵	比细缆贵
最大传输距离	185 m	500 m
传输速率	10 Mb/s	10 Mb/s
弯曲程度	一般	难
安装难度	容易	容易
抗干扰能力	很好	很好
特　性	组网费用少于双绞线	组网费用少于双绞线

（六）光纤

光纤是以光脉冲的形式来传输信号的，以玻璃或有机玻璃等为网络传输介质。它由纤维芯、包层和保护套组成。

光纤可分为单模（Single Mode）光纤和多模（Multiple Mode）光纤。单模光纤只提供一条光路，加工工程复杂，但具有更大的通信容量和更远的传输距离。多模光纤使用多条光路传输同一信号，通过光的折射来控制传输过程。光纤外观如图 1-7 所示。

图 1-7　光纤

实验二　双绞线的制作与测试

一、实验内容

掌握直通线和交叉线的制作方法。

二、实验目的

（1）掌握双绞线的制作与测试过程；
（2）认识压线钳、测线仪等仪器和制作工具。

三、实验器材

（1）RJ-45 头若干、双绞线若干米、RJ-45 压线钳 1 把、测试仪 1 套；
（2）交叉线 1 条（5 m 以内）、直通线 2 条以上、交换机 1 台、计算机 2 台以上。

四、实验步骤

（一）TIA/EIA 标准

T568A 标准线序和 T568B 标准线序如图 1-8 所示。
T568A 标准线序为（从左至右）：白绿、绿、白橙、蓝、白蓝、橙、白棕、棕；
T568B 标准线序为（从左至右）：白橙、橙、白绿、蓝、白蓝、绿、白棕、棕。

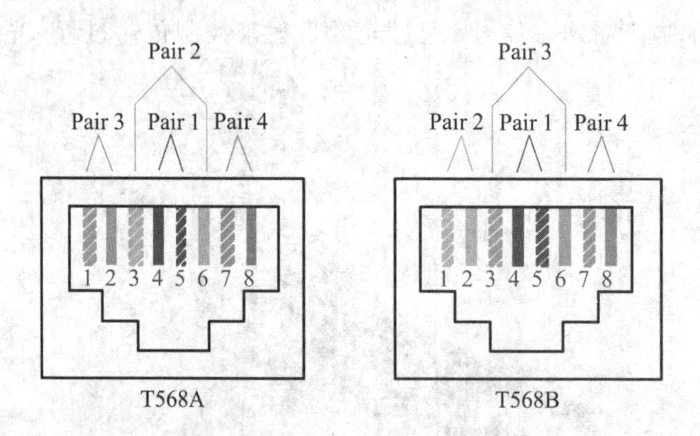

图 1-8　双绞线 T568A 与 T568B 标准线序

（二）直通线与交叉线

直通线：双绞线两端所使用的制作线序相同（同为 T568A 或 T568B）即为直通

线。该线用于连接异种设备，例如，计算机与交换机相连。直通线的网线两端的线序如表 1-2 所示。

表 1-2　直通线的网线两端的线序

端 1	白橙	橙	白绿	蓝	白蓝	绿	白棕	棕
端 2	白橙	橙	白绿	蓝	白蓝	绿	白棕	棕

交叉线：双绞线两端所使用的制作线序不同（两端分别使用 T568A 和 T568B）即为交叉线。该线用于连接同种设备，例如，计算机之间直接相连。交叉线的网线两端的线序如表 1-3 所示。

表 1-3　交叉线的网线两端的线序

端 1	白绿	绿	白橙	蓝	白蓝	橙	白棕	棕
端 2	白橙	橙	白绿	蓝	白蓝	绿	白棕	棕

（三）制作直通线

制作双绞线的步骤：

（1）使用压线钳上组刀片轻压双绞线并旋转，剥去双绞线两端外保护皮 2～5 cm，压线钳如图 1-9 所示；

（2）按照线序中白线顺序分开 4 组双绞线，并将此四组线排列整齐；

（3）分别分开各组双绞线并将已经分开的导线逐一捋直待用；

（4）导线分开后交换 4 号线与 6 号线的位置；

（5）将导线收集起来并上下扭动，以达到让它们排列整齐的目的；

（6）使用压线钳下组刀片截取 1.5 cm 左右排列整齐的导线；

（7）将导线并排送入水晶头；

（8）使用压线钳凹槽压制排列整齐的水晶头即可。

各步骤注意事项：

（1）剥去外保护皮时，注意压线钳力度不宜过大，否则容易伤害到导线；

（2）4 组线最好使导线的底部排列在同一个平面上，以避免导线的乱串；

（3）捋直的作用是便于最后制作水晶头；

（4）交换 4 号线和 6 号线位置是为了达到线序要求；

（5）上下扭动能够使导线自然并列在一起；

（7）导线顺序为面向水晶头引脚，自左向右的顺序；

（8）压制的力度不宜过大，以免压碎水晶头；压制前应观察前横截面是否能看到铜芯，侧面是否整条导线在引脚下方，双绞线外保护皮是否在三角棱的下方，符合以上三个条件后方可压制。

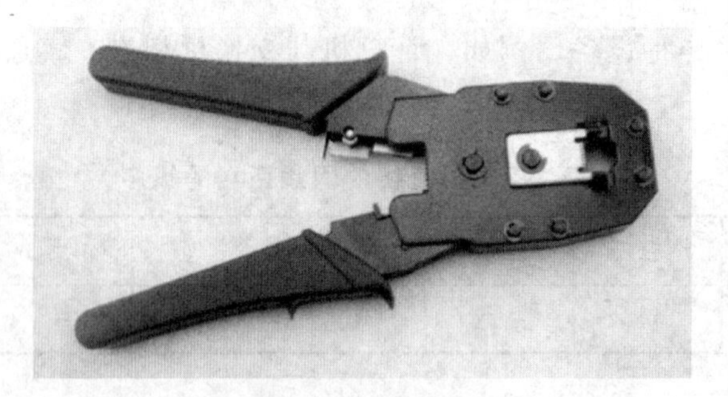

图 1-9　压线钳

（四）双绞线的测试

双绞线的测试需要使用测线仪，测线仪如图 1-10 所示。

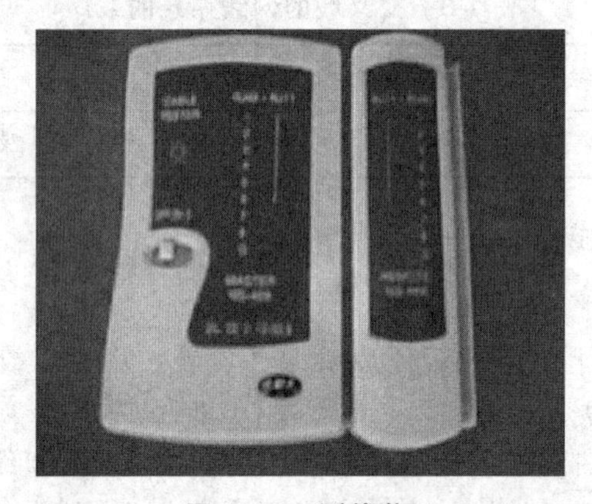

图 1-10　测线仪

直通线：测线仪两端指示灯按照 1-1，2-2，3-3，4-4，5-5，6-6，7-7，8-8 顺序显示即为测试成功。

交叉线：测线仪两端指示灯按照 1-3，2-6，3-1，4-4，5-5，6-2，7-7，8-8 显示即为测试成功。

实验三　基本网络测试命令

一、实验内容

练习掌握常用的网络命令。

二、实验目的

（1）了解网络命令的基本使用方法；

（2）掌握常用网络命令的应用；

（3）掌握网络连通性的基本测试方法。

三、实验器材

装有 Windows 2000/XP 以上操作系统的计算机。

四、实验步骤

（一）ipconfig/all 命令的使用

ipconfig 命令是我们经常使用的命令，它可以查看网络连接的情况，比如本机的 IP 地址、子网掩码、DNS 配置、DHCP 配置等，/all 参数就是显示所有配置的参数。

在命令提示符窗口中输入“ipconfig/all”回车，如图 1-11 所示，就显示出相应的地址，例如 IP 地址、子网掩码等信息。

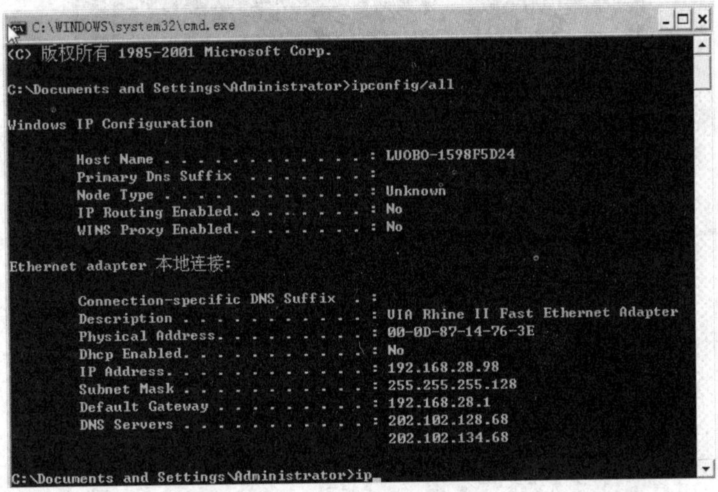

```
C:\WINDOWS\system32\cmd.exe
(C) 版权所有 1985-2001 Microsoft Corp.

C:\Documents and Settings\Administrator>ipconfig/all

Windows IP Configuration

        Host Name . . . . . . . . . . . . : LUOBO-1598F5D24
        Primary Dns Suffix  . . . . . . . :
        Node Type . . . . . . . . . . . . : Unknown
        IP Routing Enabled. . . . . . . . : No
        WINS Proxy Enabled. . . . . . . . : No

Ethernet adapter 本地连接:

        Connection-specific DNS Suffix  . :
        Description . . . . . . . . . . . : VIA Rhine II Fast Ethernet Adapter
        Physical Address. . . . . . . . . : 00-0D-87-14-76-3E
        Dhcp Enabled. . . . . . . . . . . : No
        IP Address. . . . . . . . . . . . : 192.168.28.98
        Subnet Mask . . . . . . . . . . . : 255.255.255.128
        Default Gateway . . . . . . . . . : 192.168.28.1
        DNS Servers . . . . . . . . . . . : 202.102.128.68
                                            202.102.134.68

C:\Documents and Settings\Administrator>ip
```

图 1-11　ipconfig 显示信息

（二）ping 命令的使用

ping 命令的常用参数选项如下：

ping IP -t —— 连续对 IP 地址执行 ping 命令，直到被用户以 Ctrl+C 中断。

-a —— 以 IP 地址格式来显示目标主机的网络地址。

-1 2000 —— 指定 ping 命令中的数据长度为 2 000 字节，而不是缺省的 323 字节。

-n —— 执行特定次数的 ping 命令。

-f —— 在包中发送“不分段”标志。该包将不被路由上的网关分段。

-i TTL ——将“生存时间”字段设置为 TTL 指定的数值。

-v TOS ——将“服务类型”字段设置为 TOS 指定的数值。

-r count ——在“记录路由”字段中记录发出报文和返回报文的路由。指定的 Count 值最小可以是 1，最大可以是 9。

-s count ——指定由 Count 指定的转发次数的时间邮票。

-j computer-list ——经过由 computer-list 指定的计算机列表的路由报文。中间网关可能分隔连续的计算机（松散的源路由）。允许的最大 IP 地址数目是 9。

-k computer-list ——经过由 computer-list 指定的计算机列表的路由报文。中间网关可能分隔连续的计算机（严格源路由）。允许的最大 IP 地址数目是 9。

-w timeout ——以毫秒为单位指定超时间隔。

destination-list ——指定要校验连接的远程计算机。

在命令提示符窗口输入“ping”回车，如图 1-12 显示相应的内容。

```
C:\WINDOWS\system32\cmd.exe

C:\Documents and Settings\Administrator>ping

Usage: ping [-t] [-a] [-n count] [-l size] [-f] [-i TTL] [-v TOS]
            [-r count] [-s count] [[-j host-list] | [-k host-list]]
            [-w timeout] target_name

Options:
    -t             Ping the specified host until stopped.
                   To see statistics and continue - type Control-Break;
                   To stop - type Control-C.
    -a             Resolve addresses to hostnames.
    -n count       Number of echo requests to send.
    -l size        Send buffer size.
    -f             Set Don't Fragment flag in packet.
    -i TTL         Time To Live.
    -v TOS         Type Of Service.
    -r count       Record route for count hops.
    -s count       Timestamp for count hops.
    -j host-list   Loose source route along host-list.
    -k host-list   Strict source route along host-list.
    -w timeout     Timeout in milliseconds to wait for each reply.

C:\Documents and Settings\Administrator>
```

图 1-12　ping 命令参数

（1）对于 ping -t 的使用，如图 1-13 所示。

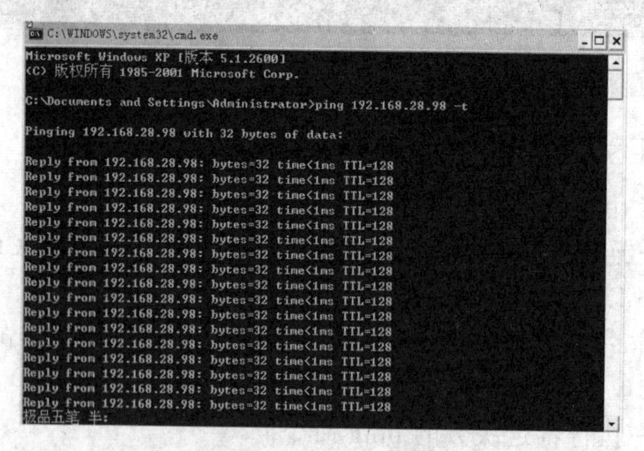

图 1-13　ping -t 命令

输入 ping IP -t。

出现图 1-13 中所示信息就表示可以正常访问 Internet。

TTL：生存时间，指定数据报被路由器丢失之前允许通过的网段数量。

TTL 是由发送主机设置的，以防止数据包不断在 IP 互联网络上永不终止地循环。转发 IP 数据包时，要求路由器至少将 TTL 减小 1。

返回信息的含义，如图 1-14 所示。

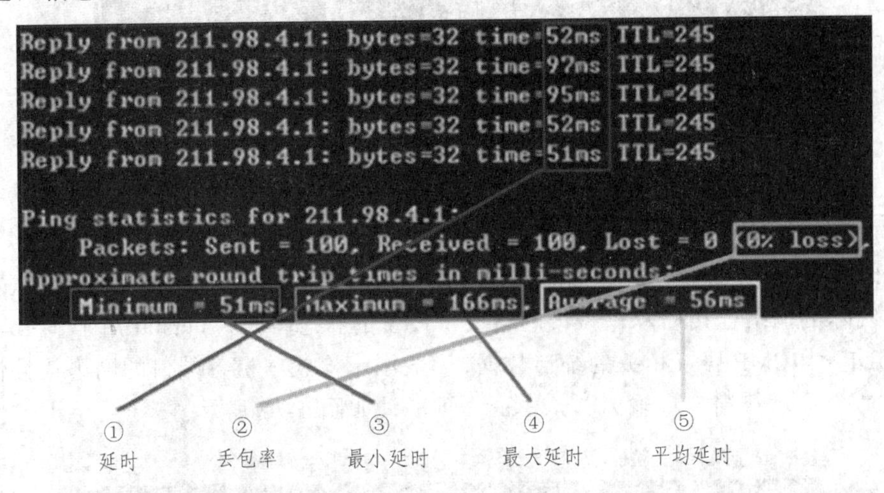

图 1-14　ping 命令返回信息各列的含义

数据包：发送=100，接收=100。

（2）ping -n 的使用。

例如：ping 192.168.28.101-n 3 表示向这个 IP ping 三次才终止操作，n 代表次数；

（3）ping -l 的使用，如图 1-15 所示。

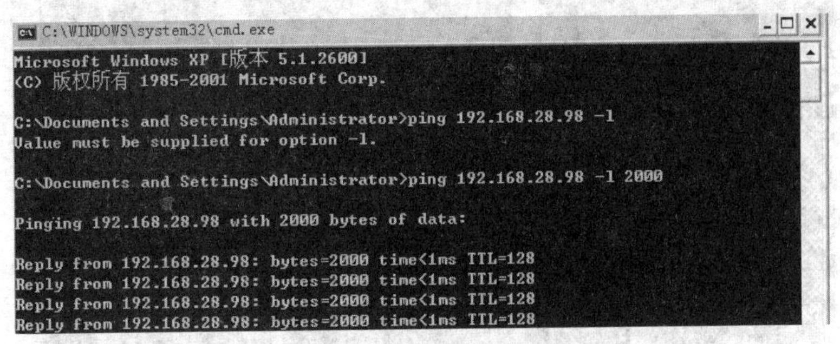

图 1-15　ping -l 命令

图 1-15 中所示表示向这个 IP 用户发送 2 000 字节数据包；可以按“CTRL+C“键终止操作。

（4）ping -t -l 的组合使用，如图 1-16 所示。

ping 192.168.28.98 –t -l 表示向 IP 地址 192.168.28.98 的主机连续发送 2 000 字节大小的数据包。

```
C:\WINDOWS\system32\cmd.exe
Microsoft Windows XP [版本 5.1.2600]
(C) 版权所有 1985-2001 Microsoft Corp.

C:\Documents and Settings\Administrator>ping 192.168.28.98 -t -l 2000

Pinging 192.168.28.98 with 2000 bytes of data:

Reply from 192.168.28.98: bytes=2000 time<1ms TTL=128
Reply from 192.168.28.98: bytes=2000 time<1ms TTL=128
Reply from 192.168.28.98: bytes=2000 time<1ms TTL=128
Reply from 192.168.28.98: bytes=2000 time<1ms TTL=128
Reply from 192.168.28.98: bytes=2000 time<1ms TTL=128
Reply from 192.168.28.98: bytes=2000 time<1ms TTL=128
Reply from 192.168.28.98: bytes=2000 time<1ms TTL=128
Reply from 192.168.28.98: bytes=2000 time<1ms TTL=128
Reply from 192.168.28.98: bytes=2000 time<1ms TTL=128
Reply from 192.168.28.98: bytes=2000 time<1ms TTL=128
Reply from 192.168.28.98: bytes=2000 time<1ms TTL=128
```

图 1-16 ping -t -l 命令使用

（三）netstat 命令的使用

netstat 是 DOS 命令，是一个监控 TCP/IP 网络的非常有用的工具，它可以显示路由表、实际的网络连接以及每一个网络接口设备的状态信息。netstat 用于显示与 IP、TCP、UDP 和 ICMP 协议相关的统计数据，一般用于检验本机各端口的网络连接情况。

在命令提示符窗口中输入“netstat”回车，如图 1-17 所示。

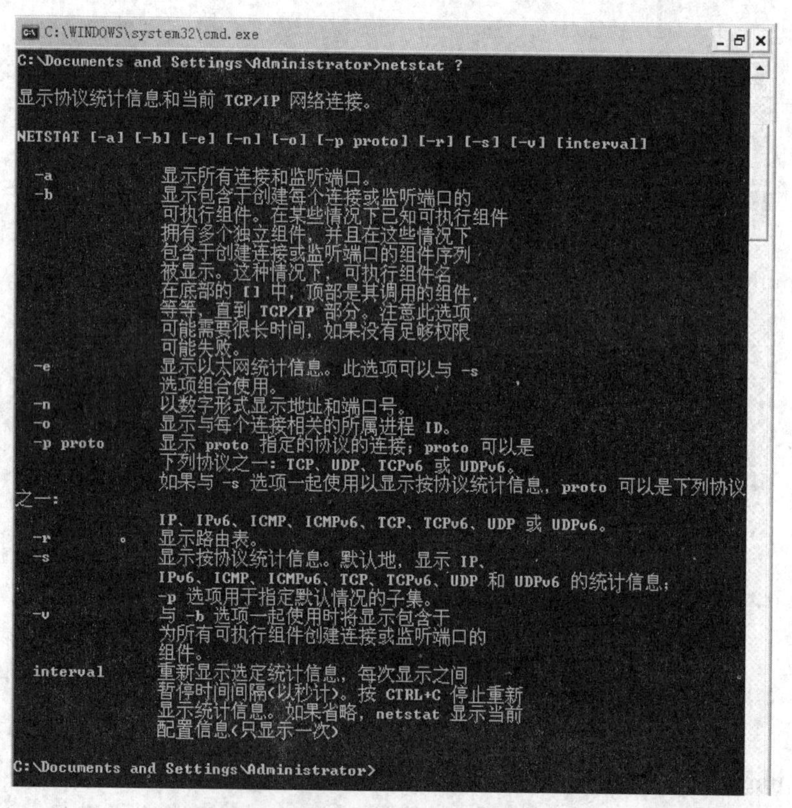

图 1-17　netstat 命令参数

（1）netstat -a 的使用。该命令显示所有连接和监听端口，如图 1-18 所示。

```
C:\WINDOWS\system32\cmd.exe
C:\Documents and Settings\Administrator>netstat -a

Active Connections

  Proto  Local Address          Foreign Address        State
  TCP    LUOBO-1598F5D24:epmap  LUOBO-1598F5D24:0      LISTENING
  TCP    LUOBO-1598F5D24:microsoft-ds  LUOBO-1598F5D24:0      LISTENING
  TCP    LUOBO-1598F5D24:1025   LUOBO-1598F5D24:0      LISTENING
  TCP    LUOBO-1598F5D24:6059   LUOBO-1598F5D24:0      LISTENING
  TCP    LUOBO-1598F5D24:1025   localhost:2877         ESTABLISHED
  TCP    LUOBO-1598F5D24:1056   LUOBO-1598F5D24:0      LISTENING
  TCP    LUOBO-1598F5D24:2877   localhost:1025         ESTABLISHED
  TCP    LUOBO-1598F5D24:3458   localhost:1025         CLOSE_WAIT
  TCP    LUOBO-1598F5D24:3460   localhost:1025         CLOSE_WAIT
  TCP    LUOBO-1598F5D24:3464   localhost:1025         CLOSE_WAIT
  TCP    LUOBO-1598F5D24:3466   localhost:1025         CLOSE_WAIT
  TCP    LUOBO-1598F5D24:3470   localhost:1025         CLOSE_WAIT
  TCP    LUOBO-1598F5D24:3472   localhost:1025         CLOSE_WAIT
  TCP    LUOBO-1598F5D24:3473   localhost:1025         CLOSE_WAIT
  TCP    LUOBO-1598F5D24:3480   localhost:1025         CLOSE_WAIT
  TCP    LUOBO-1598F5D24:3482   localhost:1025         CLOSE_WAIT
  TCP    LUOBO-1598F5D24:3490   localhost:1025         CLOSE_WAIT
  TCP    LUOBO-1598F5D24:3492   localhost:1025         CLOSE_WAIT
  TCP    LUOBO-1598F5D24:3494   localhost:1025         CLOSE_WAIT
  TCP    LUOBO-1598F5D24:3496   localhost:1025         CLOSE_WAIT
  TCP    LUOBO-1598F5D24:3498   localhost:1025         CLOSE_WAIT
  TCP    LUOBO-1598F5D24:3586   localhost:1025         CLOSE_WAIT
  TCP    LUOBO-1598F5D24:netbios-ssn  LUOBO-1598F5D24:0      LISTENING
  TCP    LUOBO-1598F5D24:2878   reverse.gdsz.cncnet.net:http  ESTABLISHED
  UDP    LUOBO-1598F5D24:microsoft-ds  *:*
  UDP    LUOBO-1598F5D24:isakmp  *:*
  UDP    LUOBO-1598F5D24:1026   *:*
  UDP    LUOBO-1598F5D24:2442   *:*
  UDP    LUOBO-1598F5D24:2840   *:*
  UDP    LUOBO-1598F5D24:2841   *:*
```

图 1-18　显示所有连接和监听端口

（2）netstat -e 命令的使用如图 1-19 所示。

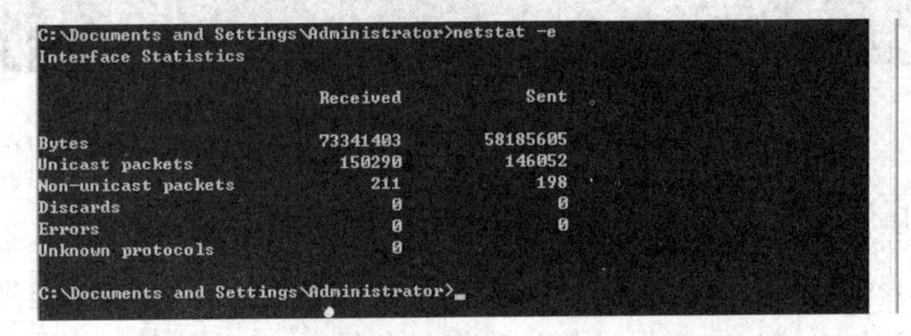

```
C:\Documents and Settings\Administrator>netstat -e
Interface Statistics

                           Received            Sent

Bytes                      73341403        58185605
Unicast packets              150290          146052
Non-unicast packets             211             198
Discards                          0               0
Errors                            0               0
Unknown protocols                 0

C:\Documents and Settings\Administrator>_
```

图 1-19　显示网卡接收发送数据包的统计信息

（3）netstat -n 命令的使用如图 1-20 所示。

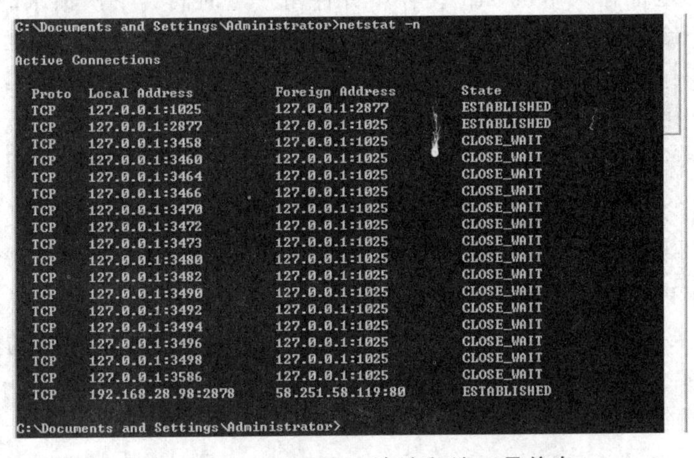

```
C:\Documents and Settings\Administrator>netstat -n

Active Connections

  Proto  Local Address          Foreign Address        State
  TCP    127.0.0.1:1025         127.0.0.1:2877         ESTABLISHED
  TCP    127.0.0.1:2877         127.0.0.1:1025         ESTABLISHED
  TCP    127.0.0.1:3458         127.0.0.1:1025         CLOSE_WAIT
  TCP    127.0.0.1:3460         127.0.0.1:1025         CLOSE_WAIT
  TCP    127.0.0.1:3464         127.0.0.1:1025         CLOSE_WAIT
  TCP    127.0.0.1:3466         127.0.0.1:1025         CLOSE_WAIT
  TCP    127.0.0.1:3470         127.0.0.1:1025         CLOSE_WAIT
  TCP    127.0.0.1:3472         127.0.0.1:1025         CLOSE_WAIT
  TCP    127.0.0.1:3473         127.0.0.1:1025         CLOSE_WAIT
  TCP    127.0.0.1:3480         127.0.0.1:1025         CLOSE_WAIT
  TCP    127.0.0.1:3482         127.0.0.1:1025         CLOSE_WAIT
  TCP    127.0.0.1:3490         127.0.0.1:1025         CLOSE_WAIT
  TCP    127.0.0.1:3492         127.0.0.1:1025         CLOSE_WAIT
  TCP    127.0.0.1:3494         127.0.0.1:1025         CLOSE_WAIT
  TCP    127.0.0.1:3496         127.0.0.1:1025         CLOSE_WAIT
  TCP    127.0.0.1:3498         127.0.0.1:1025         CLOSE_WAIT
  TCP    127.0.0.1:3586         127.0.0.1:1025         CLOSE_WAIT
  TCP    192.168.28.98:2878     58.251.58.119:80       ESTABLISHED

C:\Documents and Settings\Administrator>
```

图 1-20　netstat 显示地址和端口号信息

（四）tracert 命令的使用

tracert（跟踪路由）是路由跟踪实用程序，用于确定 IP 数据报访问目标计算机的路径。tracert 命令用 IP 生存时间(TTL)字段和 ICMP 错误消息来确定从一个主机到网络上其他主机的路由，如图 1-21 所示。Tracert 各参数含义如下：

-d —— 指定不将 IP 地址解析到主机名称。

-h maximum_hops —— 指定跃点数以跟踪到 target_name 的主机的路由。

-j host-list —— 指定 tracert 实用程序数据包所采用路径中的路由器接口列表。

-w timeout —— 等待 timeout 为每次回复所指定的毫秒数。

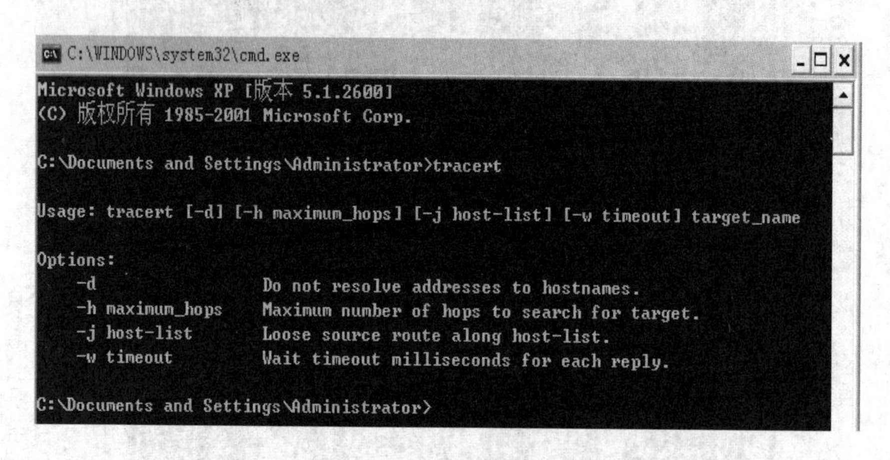

图 1-21　tracert 参数信息

（五）arp 命令的使用

arp（Address Resolution Protocol）即地址解析协议，是根据 IP 地址获取物理地址的一个 TCP/IP 协议。主机发送信息时将包含目标 IP 地址的 arp 请求广播到网络上的所有主机，并接收返回消息，以此确定目标的物理地址；收到返回消息后将该 IP 地址和物理地址存入本机 arp 缓存中并保留一定时间，下次请求时直接查询 arp 缓存以节约资源。地址解析协议是建立在网络中各个主机互相信任基础上的，网络上的主机可以自主发送 arp 应答消息，其他主机收到应答报文时不会检测该报文的真实性就会将其记入本机 arp 缓存，由此攻击者就可以向某一主机发送伪 arp 应答报文，进行攻击 arp 欺骗攻击。第一种 arp 欺骗是 —— 截获网关数据，它通知路由器一系列错误的内网 MAC 地址，并按照一定的频率不断进行，使真实的地址信息无法通过更新保存在路由器中，结果路由器的所有数据只能发送给错误的 MAC 地址，造成目标 PC 无法收到信息。第二种 arp 欺骗是 —— 伪造网关，它的原理是建立假网关，让被它欺骗的 PC 向假网关发送数据，而不是通过正常的路由器途径上网。在 PC 看来，就是“上不了网，网络一直掉线”。如图 1-22 所示为 arp 命令各参数含义。

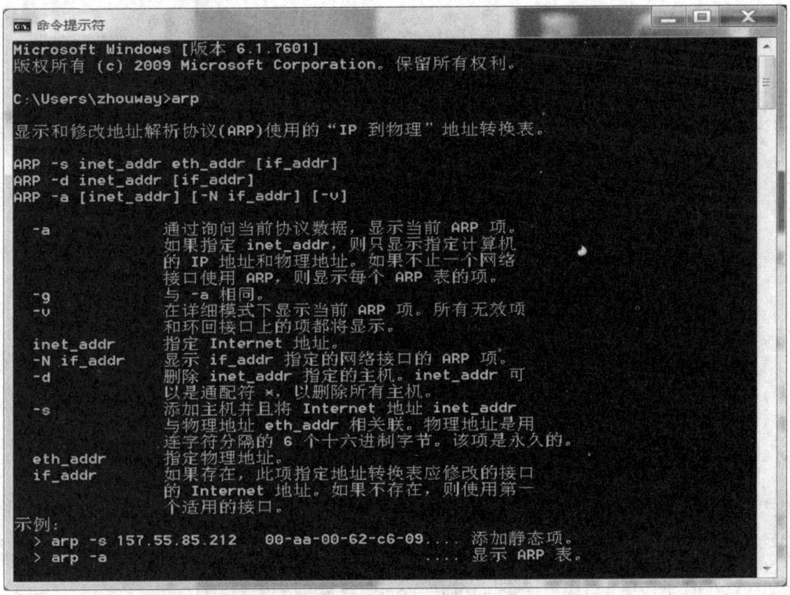

```
命令提示符
Microsoft Windows [版本 6.1.7601]
版权所有 (c) 2009 Microsoft Corporation。保留所有权利。

C:\Users\zhouway>arp

显示和修改地址解析协议(ARP)使用的“IP 到物理”地址转换表。

ARP -s inet_addr eth_addr [if_addr]
ARP -d inet_addr [if_addr]
ARP -a [inet_addr] [-N if_addr] [-v]

  -a            通过询问当前协议数据，显示当前 ARP 项。
                如果指定 inet_addr，则只显示指定计算机
                的 IP 地址和物理地址。如果不止一个网络
                接口使用 ARP，则显示每个 ARP 表的项。
  -g            与 -a 相同。
  -v            在详细模式下显示当前 ARP 项。所有无效项
                和环回接口上的项都将显示。
  inet_addr     指定 Internet 地址。
  -N if_addr    显示 if_addr 指定的网络接口的 ARP 项。
  -d            删除 inet_addr 指定的主机。inet_addr 可
                以是通配符 *，以删除所有主机。
  -s            添加主机并且将 Internet 地址 inet_addr
                与物理地址 eth_addr 相关联。物理地址是用
                连字符分隔的 6 个十六进制字节。该项是永久的。
  eth_addr      指定物理地址。
  if_addr       如果存在，此项指定地址转换表应修改的接口
                的 Internet 地址。如果不存在，则使用第一
                个适用的接口。
示例:
  > arp -s 157.55.85.212   00-aa-00-62-c6-09.... 添加静态项。
  > arp -a                                  .... 显示 ARP 表。
```

图 1-22　arp 命令常见参数

常用 arp 参数及使用方法：

（1）arp -a —— 探测当前 IP 绑定列表。

（2）arp -d —— 用于清除并重建本机 arp 表。

（3）arp -s IP MAC —— 绑定 IP 地址与 MAC。

注意，通过实验掌握一些常用的 DOS 命令，在排除网络故障时非常有用。在使用相关命令时，可以用命令查询一些相关的参数。

实验四　数据传输协议

一、实验内容

（1）学习 Packet Tracer 的基本使用操作方法；

（2）验证协议数据单元 PDU 的结构变化和长度变化；

（3）验证数据在传输过程中，MAC 地址变化和源 IP 与目的 IP 不改变。

二、实验目的

（1）学习 Cisco 网络设备模拟软件的基本使用方法；

（2）利用 Cisco Packet Tracer 软件来验证数据传输过程中协议数据单元 PDU 的结构变化和长度变化过程；

（3）理解验证数据在传输过程中，MAC 地址变化和源 IP 与目的 IP 不改变。

三、实验器材

安装有 Windows 2000/XP 以上操作系统的计算机，装有 Cisco Packet Tracer 模拟软件。

四、实验步骤

（一）ICMP 协议

ICMP(Internet Control Message Protocol)是 Internet 控制报文协议。它是 TCP/IP 协议族的一个子协议，用于在 IP 主机、路由器之间传递控制消息。控制消息是指是否通畅、主机是否可达、路由是否可用等网络本身的消息。这些控制消息虽然并不传输用户数据，但是对于用户数据的传递起着重要的作用。

ICMP 报文有一个 8 字节长的包头，其中前 4 个字节是固定的格式，包含 8 位类型字段、8 位代码字段和 16 位检验和；后 4 个字节根据 ICMP 包的类型而取不同的值。ICMP 协议结构如图 1-23 所示。

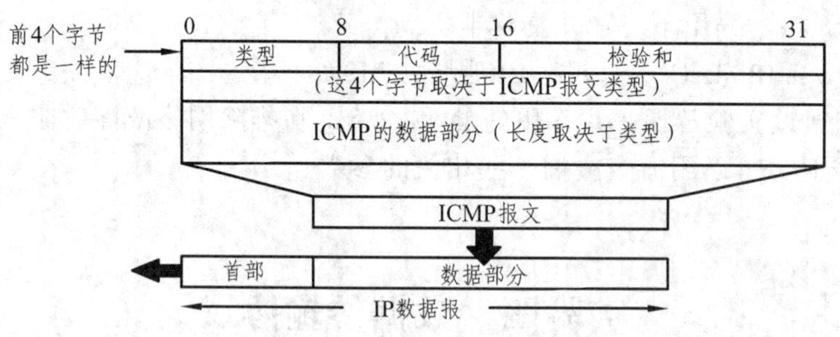

图 1-23　ICMP 报文的格式

（二）IP 数据报协议

IP（Internet Protocol，网络之间互联的协议）协议也就是为计算机网络相互连接进行通信而设计的协议。在因特网中，它是能使连接到网上的所有计算机网络实现相互通信的一套规则，规定了计算机在因特网上进行通信时应当遵守的规则。任何厂家生产的计算机系统，只要遵守 IP 协议就可以与因特网互联互通。

IP 协议是用于将多个包交换网络连接起来，它在源地址和目的地址之间传送的数据包称为 IP 数据包，它还提供对数据大小的重新组装功能，以适应不同网络对包大小的要求。IP 协议的功能就是把数据从源传送到目的地。它不负责保证传送的可靠性、流控制、包顺序和其他对于主机到主机协议来说很普通的服务。IP 数据报协议结构如图 1-24 所示。

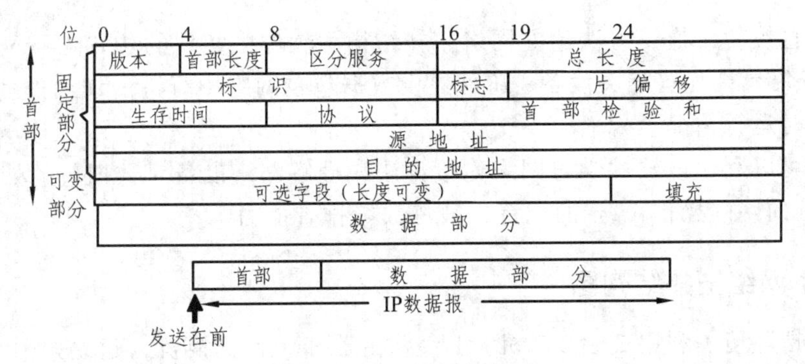

图 1-24　IP 数据包格式

（三）MAC 帧和以太网 MAC 帧

数据链路层把网络层传下来的数据封装成帧，然后发送到链路上去。在接收端，数据链路层把收到的帧中的数据取出并交给网络层。不同的数据链路层协议对应着不同的帧，所以，帧有多种形式，如 PPP 帧、MAC 帧等。MAC 帧包括三部分：帧头、数据部分、帧尾。其中，帧头和帧尾包含一些必要的控制信息，如同步信息、地址信息、差错控制信息等；数据部分则包含网络层传下来的数据，如 IP 数据包。

MAC 帧的帧头包括三个字段。前两个字段分别为 6 字节长的目的地址字段和源地址字段，目的地址字段包含目的 MAC 地址信息，源地址字段包含源 MAC 地址信息。第三个字段为 2 字节的类型字段，里面包含的信息用来标志上一层使用的是什么协议，以便接收端把收到的 MAC 帧的数据部分上交给上一层的这个协议。MAC 帧的数据部分只有一个字段，其长度在 46 到 1500 字节之间，包含的信息是网络层传下来的数据。MAC 帧的帧尾也只有一个字段，为 4 字节长，包含的信息是帧校验序列 FCS。

MAC 帧和以太网 MAC 帧结构如图 1-25 所示。

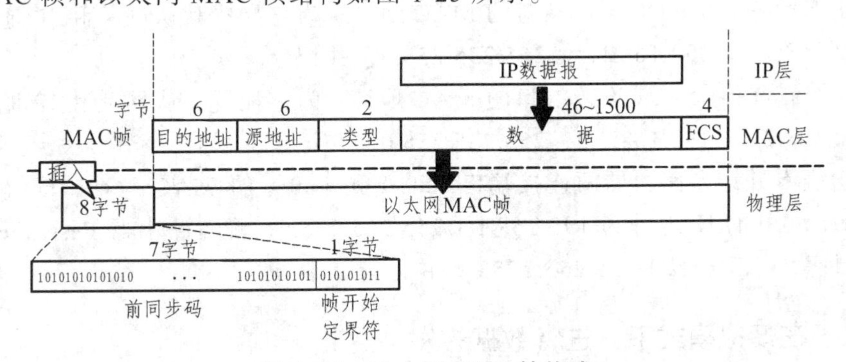

图 1-25　以太网 MAC 帧格式

（四）Packet Tracer

Packet Tracer 是由 Cisco 公司发布的一个辅助学习工具，为学习 CCNA 课程的网络初学者去设计、配置、排除网络故障提供了网络模拟环境。用户可在软件的图形界面上直接使用拖曳方法建立网络拓扑结构，软件中实现的 IOS(Cisco 的网际操作系统)子集允许配置相关设备；还可提供数据包在网络中行进的详细处理过程，观察网络实时运行情况。

学生可以利用该软件学习网络连接方法，理解网络设备对数据包的处理，学习 IOS(Cisco 的网际操作系统)的配置，锻炼故障排查能力。

（五）网络拓扑结构图

在模拟环境中利用 2 台 PC 机、1 台路由器和 1 台交换机，建立如图 1-26 所示的网络拓扑结构。

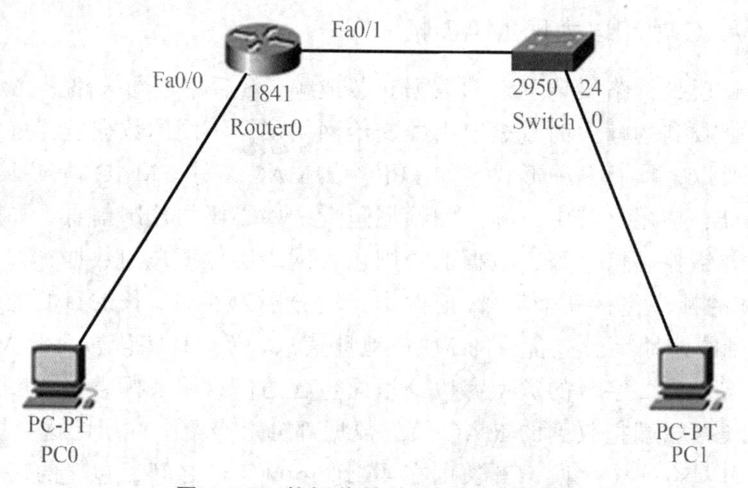

图 1-26　数据传输协议实验拓扑图

（六）配置 PC0、PC1、路由器 2620XM 两端口的 IP 地址

（1）查看并记录 PC0 连接端口的 MAC 地址，为它配置默认网关和 IP 地址，分别为 192.168.1.1，192.168.1.2，255.255.255.0，并记录下来。

（2）查看并记录 PC1 连接端口的 MAC 地址，为它配置默认网关和 IP 地址，分别为 192.168.2.1，192.168.2.2，255.255.255.0，并记录下来。

（3）查看并记录路由器两连接端口 Fa0/0 和 Fa0/1 的 MAC 地址，配置路由器 FastEthernet0/0 的 IP 地址为 192.168.1.1/255.255.255.0，配置路由器 FastEthernet0/1 的 IP 地址为 192.168.2.1/255.255.255.0，并记录下来。

（七）在模拟模式下，进行数据转发

1. 进入模拟模式

单击 Packet Tracer 实时/模拟转换栏的模拟图标，进入模拟模式。

2. 设置流量产生器

单击 PC0，在弹出的对话框中选择 Desktop 选项卡，单击 Command Prompt 图标，在命令行提示符下 ping PC1 的 IP 地址。

3. 查看始发数据信息

单击 PC0 上的发送数据 图标，弹出在当前设备上的 PDU 信息对话框,选择 OSI Model 选项卡，在该选项卡中记录输出数据包经过了 OSI 参考模型的哪些层次，记录对这些层次中的数据信息；选择 Outbound PDU Details 输出 PDU 详细信息选项卡，在该选项卡中可以查看不同层次中的数据格式。

4. 查看中转站点（包括路由器和交换机）所输入和输出数据信息

单击 Capture / Forward 捕获/转发按钮，将数据推进到下一站，单击数据包 图标，在 OSI 选项卡中记录输入和输出数据包经过了哪些层次，并记录对这些层次中的数据；在输入和输出的 PDU 详细信息选项卡中记录这些层次中的数据；

5. 查看目的站点输入和输出数据信息

单击 Capture / Forward 捕获/转发按钮，将数据推进到目的站点 PC1，单击数据包 图标，在 OSI 选项卡中记录输入和输出数据包在哪些层次，并记录对这些层次中的数据；在输入和输出的 PDU 详细信息选项卡中记录这些层次中的数据；

（八）整理实验记录数据，得出实验结果

（1）比较发送的 ICMP 的实际数据大小和 IP 层中的 TTL 值，TTL 值变化了多少。分析 ICMP 结构和 IP 结构是否验证了它们结构与数据变化量之间的关系。

（2）在各站点中，比较数据在各站点的源 MAC 和目的 MAC 是否变化。比较数据的源 IP 与目的 IP 是否变化。

（3）比较从出发站点到目的站点中 TTL 值是否发生变化，验证 TTL 与设备之间的直接关系。

第二部分　网络设备配置与管理

实验一　交换机管理方法

一、实验内容

掌握交换机常用管理方法。

二、实验目的

掌握交换机的管理特性，掌握交换机的几种常用配置方法。

三、实验器材

交换机 1 台、PC 机 1 台、网线若干、配置线。

四、实验环境

在本实验中，采用神州数码 DCRS-5200 交换机来组建实验环境，具体实验环境如图 2-1 所示。用 DCRS-5200 携带的标准 Console 线缆的一端插在交换机的 Console 口，另一端 9 针接口插在 PC 机的 COM 口上。同时，为了实现 Telnet 配置，用一根网线的一端连接交换机的以太网口，另一端连接 PC 机的网口。

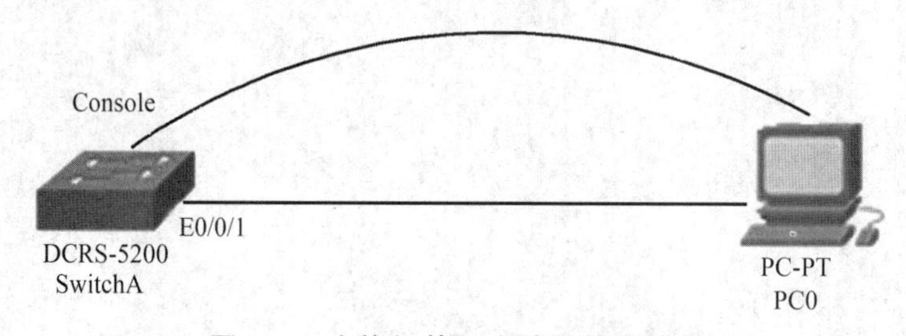

图 2-1　交换机管理实验网络拓扑图

五、实验步骤

（一）通过 Console 口对交换机进行配置管理

用 Console 口对交换机进行配置是最常见的配置方法。配置交换机需要专用的串口配置线缆连接交换机的 Console 口和主机的串口。实验前仔细检查配置电缆是否连接正确并确定正在使用主机的第几个串口。在创建超级终端时需要设置此参数。完成物理连接后，创建超级终端。Windows 操作系统一般在附件中都附带超级终端软件。在创建过程中要注意如下参数：选择对应的端口号（com1 或 com2）、配置串口参数。

超级终端的设置如下：

第一步：依次点击“开始”→“程序”→“附件”→“通讯”→“超级终端”，在出现的默认 Telnet 程序对话框中选择“否”，出现如图 2-2 所示的新建连接对话框。

第二步：命名连接的名称及设定图标。输入一个名称（如 Switch），选择一个图标，点击“确定”，进入如图 2-3 所示的对话框。

图 2-2　新建连接并定义名称与图标

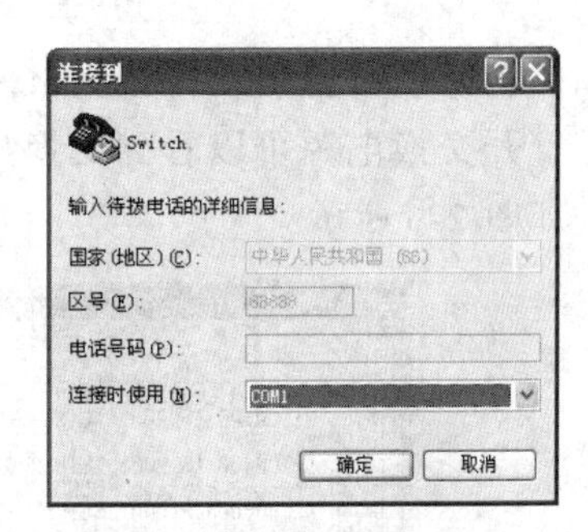

图 2-3　选择通讯端口

第三步：选择通讯端口。在“连接时使用”栏中选择“com1”通讯口（若有多个串口，根据实际接线情况选择），按“确定”，出现如图 2-4 所示的对话框。

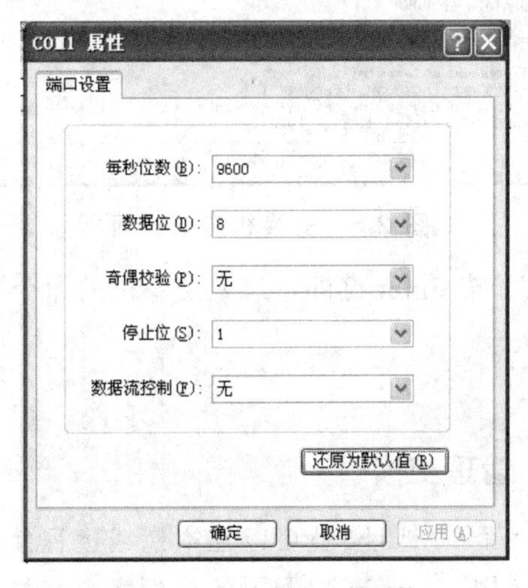

图 2-4　设置串口属性

第四步：设置串口参数。对串口进行如下参数配置：比特率（每秒位数）：9600，数据位：8，奇偶校验：无，停止位：1，数据流控制：无。完成后按下“应用”和“确定”，出现如图 2-5 所示的超级终端操作界面。

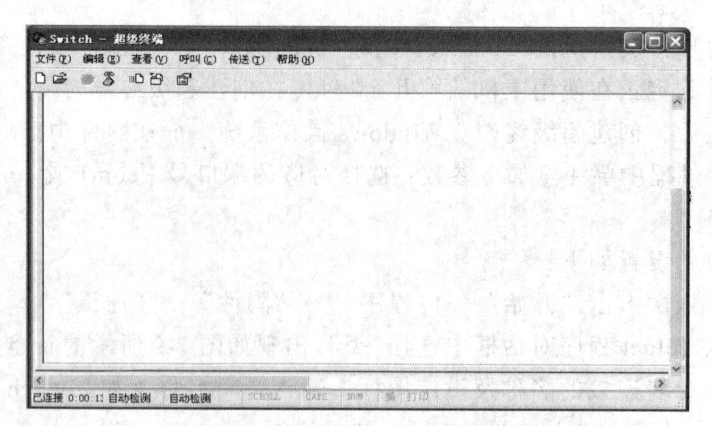

图 2-5　超级终端操作界面

如果交换机已经启动，按 Enter 键即可进入交换机的用户执行模式。若还没有启动，打开交换电源可以看到交换机的整个启动过程，启动完成后，进入用户执行模式，如图 2-6 所示。

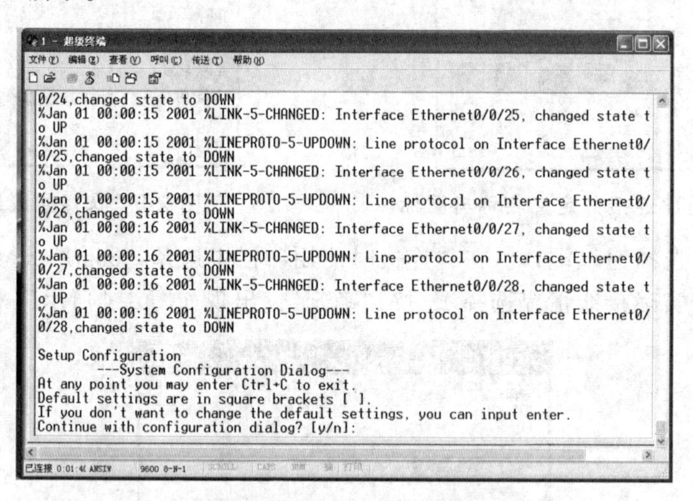

图 2-6　交换机启动界面

此时，输入字母“n”，按 Enter 键即可进入交换机的命令行界面。出现如下提示：

Quit setup command.

DCRS-5200-28>

（二）通过 Telnet 管理交换机

如果交换机配置了一个 IP 地址，就可以在本地或远程使用 Telnet 登录到交换机上进行配置，该方法与使用 Console 口配置的界面完全一样。需要注意的是，如果使用的主机是通过以太网口与交换机进行通信，必须保证交换机的以太网口可用。

通过 Telnet 配置交换机要具备的条件：

（1）交换机配置管理 IP 地址。

（2）Telnet 客户端的主机 IP 地址与交换机的管理 IP 地址在三层可达。

第一步：给交换机配置 IP 地址。

SwitchA>

SwitchA>en

Password:****

SwitchA#config t

SwitchA(Config)#

SwitchA(Config)#int vlan 1

SwitchA(Config-If-Vlan1)#ip addr 192.168.1.1 255.255.255.0

SwitchA(Config-If-Vlan1)#no shutdown

第二步：为交换机配置远程登录的用户名和密码。

登录到 Telnet 的配置界面，需要输入正确的登录名和口令，否则交换机将拒绝该 Telnet 用户的访问。为了保护交换机免受非授权用户的非法操作，若交换机没有设置授权 Telnet 用户，则任何用户都无法进入交换机的 CLI 配置界面。因此，在允许 Telnet 方式配置管理交换机时，必须在 Console 口方式的全局配置模式下使用命令 telnet-user <user>password {0|7} <password>为交换机设置 Telnet 授权用户和口令。如交换机的授权用户名为 pzhu，口令为明文的 pzhu，配置命令如下：

SwitchA>en

Password:****

SwitchA#config t　　#进入交换机全局配置模式

SwitchA(Config)#

SwitchA(Config)#telnet-user pzhu password 0 pzhu　　#添加用户名和密码均为 pzhu 的用户远程登录用户

第三步：为 PC 机配置 IP 地址，所在网段和交换机为同一网段。设置 PC 机 IP 地址为 192.168.1.2，子网掩码为 255.255.255.0，如图 2-7 所示。

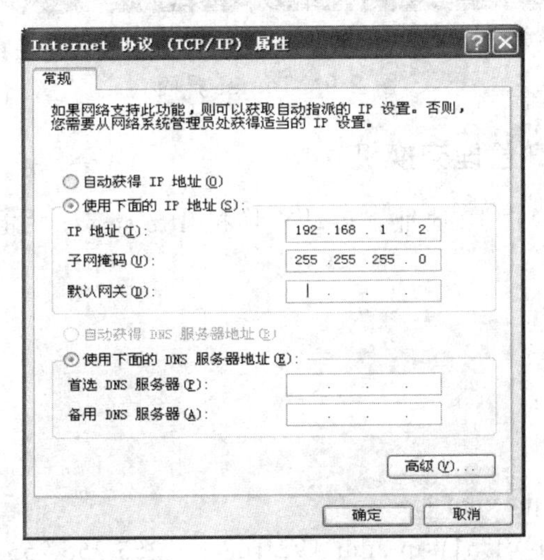

图 2-7　设置 PC 机的 IP 地址及子网掩码

第四步：运行 Telnet 客户端程序。

打开 Windows 运行对话框，输入指定 Telnet 的目的地址，如图 2-8 所示。运行 Windows 自带的 Telnet 客户端程序，出现如图 2-9 所示的 Telnet 配置界面，在 Telnet 配置界面上输入正确的用户名和口令，就可以成功登录到交换机的 CLI 配置界面。Telnet 登录后与通过 Console 口进入后使用的命令完全一致。

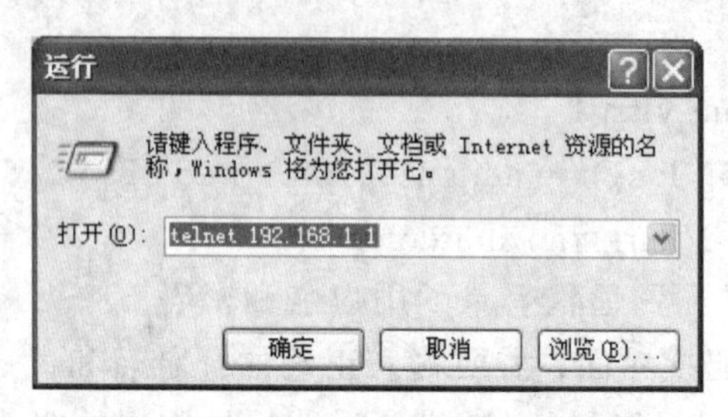

图 2-8　运行 Telnet 客户端程序

图 2-9　Telnet 界面

（三）通过 HTTP 管理交换机

第一步：配置交换机 IP 地址，启动交换机 http server 功能。

SwitchA>

SwitchA>en

Password:****

SwitchA#config t

SwitchA(Config)#

SwitchA(Config)#int vlan 1

SwitchA(Config-If-Vlan1)#ip addr 192.168.1.1 255.255.255.0　　　#配置交换机的管理地址

SwitchA(Config-If-Vlan1)#no shutdown　　　#激活端口

SwitchA(Config-If-Vlan1)#exit

SwitchA(Config)#ip http server

web server is on

SwitchA(Config)#web-user pzhu password 0 12345678　　　#添加 Web 用户的用户名 pzhu 和密码

第二步：打开 TCP/IP 属性对话框，如图 2-10 所示。为 PC 机配置 IP 地址，所在网段和交换机为同一网段。设置 PC 机 IP 地址为 192.168.1.2，子网掩码为 255.255.255.0。

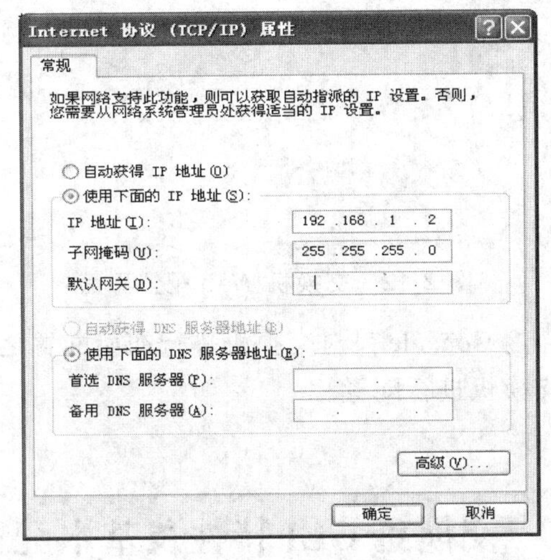

图 2-10　设置 PC 机的 IP 地址及子网掩码

第三步：打开 IE 浏览器，在地址栏输入交换机的 IP 地址，出现如图 2-11 所示的 Web 登录界面。

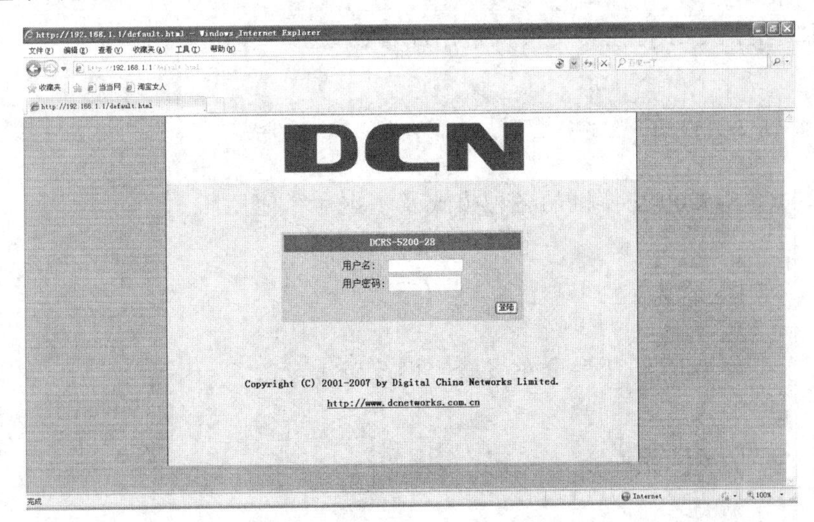

图 2-11　交换机 Web 登录界面

第四步：输入通过 CLI 添加的 Web 用户名和密码，进入如图 2-12 所示的交换机 Web 配置界面。

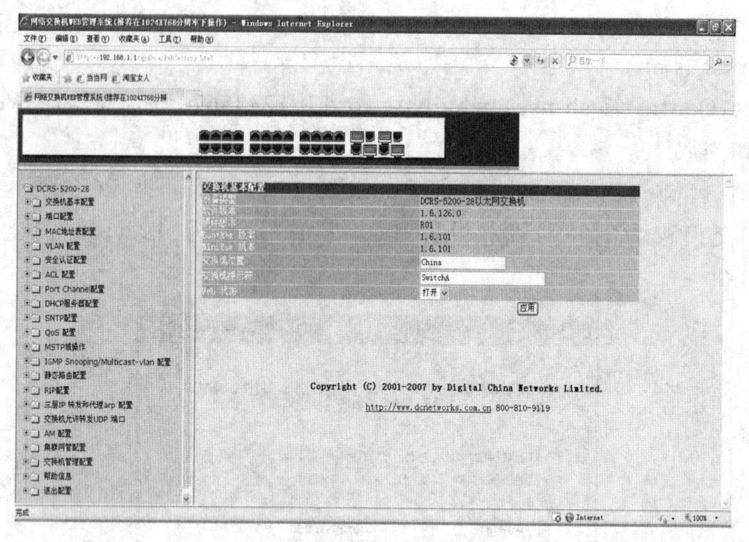

图 2-12　交换机 Web 配置界面

注意事项：必须通过 Console 口对交换机进行初始配置之后，才能通过 Web 方式或者 Telnet 方式对交换机进行配置。

实验二　交换机 CLI 特性及基本配置命令

一、实验内容

熟悉交换机 CLI 特性和交换机常用配置命令。

二、实验目的

掌握 DCRS-5200 交换机的各种模式及基本命令使用。

三、实验器材

交换机 1 台、PC 机 1 台、配置线、网线若干。

四、实验环境

在本实验中，采用神州数码 DCRS-5200 交换机来组建实验环境。具体实验环境如图 2-13 所示。用 DCRS-5200 随机携带的标准 Console 线缆的一端插在交换机的 Console 口，另一端 9 针接口插在 PC 机的 COM 口上。

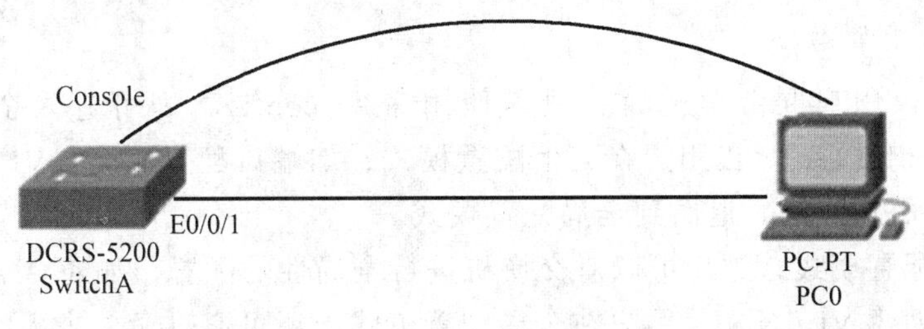

图 2-13 交换机基本配置

五、实验步骤

DCRS5200 系列交换机带外管理方式，Telnet 登录到交换机都是通过 CLI（命令行）界面对交换机进行配置管理的。CLI 界面由 Shell 程序提供，它是由一系列配置命令组成的，根据这些命令在配置管理交换机时所起的作用不同，Shell 将这些命令分类，不同类别的命令对应着不同的配置模式。

（一）交换机配置模式

DCRS5200 系列交换机配置模式包括一般用户配置模式、特权用户配置模式、全局配置模式、接口配置模式、VLAN 配置模式、DHCP 配置模式、访问列表配置模式等。

1. 一般用户配置模式

用户进入 CLI 界面，首先进入的就是一般用户配置模式，缺省情况下提示符与交换机的型号一致，一般显示为“Switch>”，符号“>”为一般用户配置模式的提示符。当用户从特权用户配置模式使用命令 exit 退出时，可以回到一般用户配置模式。

用户在一般用户配置模式下不能对交换机进行任何配置，只能查询交换机的时钟和交换机的版本信息。

2. 特权用户配置模式

在一般用户配置模式下使用 enable 命令，如果已经配置了进入特权用户的口令，则输入相应的特权用户口令，即可进入特权用户配置模式“Switch#”。当用户在全局配置模式下使用 exit 退出时，也可以回到特权用户配置模式。DCRS-5200 提供了“Ctrl+Z”快捷键，使得交换机在任何配置模式（一般用户配置模式除外），都可以退回到特权用户配置模式。

在特权用户配置模式下，用户可以查询交换机的配置信息、各个端口的连接情况、收发数据统计等。而且进入特权用户配置模式后，可以进入全局配置模式对交换机的各项配置进行修改，因此进行特权用户配置模式必须要设置特权用户口令，防止非特权用户的非法使用，对交换机配置进行恶意修改，造成不必要的损失。

3. 全局配置模式

进入特权用户配置模式后，只需使用命令 config，即可进入全局配置模式“Switch（Config）#”。当用户在其他配置模式，如端口配置模式、VLAN 配置模式时，可以使用命令 exit 退回到全局配置模式。

在全局配置模式，用户可以对交换机进行全局性的配置，如对 MAC 地址表、端口镜像、创建 VLAN 等。用户在全局配置模式下还可通过命令进入端口对各个端口进行配置。

4. 接口配置模式

在全局配置模式下，使用命令 interface 就可以进入相应的接口配置模式。交换机操作系统提供了 VLAN 接口、以太网端口、port-channel 三种接口的配置模式。

（二）交换机的 CLI 特性

1. CLI 支持的快捷键

交换机 CLI 支持调出历史命令、命令自动补全等快捷操作。CLI 支持的快捷键如表 2-1 所示。

表 2-1 CLI 支持的快捷键

按 键	功 能
删除键 BackSpace	删除光标所在位置的前一个字符，光标前移
上光标键“↑”	显示上一个输入命令，最多可显示最近输入的十个命令
下光标键“↓”	显示下一个输入命令，当使用上光标键回溯到以前输入的命令时，也可以使用下光标键退回到相对与前一个命令的下一个命令
左光标键“←”	光标向左移动一个位置
右光标键“→”	光标向右移动一个位置
Ctr+P	相当于上光标键“↑”的作用
Ctr+N	相当于下光标键“↓”的作用
Ctr+B	相当于上光标键“←”的作用
Ctr+F	相当于上光标键“→”的作用
Ctr+Z	从其他配置模式（一般用户配置模式除外）直接退回到特权用户模式
Ctr+C	终止交换机 ping 或其他正在执行的命令进程
Tab 键	当输入的字符串可以无冲突地表示命令或关键字时，可以使用 Tab 键将其补充成完整的命令或关键字
/	执行上一级目录的命令，如在 config 模式执行特权用户配置模式下的 show 命令：Switch(Config)#/show run
//	执行上上一级目录的命令，如在端口配置执行特权用户配置模式下的 show 命令：Switch(Config-Port-Range)#//show clock

2. CLI 的帮助功能

DCRS-5200 为用户提供了两种方式获取帮助信息，其中一种方式为使用“help”命令，另一种为“？”方式，为了获得有效的命令模式、关键字、命令参数等帮助信息，可以执行如表 2-2 所示的命令。

表 2-2　CLI 的帮助功能

帮　助	使用方法及功能
help	在任一命令模式下，输入“help”命令均可获取有关帮助系统的简单描述
“？”	（1）在任一命令模式下，输入“？”获取该命令模式下的所有命令及其简单描述； （2）在命令的关键字后，输入以空格分隔的“？”，若该位置是参数，会输出该参数类型、范围等描述；若该位置是关键字，则列出关键字的集合及其简单描述；若输出“<cr>”，则此命令已输入完整，在该处键入回车即可； （3）在字符串后紧接着输入“？”，会列出以该字符串开头的所有命令

3. 输入语法检查

1）成功返回信息

通过键盘输入的所有命令都要经过 Shell 的语法检查。当用户正确输入相应模式下的命令后，且命令执行成功，不会显示信息。

2）错误返回信息

对于错误的命令，CLI 会给出提示信息，方便用户找出问题，常见错误信息如表 2-3 所示。

表 2-3　错误提示信息表

输出错误信息	错误原因
Unrecognized command or illegal parameter	命令不存在，或者参数的范围、类型、格式有误
Ambiguous command	根据已有输入可以产生至少两种不同的解释
Invalid command or parameter	命令解析成功，但没有任何有效的参数记录
This command is not exist in current mode	命令可解析，但当前模式下不能配置该命令
Please configurate precursor command "*" at frist	当前输入可以被正确解析，但其前导命令尚未配置
syntax error : missing '"' before the end of command line	输入中使用了引号，但没有成对出现

4. 不完全配置的支持

DCRS-5200 的 Shell 支持不完全匹配的搜索命令和关键字，当输入无冲突的命令或关键字时，Shell 就会正确解析。

例如：

（1）对特权用户配置命令“show interface ethernet 0/0/1”，只要输入“sh in e 0/0/1”

即可。

（2）对特权用户配置命令“show running-config”，如果仅输入“shr”，系统会报“>Ambiguous command!”，因为 Shell 无法区分“show r”是“show rom”命令还是“show running-config”命令，因此必须输入“sh ru”，Shell 才会正确地解析。

（三）基本配置命令

交换机的基本配置命令包括从进入和退出特权用户模式、进入和退出全局配置模式、进入和退出端口配置模式、配置交换机主机名、设置 enable 密码、显示交换机的系统版本、显示交换机配置信息等基本命令。

1. Config 命令

从特权用户配置模式进入到全局配置模式。

Switch#config

2. 使用 hostname 命令配置主机名

设置了交换的名称之后，交换机命令行提示符界面则为新的交换机名称，名称最长不超过 30 个字符。

```
SwitchA#config t                    #进入全局配置模式
SwitchA(Config)#hostname Pzhu       #设置交换机名称为 Pzhu,提示符变为 Pzhu
Pzhu(Config)#
```

3. 交换机设置密码

```
//设置进入特权模式的密码
SwitchA(Config)#enable password level admin pzhu
Current password:
New password:****
Confirm new password:****
```

4. 使用 show running-config 显示当前正在运行的配置文件

show 命令是用来显示交换机的系统、端口等信息；show running-config 是用来显示交换机当前正在运行的配置参数。当用户对交换机的参数进行了修改之后，需要验证配置是否正确，可以执行该命令来查看当前的配置参数。

```
SwitchA#show running-config
Current configuration:
    hostname SwitchA
    vendorcontact 800-810-9119
    vendorlocation China
    telnet-user pzhu password 0 pzhu
```

通常，在交换机配置完成以后，通过此命令来查看配置信息是否完全正确。

5. show startup-config，显示系统启动配置文件

该命令用来显示交换机的配置文件，即交换机下次上电后重新启动时所用的配置文件。

```
SwitchA#show startup-config
*--- Now show start-up config.... ---*
    hostname SwitchA
    vendorcontact 800-810-9119
    vendorlocation China
!
    telnet-user pzhu password 0 pzhu
…………………………………………
```

注意：show running-config 和 show start-config 命令的区别在于，当用户完成一组配置后，通过 show running-config 可以看到配置增加了，而通过 show startup-config 查看配置没有变化。但若用户通过 write 命令，将当前生效的配置进行保存，这两个命令显示的结果一致。

6. write 或 copy running-config startup-config

将当前运行时的配置文件保存到 flash memory 中。当完成一组配置，并且已经达到预定功能时，应将当前配置保存到 Flash 中，以便因不慎关机或断电时，系统可以自动恢复到原先保存的配置。

```
SwitchA#write
SwitchA#copy running-config startup-config
save file ok
```

7. reload

在不关闭交换机电源的情况下，重新启动交换机。执行此命令后，出现提示，根据需要进行选择后按 Enter 键即可。

```
Test#reload
Process with reboot? [Y/N]   y
```

8. show version

该命令用来显示交换机系统版本信息。不同版本的软件有不同的功能，通过查看版本信息可以获知硬件和软件所支持的功能特性。

```
SwitchA>en
SwitchA#show version
   DCRS-5200-28 Device, Compiled Jul 29 2009 14:00:50
   SoftWare Package Version DCRS-5200-28_1.6.126.0
```

BootRom Version DCRS-5200-28_1.6.101

MiniRom Version DCRS-5200-28_1.6.101

HardWare Version R01

Copyright (C) 2001-2007 by Digital China Networks Limited.

All rights reserved.

System up time: 0 days, 0 hours, 1 minutes, 40 seconds.

9. show arp

该命令用来显示 arp 映射表的内容，如 IP 地址、硬件地址、硬件类型、端口等。

SwitchA#show arp

Total arp items is 1, the matched arp items is 1

Address	Hardware Addr	Interface	Port	Flag
192.168.1.2	E8-9A-8F-A2-81-91	Vlan1	Ethernet0/0/2	Dynamic

10. set default 命令

恢复交换机的出厂设置，即用户对交换机做的所有配置都消失，用户重新启动交换机后，出现的提示与交换机首次上电一样。注意：配置本命令后，必须执行 write 命令，进行配置保留后重启交换机即可使交换机恢复到出厂设置。

SwitchA#set default

Are you sure? [Y/N] = y

Switch#write

Switch#reload

11. interface 命令

从全局配置模式进入到以太网端口配置模式。

SwitchA(Config)#int e0/0/1　　　　#进入以太网端口 e0/0/1 的端口配置模式

SwitchA(Config-Ethernet0/0/1)#

12. name 命令

该命令为指定的端口设置名字，本命令的 no 操作为取消该项配置。通过这条命令，用户可以根据端口的使用情况设置名字，有助于对交换机进行管理，如交换机 E0/0/1 号端口归财务部门使用，则定义为 financial。指定 0/0/1 端口 name 为 financial。

SwitchA(Config)#int e0/0/1

SwitchA(Config-Ethernet0/0/1)#name financial

13. speed-duplex 命令

该命令设置端口的速率和双工模式。交换机的端口可以工作在全双工或者半双工模式下，端口速率为 10 Mb/s、100 Mb/s、1000 Mb/s、或 auto 自协商速率，通过在端口配置模式下的 speed-duplex 可以配置端口的速率和双工模式。端口缺省时为自动协商速率和双工模式(auto)。

例如：交换机 SwitchA 端口 1 同交换机 SwitchB 端口 1 用线相连，将该两个端口设置为强制 100 Mb/s 速率，半双工模式。

```
SwitchA(Config)#interface ethernet 0/0/1
SwitchA(Config-Ethernet0/0/1)#speed-duplex force100-half
SwitchB(Config)#interface ethernet 0/0/1
SwitchB(Config-Ethernet0/0/1)#speed-duplex force100-half
```

注意事项：在配置端口的速率和双工模式时，端口的速率和双工模式必须与对端设备速率和双工模式保持一致，即如果对端设备为自动协商方式，则本端也设置成自动协商方式；如果对端是强制方式，则本端也应设置成相应的强制方式。

14. flow control 命令

在端口配置模式下可以通过 flow control 命令打开指定端口的流控功能；本命令的 no 操作为关闭端口的流控功能。缺省情况下，以太网端口的流量控制功能为关闭状态。

```
SwitchA(Config)#int e0/0/1
SwitchA(Config-Ethernet0/0/1)#flow control
```

15. show interface 命令

显示交换机指定端口的配置信息。

```
SwitchA#show int e0/0/1
Ethernet0/0/1 is up, line protocol is up, last change WED JAN 24 07:28:52 2001
   Ethernet0/0/1 is Layer2 port, alias name is financial
   Hardware is Fast-Ethernet, address is 00-03-0f-28-49-ee
   PVID is 1
   MTU 1500 bytes, input BW is 100000 Kbps, output BW is 100000 Kbps
   Encapsulation ARPA, Loopback not set
   Auto-duplex: Negotiation full-duplex, Auto-speed: Negotiation 100M bits
   FlowControl is ON      MDI type is Auto
   5 minute input rate 0 bytes/sec, 0 packets/sec
   5 minute output rate 27 bytes/sec, 0 packets/sec
   The last 5 second input rate 12 bytes/sec, 0 packets/sec
   The last 5 second output rate 0 bytes/sec, 0 packets/sec
   Input packets statistics:
      1091 input packets, 84634 bytes, 0 dropped
      1087 unicast packets, 0 multicast packets, 4 broadcast packets
      0 input errors, 0 CRC, 0 oversize, 0 undersize
      0 jabber, 0 fragments, 0 pause frame
```

Output packets statistics:

9008 output packets, 884284 bytes,0 underruns

1092 unicast packets, 18 multicast packets, 7898 broadcast packets

0 errors, 0 collisions, 0 pause frame

从显示出来的信息，我们可以看到端口的速率、双工模式、端口的名称以及流量控制功能等配置信息。

注意，以上命令可能随着不同厂家设备的不同而有所区别，在具体使用时可以参考设备对应的配置手册。

实验三　交换机软件的升级与备份

一、通过 BootROM 模式升级交换机

（一）实验内容

BootROM 模式下交换机软件的升级方法。

（二）实验目的

掌握神州数码低端交换机的软件升级方法。

（三）实验设备

交换机 1 台、PC 机 1 台、网线若干.

（四）实验环境

在本实验中，采用神州数码 DCRS-5200-28 交换机来组建实验环境。具体实验环境如图 2-14 所示。用 DCRS-5200-28 随机携带的标准 Console 线缆的一端插在交换机的 Console 口，另一端 9 针接口插在 PC 机的 COM 口上。用一根网线的一端连接交换机的以太网口，另一端连接 PC 机的网口。

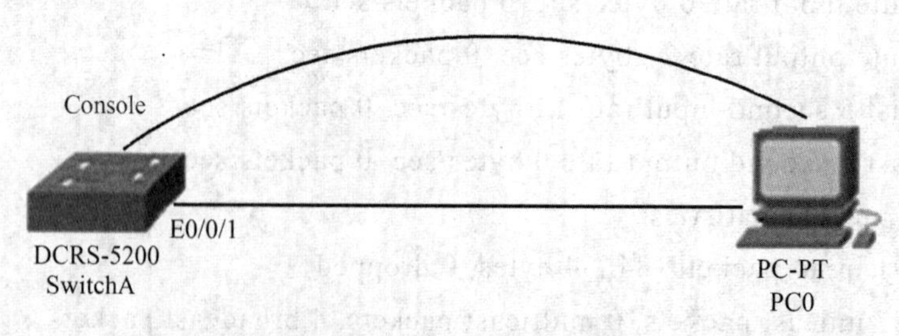

图 2-14　交换机升级典型拓扑

（五）实验步骤

（1）如图 2-14 所示，将一台 PC 作为交换机的控制台，并且该控制台的以太网口与交换机的以太网口相连，在 PC 上安装有 FTP/TFTP 的服务器软件，及需要升级的 img 文件。

（2）在交换机启动的过程中，按住“CTRL + B”键，直到交换机进入 BootROM 监控模式。操作显示如下：

```
Testing RAM...
0x00200000 RAM OK
Loading BootRom...OK
Checking ECC of BootRom...OK
Starting BootRom......
BSP version: 1.6.3
Creation date: May 12 2008, 10:51:00
Initializing... OK!
[Boot]:
```

（3）在 BootROM 模式下，执行命令 setconfig，设置本机在 BootROM 模式下的 IP 地址、掩码、服务器的 IP 地址、掩码及选择 TFTP 或者 FTP 的升级方式。设置本机地址为 10.1.129.2/24，PC 地址为 10.1.129.66/24，选择 TFTP 升级方式，配置如下：

```
[Boot]: setconfig
Host IP Address: [10.1.1.1] 192.168.1.189
Server IP Address: [10.1.1.2] 192.168.1.101
FTP(1) or TFTP(2): [1] 2
Network interface configure OK.
[Boot]:
```

（4）打开 PC 中 FTP/TFTP 服务器，如果是 TFTP 服务器，则运行 TFTP Server 程序；如果是 FTP 服务器，则运行 FTP Server 程序。在向交换机下传升级版本时，请先检查服务器与被升级交换机之间的连接状态，在服务器端使用 ping 命令，ping 通后，在交换机的 BootROM 模式下执行 load 命令；若 ping 不通，则检查原因。以下是更新系统映像文件的配置：

```
[Boot]: load nos.img
Loading...
entry = 0x10010
size = 0x1077f8
```

（5）在 BootROM 模式下，执行命令 writeimg。以下是对更新系统映像文件的保存：

```
[Boot]: writeimg
Programming...
Program OK.
```

（6）升级交换机成功，在 BootROM 模式下，执行命令 run，回到 CLI 配置界面。

[Boot]:run（或者 reboot）。

二、通过 FTP/TFTP 方式升级与备份交换机软件

（一）实验内容

通过 FTP/TFTP 方式升级交换机软件。

（二）实验目的

（1）掌握神州数码低端交换机的软件升级方法；
（2）掌握通过 FTP/TFTP 方式升级交换机软件的方法。

（三）实验设备

神州数码 DCRS-5200 交换机 1 台、PC 机 1 台、网线若干。

（四）实验环境

交换机通过以太网口和 PC 相连，PC 为 FTP/TFTP 服务器，IP 地址为 10.1.1.1，交换机作为 FTP/TFTP 客户端，交换机 VLAN1 接口 IP 地址为 10.1.1.2。从 PC 端下载交换机的 nos.img 文件，如图 2-15 所示。

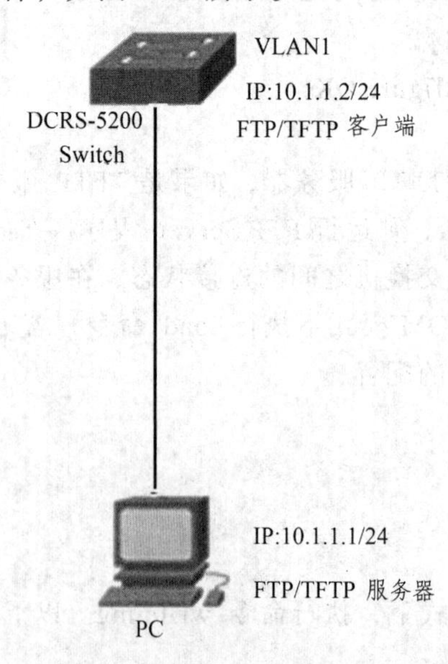

图 2-15 交换机作为 FTP/TFTP 客户端下载升级文件

（五）实验步骤

DCRS-5200 交换机在网络中可以实现 FTP/TFTP 客户机和服务器的功能。

（1）当 DCRS-5200-28 作为 FTP/TFTP 客户机时，在不影响交换机正常工作的情况下，能从远端 FTP/TFTP 服务器下载配置文件或系统文件，也可以将 DCRS-5200-28 当前配置文件或系统文件上载到远端 FTP/TFTP 服务器上的功能。

（2）当 DCRS-5200-28 作为 FTP/TFTP 服务器时，同样它能为它授权的 FTP/TFTP 客户机提供上传和下载文件的服务。

1. 交换机 DCRS-5200-28 作为 FTP/TFTP 客户机

1）交换机 DCRS-5200-28 作为 FTP 客户端配置

（1）PC 端作为 FTP 服务器的配置。

在 PC 机上启动 FTP Server 软件，并且设置用户 Switch，密码为 digitalchina。并将 nos.img 文件放到 PC 的 FTP Server 的目录下。

（2）交换机配置。

交换机作为 FTP/TFTP 客户端升级交换机系统文件，必须对交换机通过 Console 口做初始配置，保证交换机和 PC 机网络上互通，交换机的端口不能直接配置 IP 地址，只能将 IP 地址配置到交换机的 VLAN 虚拟接口上，此处将 VLAN1 的虚拟接口配置为 IP 地址 10.1.1.2/24。

交换机 DCRS-5200 配置：

Switch(Config)#inter vlan 1

Switch(Config-If-Vlan1)#ip address 10.1.1.2 255.255.255.0 #配置交换机管理 IP，和 PC 的 IP 在同一网段

Switch(Config-If-Vlan1)#no shut #激活端口

Switch(Config-If-Vlan1)#exit

Switch(Config)#exit

Switch#copy ftp://Switch:digitalchina@10.1.1.1/nos.img nos.img #从 ftp 服务器端下载系统文件 nos.img 到交换机 flash 中

Switch#reload #重新启动交换机

这样交换机就将 PC 上的 nos.img 软件下载到交换机 flash 了。

2）交换机 DCRS-5200-28 作为 TFTP 客户端配置

（1）PC 端 TFTP 配置。

在 PC 机上启动 TFTP Server 软件，并将 nos.img 放到 PC 的 TFTP Server 的目录下。

（2）交换机配置。

交换机作为 FTP/TFTP 客户端升级交换机系统文件，必须对交换机通过 Console 口做初始配置，保证交换机和 PC 机网络上互通，交换机的端口不能直接配置 IP 地址，只能将 IP 地址配置到交换机的 VLAN 虚拟接口上，此处将 VLAN1 的虚拟接口

配置为 IP 地址 10.1.1.2/24。

```
Switch(Config)#inter vlan 1
Switch(Config-If-Vlan1)#ip address 10.1.1.2 255.255.255.0
Switch(Config-If-Vlan1)#no shut
Switch(Config-If-Vlan1)#exit
Switch(Config)#exit
Switch#copy tftp://10.1.1.1/nos.img nos.img
Switch#reload
```

2. 交换机 DCRS-5200-28 作为 FTP/TFTP 服务器备份系统文件

1）交换机 DCRS-5200-28 作为 FTP 服务器

交换机 DCRS-5200-28 作为 FTP Server，PC 作为 FTP Client，将交换机上的 nos.img 传送到 PC 机上进行备份。这里，交换机通过以太口和 PC 相连，如图 2-16 所示。

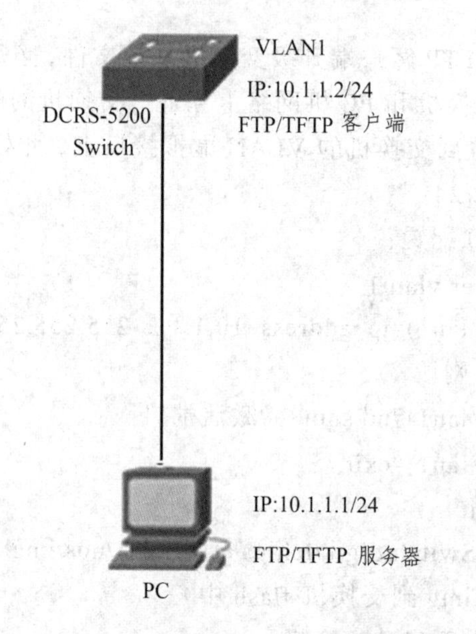

图 2-16　交换机作为 FTP/TFTP 服务器备份系统文件

（1）交换机配置。

交换机作为 FTP/TFTP 服务器备份交换机系统文件，必须对交换机通过 Console 口做初始配置，保证交换机和 PC 机网络上互通。交换机的端口不能直接配置 IP 地址，只能将 IP 地址配置到交换机的 VLAN 虚拟接口上，此处将 VLAN1 的虚拟接口配置为 IP 地址 10.1.1.2/24。

```
Switch(Config)#inter vlan 1
Switch(Config-If-Vlan1)#ip address 10.1.1.2 255.255.255.0
Switch(Config-If-Vlan1)#no shut
```

Switch(Config-If-Vlan1)#exit

Switch(Config)#ftp-server enable

Switch(Config)#ip ftp-server username Switch password 0 digitalchina

（2）PC 端配置。

通过 FTP Client 软件,登录到 DCRS-5200,输入用户名 Switch,密码 digitalchina,通过 get nos.img nos.img 即可将 DCRS-5200 上的 nos.img 下载到 PC 上进行备份。

2）交换机 DCRS-5200-28 作为 TFTP 服务器

交换机 DCRS-5200-28 作为 TFTP Server，PC 作为 TFTP Client，将交换机上的 nos.img 传送到 PC 机上进行备份。这里，交换机通过以太口同 PC 相连，如图 2.16 所示。

（1）交换机配置。

交换机作为 FTP/TFTP 服务器备份交换机系统文件,必须对交换机通过 Console 口做初始配置，保证交换机和 PC 机网络上互通。交换机的端口不能直接配置 IP 地址，只能将 IP 地址配置到交换机的 VLAN 虚拟接口上，此处将 VLAN1 的虚拟接口配置为 IP 地址 10.1.1.2/24。Switch(Config)#inter vlan 1

Switch(Config-If-Vlan1)#ip address 10.1.1.2 255.255.255.0

Switch(Config-If-Vlan1)#no shut

Switch(Config-If-Vlan1)#exit

Switch(Config)#tftp-server enable

（2）PC 端配置。

通过 TFTP Client 软件，登录到 DCRS-5200 交换机，通过 tftp 命令即可将 DCRS-5200 上的 nos.img 文件下载到 PC 上进行备份。

注意，不论交换机作为 FTP/TFTP 客户端或者服务器端，在升级或备份交换机系统文件时必须保证交换机和 PC 端的网络连通性。

实验四　交换机的端口配置

一、实验内容

以太网交换机物理端口的常见配置。

二、实验目的

掌握以太网交换机物理端口的常见命令及其配置方法。

三、实验器材

2 台 DCRS-5200-28 交换机、双绞线、PC 机。

四、实验环境

本实验采用 2 台 DCRS-5200-28 交换机组网，交换机之间通过 1 条双绞线进行连接，组网如图 2-17 所示。要求设置交换机的名称为 SwitchA，以太网端口 E0/0/1 设置速率为强制 100 Mbps、全双工工作模式，名称为 Link-SwitchB。另一台交换机设置为 SwitchB，将其 E0/0/1 设置为 100 Mbps、全双工工作模式，端口名称为 Link-SwitchA。打开两台交换机的 E0/0/1 的流量控制功能。

图 2-17　交换机端口配置

五、实验步骤

以太网交换机端口配置主要包括打开或关闭端口、配置端口名字、配置端口连线类型、配置端口速率、配置双工模式等。

（一）交换机 SwtichA 的配置

1. 设置交换机的名称为 SwitchA

SwitchA#config t　　　　#进入全局配置模式

SwitchA(Config)#hostname SwitchA　　　　#配置交换机的名称为 SwitchA

2. 进入以太网端口配置模式

SwitchA(Config)#interface e0/0/1　　　　#进入端口配置模式

SwitchA(Config-Ethernet0/0/1)# shutdown　　　　#关闭端口

SwitchA(Config-Ethernet0/0/1)# no shutdown　　　　#打开端口

3. 设置交换机端口名称及端口的速率和双工模式

SwitchA(Config-Ethernet0/0/1)#name Link-SwitchB　　　　#配置端口的名字为 to-pc1

SwitchA(Config-Ethernet0/0/1)#speed-duplex force100-full　　　　#强制设置端口速率为 100 Mbps、全双工工作模式

SwitchA(Config-Ethernet0/0/1)#mdi normal　　#设置线缆类型为普通线缆

SwitchA(Config-Ethernet0/0/1)# flow control　　#打开端口流量控制功能，必须保证对端的速率和双工模式和本地端相同。

4. 显示交换机配置，可以查看到 E0/0/1 端口的配置信息

```
SwitchA#show run
Current configuration:
!
    hostname SwitchA
    vendorcontact 800-810-9119
    vendorlocation China
    telnet-user pzhu password 0 pzhu
Vlan 1
    vlan 1
Interface Ethernet0/0/1
    speed-duplex force100-full
    name to-switchB
    mdi normal
```

5. 显示 E0/0/1 端口信息

```
SwitchA#show interface e0/0/1
Ethernet0/0/1 is up, line protocol is up, last change MON JAN 01 04:17:32 2001
  Ethernet0/0/1 is Layer2 port, alias name is to-switchB
  Hardware is Fast-Ethernet, address is 00-03-0f-28-49-ee
  PVID is 1
  MTU 1500 bytes, input BW is 100000 Kbps, output BW is 100000 Kbps
  Encapsulation ARPA, Loopback not set
  Duplex: Force full-duplex, Speed: Force 100M
  FlowControl is OFF   MDI type is Normal
……………………………………………………
```

（二）交换机 SwitchB 的配置

DCRS-5200-28>enable　　#进入特权模式

DCRS-5200-28#conf　t　　#进入全部配置模式

DCRS-5200-28(Config)#hostname SwitchB　　#设置交换机名称为 SwitchB

SwitchB(Config)#int e0/0/1　　#进入端口配置模式

SwitchB(Config-Ethernet0/0/1)#name　Link-SwitchA　　#设置端口名称为 to-SwitchA

SwitchB(Config-Ethernet0/0/1)#speed-duplex force100-full #设置端口速率为100 Mbps、全双工模式

SwitchB(Config-Ethernet0/0/1)#mdi normal #设置端口线缆类型为普通线缆

SwitchB(Config-Ethernet0/0/1)# flow control #打开端口流量控制功能，必须保证对端的速率和双工模式和本地端相同

实验五 交换机端口隔离

一、实验内容

交换机端口隔离配置。

二、实验目的

（1）交换机的基本配置方法。
（2）掌握理解 PORT VLAN 的原理及配置方法。

三、实验器材

DCRS-5200-28 交换机 1 台、PC 机 2 台、双绞线。

四、实验环境

如图 2-18 所示，交换机 SwitchA 的 ethernet 0/0/5 和 ethernet 0/0/15 端口分别属于 VLAN 10 和 VLAN 20，PC1 连接在交换机 SwitchA 的 ethernet 0/0/5 端口，PC2 连接在交换机 SwitchA 的 ethernet 0/0/15 端口。用户 PC1 与 PC2 不希望他们之间能够相互访问，现利用 Port VLAN 技术实现 PC1 与 PC2 的端口隔离。PC1 的 IP 地址为 172.16.1.3/24，PC2 的 IP 地址为 172.16.1.2/24。

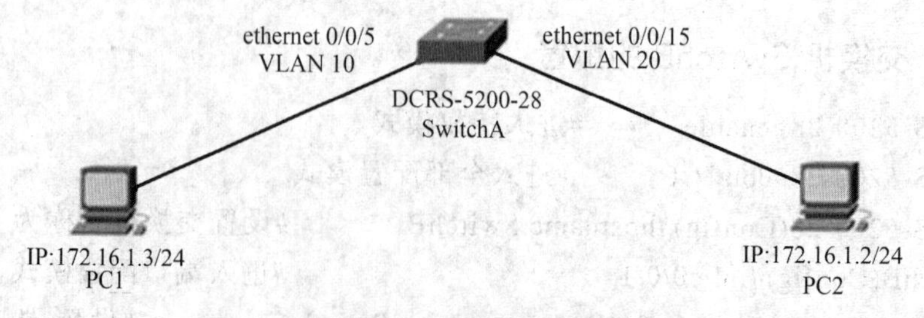

图 2-18 交换机端口隔离

五、实验步骤

VLAN 概念：VLAN(Virtual Local Area Network,虚拟局域网)，是指在一个物理网段内，进行逻辑的划分，划分成若干个虚拟局域网。其最大的特性是不受物理位置的限制，可以进行灵活的划分。VLAN 具备一个物理网段所具备的特性。相同的 VLAN 内的主机可以相互直接访问，不同的 VLAN 间的主机之间互相访问必须经由路由设备进行转发，广播包只可以在本 VLAN 内进行传播，不能传输到其他 VLAN 中。

PORT VLAN 是实现 VLAN 的方式之一，PORT VLAN 是利用交换机的端口进行 VLAN 的划分，一个普通端口只能属于一个 VLAN。

（一）在未划 VLAN 前测试两台 PC 之间的连通性

启用“本地连接”网卡，正确设置 PC1 与 PC2 的 IP 地址及默认网关。在 PC1 的命令行提示符下 ping PC2 的 IP 地址，测试 PC1 与 PC2 之间的连通性，记录测试结果。

```
C:\>ping 172.16.1.2
Pinging 172.16.1.2 with 32 bytes of data:
Reply from 172.16.1.2: bytes=32 time=2ms TTL=64
Reply from 172.16.1.2: bytes=32 time<1ms TTL=64
Reply from 172.16.1.2: bytes=32 time<1ms TTL=64
Reply from 172.16.1.2: bytes=32 time<1ms TTL=64
Ping statistics for 172.16.1.2:
    Packets: Sent = 4, Received = 4, Lost = 0 (0% loss),
Approximate round trip times in milli-seconds:
    Minimum = 0ms, Maximum = 2ms, Average = 0ms
```

（二）在交换机 SwitchA 上创建 VLAN

```
DCRS-5200-28>en                            #进入特权配置模式
DCRS-5200-28#config terminal               #进入全局配置模式
DCRS-5200-28(Config)#hostname SwitchA      #配置交换机名称为 SwitchA
SwitchA(Config)#vlan 10                    #创建 VLAN 10，进入 VLAN 配置模式
SwitchA(Config-Vlan10)#name test10         #配置 VLAN10 的名称为 test10
SwitchA(Config-Vlan10)#exit                #退出 VLAN 配置模式
SwitchA(Config)#vlan 20                    #创建 VLAN 20，进入 VLAN 配置模式
SwitchA(Config-Vlan20)#name test20         #配置 VLAN 20 的名称为 test20
```

```
SwitchA(Config-Vlan20)#exit                  #退出 VLAN 配置模式，返回上一级模式
SwitchA(Config)#exit                         #返回上一级模式
```

验证测试，使用 show vlan 命令查看已配置的 VLAN 信息。注意：默认情况下，所有的端口都属于 VLAN 1。

```
switchA#show vlan
```

可以发现，交换机 SwitchA 上已经存在 VLAN 10 和 VLAN 20，但是没有任何端口属于 VLAN 10 和 VLAN 20，默认都属于 VLAN 1。

（三）将端口 ethernet 0/0/5 和 ethernet 0/0/15 分别划分到 VLAN10 和 VLAN20，并记录实验结果

```
SwitchA#config terminal
SwitchA(Config)#interface ethernet 0/0/5             #进入 ethernet 0/0/5 的端口配置模式
SwitchA(Config-Ethernet0/0/5)#switchport access vlan 10       #将 ethernet 0/0/5 端口加入 VLAN 10 中
Set the port Ethernet0/0/5 access vlan 10 successfully
SwitchA(Config-Ethernet0/0/5)#exit
SwitchA(Config)#interface ethernet 0/0/15            #进入 ethernet 0/0/15 的端口配置模式
SwitchA(Config-Ethernet0/0/15)#switchport access vlan 20      #将 ethernet 0/0/15 端口加入 VLAN 20 中
Set the port Ethernet0/0/15 access vlan 20 successfully
```

在特权模式下使用 show vlan 命令验证交换机配置，并记录实验结果。

```
SwitchA#show vlan                            #查看已配置的 VLAN 信息
```

可以发现，交换机端口 Ethernet0/0/5 属于 VLAN 10，交换机端口 Ethernet0/0/15 属于 VLAN 20。

（四）测试两台 PC 之间的连通性

测试验证，在 PC1 的命令行提示符下 ping 主机 PC2 的 IP 地址，原来可以相互通讯的两台主机，现在 PING 不通，并记录实验结果。

```
C:\>ping 172.16.1.2
正在 Ping 172.16.1.2 具有 32 字节的数据:
请求超时。
请求超时。
请求超时。
请求超时。
```

172.16.1.2 的 Ping 统计信息:

数据包: 已发送= 4，已接收 = 0，丢失 = 4 (100% 丢失)。

（五）查看交换机配置信息，记录实验结果

（1）查看交换机端口 Ethernet0/0/5 的配置信息。

SwitchA#show interface ethernet 0/0/5

（2）查看验证交换机正在运行的配置。

SwitchA#show running-config

实验六　交换机配置端口聚合

一、实验内容

学习交换机端口聚合原理及配置方法。

二、实验目的

掌握交换机端口聚合的原理，端口聚合的配置命令及方法。

三、实验器材

DCRS-5200 交换机两台、网线若干、PC 机 1 台。

四、实验环境

如图 2-19 所示，交换机 Switch1 上的 E0/0/27，E0/0/28 端口都是 access 类型端口，默认属于 VLAN1，将这两个端口以 active 模式加入 group 1；Switch2 上 E0/0/27，E0/0/28 端口为 access 类型端口，属于默认 VLAN1，将这两个端口以 active 模式加入 group 2，将以上对应端口分别用网线相连。

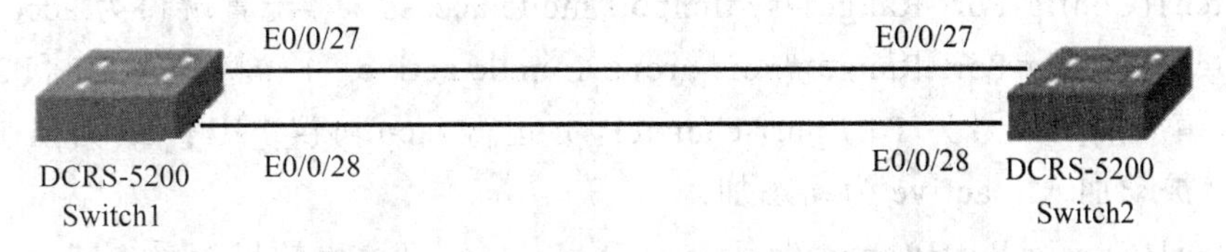

图 2-19　交换机端口聚合配置

五、实验步骤

端口聚合原理：端口聚合是一种逻辑上的抽象过程，将一组具备相同属性的端

口序列，抽象成一个逻辑端口。对用户而言，可以将这个聚合组当成一个端口使用，因此不仅能增加设备之间的带宽，还能提供链路备份功能。端口聚合通常用在交换机连接路由器、主机或者其他交换机时使用。

DCRS-5200-28 交换机支持手工生成 Port Channel、LACP（Link Aggregation Control Protocol，链路汇聚控制协议）动态生成 Port Channel 两种配置端口汇聚的方法，只有双工模式为全双工模式、端口速率相同的端口才能进行端口汇聚。

LACP 是一种实现链路动态汇聚的协议，LACP 协议通过 LACPDU（Link Aggregation Control Protocol Data Unit，链路汇聚控制协议数据单元）与对端交互信息。启动 LACP 的端口可以有 passive 和 active 两种工作模式。

（1）passive：被动模式，该模式下端口不会主动发送 LACPDU 报文，在接收到对端发送的 LACP 报文后，该端口进入协议计算状态；

（2）active：主动模式，该模式下端口会主动向对端发送 LACPDU 报文，进行 LACP 协议的计算。

为使端口聚合正常工作，端口聚合组中的成员端口必须具备以下相同的属性：

（1）端口均为全双工模式；

（2）端口速率相同；

（3）端口的类型必须一样，比如同为以太口或同为光纤口；

（4）端口同为 Access 端口并且属于同一个 VLAN 或同为 Trunk 端口；

（5）如果端口为 Trunk 端口，则其 Allowed VLAN 和 Native VLAN 属性也应该相同。

（一）按照网络拓扑结构给两台交换机之间进行正确的连线

（二）配置交换机 Switch1 和 Switch2

1. Switch1 的具体配置

DCRS-5200-28>enable　　#进入特权模式

DCRS-5200-28#conf t　　#进入全局配置模式

DCRS-5200-28(Config)#hostname Switch1　　#配置交换机名称为 Switch1

Switch1(Config)#int e0/0/27-28　　#进入端口配置模式

Switch1(Config-Port-Range)#switchport mode access　　#配置端口为 access 端口

Switch1(Config-Port-Range)#port-group 1 mode active　　#将 E0/0/27 和 28 端口以 active 模式加入编号为 1 的 port-channel，并运行 lacp 协议。其中 on 为强制加入，passive 为被动加入、active 为动态加入

Switch1(Config-Port-Range)#exit　　#退出端口配置模式

Switch1(Config)#interface port-channel 1　　#进入 port-channel 配置模式

2. Switch2 的具体配置

DCRS-5200-28>enable　　#进入特权模式

DCRS-5200-28#conf t　　　　　　　　　#进入全局配置模式

DCRS-5200-28(Config)#hostname Switch2　　　　#配置交换机名称为 Switch2

Switch2(Config)#int e0/0/27-28　　　　　　　#进入端口配置模式

Switch2(Config-Port-Range)#switchport mode access　#配置端口为 access 端口

Switch2(Config-Port-Range)#port-group 2 mode active　　#将 E0/0/27 和 28 端口以 active 模式加入编号为 2 的 port-channel

Switch2(Config-Port-Range)#exit　　　　　　#退出端口配置模式

Switch2(Config)#int port-channel 2　　　　　#进入 port-channel 配置模式

过一段时间以后，交换机会提示端口汇聚成功，此时 Switch1 的端口 27、28 汇聚成一个聚合端口，汇聚端口名为 port-channel1，Switch2 的端口 27、28 汇聚成一个聚合端口，汇聚端口名为 port-channel2，并且都可以进入汇聚端口配置模式进行配置。

3. 检验交换机配置

在 Switch1 和 Switch2 上分别运行 show run、show port-group 命令。

（1）显示交换机 Switch1 的 port-group 1 的端口汇聚信息。

```
Switch1#show port-group 1   port-channel
Port channels in the group 1:
----------------------------------------------------------
Port-Channel: port-channel1
Number of port : 2          Standby port : NULL
Port in the port-channel :
Index              Port                Mode
--------------------------------------
1                  Ethernet0/0/27 active
2                  Ethernet0/0/28 active
```

通过显示端口汇聚信息，可以发现汇聚端口名为 port-channel1，有 Ethernet0/0/27、Ethernet0/0/28 两个端口进行了汇聚。

（2）显示交换机 Switch1 的 port-group 1 的摘要信息。

```
Switch1#show port-group 1 brief
Port-group number : 1
the attributes of the port-group are as follows:
mac_type:ETH_TYPE     speed_type:ETH_SPEED_1000M
duplex_type:FULL      port_type:ACCESS
Number of ports in port-group : 2     Maxports in port-channel = 8
Number of port-channels : 1     Max port-channels : 1
```

通过显示端口汇聚摘要信息，可以发现汇聚端口号 Port-group number 为 1，在汇聚组里面有两个成员端口，成员端口最多可以有 8 个。

实验七　VLAN 的基础配置

VLAN（Virtual Local Area Network）即虚拟局域网，VLAN 可以根据功能、应用或者管理的需要将局域网内部的设备逻辑地划分为一个个网段，从而形成一个个虚拟的工作组，并且不需要考虑设备的实际物理位置。

VLAN 工作在 OSI 参考模型的第 2 层和第 3 层，VLAN 可以动态的根据需要将一个大的局域网划分成许多不同的广播域。

每个广播域即一个 VLAN，VLAN 和物理上的局域网有相同的属性，不同之处只在于 VLAN 是逻辑的而不是物理的划分，所以 VLAN 的划分不必根据实际的物理位置，而每个 VLAN 内部的广播、组播和单播流量都是与其他 VLAN 隔绝的，提高网络的安全性。

基于 VLAN 的以上特性，VLAN 技术给我们带来以下的优点：

· 改善网络性能；

· 节约网络资源；

· 简化网络管理；

· 降低网络成本；

· 提高网络安全。

目前，VLAN 的划分方式有以下几种:

1. 基于端口的 VLAN 划分

利用交换机的端口来划分 VLAN 成员。被设定的端口都在同一个广播域中。例如，一个交换机的 1，2，3，4，5 端口被划分给虚拟网 VLAN 2，同一交换机的 6，7，8 端口组成虚拟网 VLAN 3。这种根据端口来划分 VLAN 的方式仍然是最常用的一种方式。

2. 基于 MAC 地址的 VLAN 划分

基于 MAC 地址的 VLAN 划分方法是根据每个主机的 MAC 地址来划分，即对每个 MAC 地址的主机都配置它属于哪个 VLAN。这种划分 VLAN 方法的最大优点就是当用户物理位置移动时，即从一个交换机换到其他的交换机时，VLAN 不用重新配置，所以，可以认为这种根据 MAC 地址的划分方法是基于用户的 VLAN，这种方法的缺点是初始化时，所有的用户都必须进行配置，如果有几百个甚至上千个用户的话，初始配置非常繁琐。这种划分的方法也导致了交换机执行效率的降低，因为在每一个交换机的端口都可能存在很多个 VLAN 组的成员，这样就无法限制广播包了。另外，对于使用笔记本电脑的用户来说，他们的网卡可能经常更换，这样，VLAN 就必须不停地配置。

3. 基于协议的 VLAN 划分

基于协议的 VLAN 划分是根据网络中主机使用的网络协议来划分广播域。即主机属于哪一个 VLAN 决定于它使用的网络层协议（如 IP 协议或 IPX 协议等），与其他因素无关。这种 VLAN 划分在实际当中使用的很少，因为目前网络上绝大部分主机都是使用的 IP 协议，很难将广播域划分的更小。

4. 基于子网的 VLAN 划分

基于子网的 VLAN 划分方法是根据网络主机使用的 IP 地址所在的子网网络号来划分广播域。即 IP 地址属于同一个子网的主机属于同一个广播域，而与主机的其他因素没有任何关系。

目前，基于端口划分 VLAN 是目前最普遍的使用方法，是目前所有交换机都支持的一种 VLAN 划分方法。

一、VLAN 基本配置

（一）实验内容

VLAN 基本配置。

（二）实验目的

（1）熟悉 VLAN 的创建；
（2）掌握 VLAN 的基本配置命令和配置注意事项；
（3）掌握把交换机的端口划分到特定的 VLAN 方法。

（三）实验器材

DCRS5200-28 交换机 1 台、DCR3705 路由器 2 台、PC 机。

（四）实验环境

实验拓扑结构如图 2-20 所示,交换机 DCRS-5200-28 端口 E0/0/1 和 E0/0/2 分别属于 VLAN 2 和 VLAN 3，交换机 E0/0/1 端口连接路由器 R1 的 Fa0/0 端口，交换机 E0/0/2 端口连接路由器 R2 的 Fa0/0 端口。要求在交换机 DCRS-5200-28 上创建 VLAN 2 和 VLAN 3，分别将对应的端口划分到对应的 VLAN 里面。

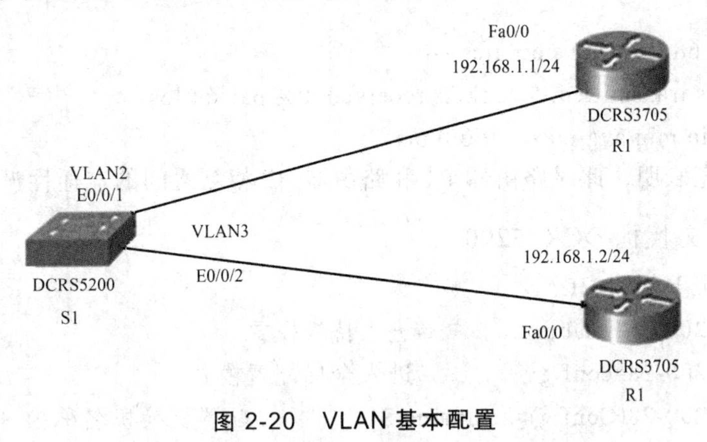

图 2-20 VLAN 基本配置

（五）实验步骤

1. 配置路由器 R1 和 R2 的端口 IP 地址

在划分 VLAN 之前，先分别配置路由器 R1 和 R2 的 fa0/0 的端口，从路由器 R1 上 ping 路由器 R2 的端口 IP 地址 192.168.1.2，默认情况下，交换机 DCRS-5200-28 的全部接口都属于 VLAN 1，R1 和 R2 应该能够相互通信。

1）配置路由器 R1

```
Router>enter
Router#config
Router_config#hostname R1
R1_config#int fa0/0
R1_config_f0/0#ip address 192.168.1.1 255.255.255.0
R1_config#^Z
R1#write
Saving current configuration...
OK!
```

2）配置路由器 R2

```
Router>enter
Router#config
Router_config#hostname R2
R2_config#int fa0/0
R2_config_f0/0#ip address 192.168.1.2 255.255.255.0
R2_config_f0/0#^Z
R2#write
```

3）在路由器 R1 上 ping 路由器 R2 的 fa0/0 端口 IP 地址，测试连通性

```
R1#ping 192.168.1.2
PING 192.168.1.2 (192.168.1.2): 56 data bytes
!!!!!
--- 192.168.1.2 ping statistics ---
5 packets transmitted, 5 packets received, 0% packet loss
round-trip min/avg/max = 0/0/0 ms
```

以上信息表明，此时路由器 R1 和路由器 R2 相互之间的连通性没有问题。

2. 配置交换机 DCRS5200

在交换机上创建 VLAN

```
DCRS-5200-28>enable              #进入特权模式
DCRS-5200-28#config              #进入全局配置模式
DCRS-5200-28(Config)#hostname S1          #配置交换机名称为 S1
```

```
S1(Config)#
S1(Config)#vlan 2                #创建 VLAN 2，同时进入 VLAN 配置模式，
                                 2 是 VLAN 的编号，VLAN 编号的范围为
                                 1 ~ 4 094，VLAN 1 为默认 VLAN
S1(Config-Vlan2)#name vlan2      #给 VLAN2 命名
S1(Config-Vlan2)#vlan 3          #创建 VLAN3，同时进入 VLAN 配置模式，
                                 3 是 VLAN 的编号
S1(Config-Vlan3)#name vlan3      #给 VLAN 3 命名
S1(Config-Vlan3)#exit            #退出 VLAN 配置模式，创建的 VLAN 立即
                                 生效，把交换机的端口划分给相应的 VLAN
S1(Config)#int e0/0/1
S1(Config-Ethernet0/0/1)# switchport access vlan 2
S1(Config-Ethernet0/0/1)#int e0/0/2
S1(Config-Ethernet0/0/2)#switchport access vlan 3
```

注意：交换机端口默认都属于 VLAN 1，VLAN 1 是不能删除的。如果要删除某一个 VLAN，使用“no vlan”命令即可，如删除 VLAN 4，使用“no vlan 4”。删除某一个 VLAN 后，要把属于这个 VLAN 的端口重新划分给其他的 VLAN。

3. 实验调试

1）查看 VLAN

使用“show vlan”或者“show vlan brief”命令可以查看 VLAN 信息，以及每个 VLAN 上有什么端口。注意只能看到本交换机的端口属于哪个 VLAN，不能看到其他交换机上的端口属于哪一个 VLAN。

```
S1#show vlan
VLAN Name         Type      Media     Ports
---- ------------ --------- --------- ----------------------------------------
1    default      Static    ENET      Ethernet0/0/3          Ethernet0/0/4
                                       Ethernet0/0/5
Ethernet0/0/6
……………………………………………………(省略)
2    vlan2        Static    ENET      Ethernet0/0/1
3    vlan3        Static    ENET      Ethernet0/0/2
```

VLAN 1 是交换机默认的 VLAN，不能删除，也不能重命名。所有端口默认属于 VLAN 1。

```
S1#show vlan brief
Existing Vlans:
1    2    3
Total Existing Vlans is:3
```

2）VLAN 间的通信

此时，从 R1 ping 192.168.1.2 应该不能成功了，这是因为交换机 e0/0/1 和 e0/0/2 分别属于不同的 VLAN，不能直接通信。

```
R1#ping 192.168.1.2
PING 192.168.1.2 (192.168.1.2): 56 data bytes
.....
--- 192.168.1.2 ping statistics ---
5 packets transmitted, 0 packets received, 100% packet loss
```

二、跨交换机实现 VLAN

（一）实验内容

跨交换机实现 VLAN 配置方法。

（二）实验目的

（1）掌握 VLAN 基本配置命令和配置注意事项；
（2）理解 VLAN 如何跨交换机实现 VLAN。

（三）实验设备

DCRS-5200 交换机 2 台、PC 机 4 台、网线若干。

（四）实验环境

实验组网如图 2-21 所示，交换机与交换机之间通过 E0/0/027 和 E0/0/28 端口分别与对方连接，端口类型为 trunk 端口，交换机之间的两个端口进行链路聚合。PC1 与 PC3 属于 VLAN 2，PC2 与 PC4 属于 VLAN 3。要求配置完成以后，同一 VLAN 的 PC 可以互通，不同 VLAN 间的 PC 不能互通。PC 机的 IP 地址分配如表 2-4 所示。

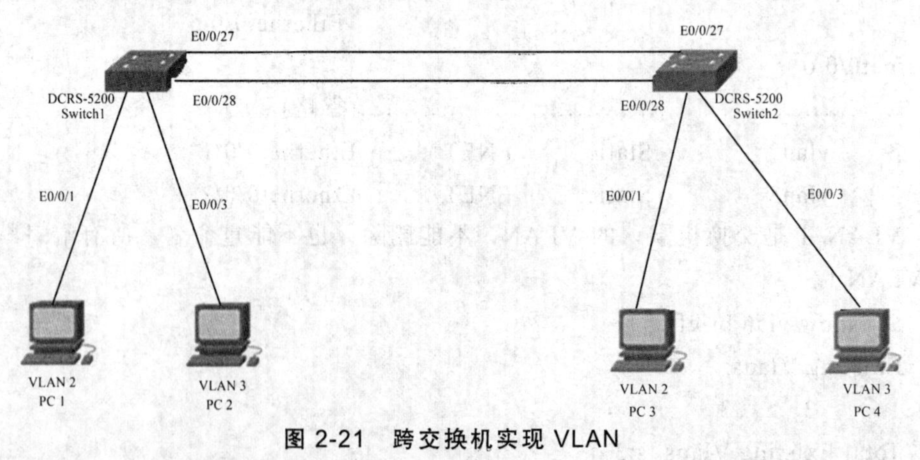

图 2-21　跨交换机实现 VLAN

表 2-4 IP 地址分配表

设备	端口	描述	IP 地址	子网掩码	网关
PC1	NIC	连接 Switch1 的 E0/0/1 端口	10.1.1.2	255.255.255.0	
PC2	NIC	连接 Switch1 的 E0/0/3 端口	10.1.2.2	255.255.255.0	
PC3	NIC	连接 Switch2 的 E0/0/1 端口	10.1.1.3	255.255.255.0	
PC4	NIC	连接 Switch2 的 E0/0/3 端口	10.1.2.3	255.255.255.0	

（五）实验步骤

1. 配置链路聚合

1）Switch1 上的配置

```
DCRS-5200-28>en
DCRS-5200-28#conf t
DCRS-5200-28(Config)#hostname Switch1
Switch1(Config)#int e0/0/27-28                  #进入端口配置模式
Switch1(Config-Port-Range)#combo-forced-mode copper-forced   #设置光电复
                                                用端口的工作模式为强制电口
Switch1(Config-Port-Range)#speed-duplex force1g-full    #设置端口为强制
                                                1000 Mbps、全双工模式
Switch1(Config-Port-Range)#port-group 1 mode active     #配置端口聚合，把
                                                E0/0/27 和 E0/0/28 端口加入编号为 1
                                                的 port-group 中
```

2）Switch2 的配置

```
DCRS-5200-28>en
DCRS-5200-28#conf t
DCRS-5200-28(Config)#hostname Switch2
Switch2(Config)#int e0/0/27-28
Switch2(Config-Port-Range)#speed-duplex force1g-full
Switch2(Config-Port-Range)#combo-forced-mode copper-forced
Switch2(Config-Port-Range)#port-group 2 mode active     #配置端口聚合
```

2. 配置每一台 PC 属于特定的 VLAN

```
Switch1>en
Switch1#conf t
Switch1(Config)#vlan 2                          #创建 VLAN 2，进入 VLAN 配置模式。
                                                对应的 no 操作为删除 VLAN
Switch1(Config-Vlan2)#switchport interface e0/0/1   #给 VLAN 2 分配 E0/0/1 端口
Switch1(Config-Vlan2)#exit
```

```
Switch1(Config)#vlan 3                              #创建 VLAN 3，进入 VLAN 配置模式
Switch1(Config-Vlan3)#switchport interface e0/0/3   #给 VLAN 3 分配 E0/0/3 端口
Switch2>en
Switch2#conf t
Switch2(Config)#vlan 2                              #创建 VLAN 2，进入 VLAN 配置模式
Switch2(Config-Vlan2)#vlan 3                        #创建 VLAN 2，进入 VLAN 配置模式
Switch2(Config-Vlan3)#switchport int e0/0/3         #给 VLAN 3 分配 E0/0/3 端口
Switch2(Config-Vlan3)#vlan 2                        #进入 VLAN 2 配置模式
Switch2(Config-Vlan2)#switchport int e0/0/1         #给 VLAN 2 分配 E0/0/1 端口
```

3. 配置交换机之间的端口为 trunk 端口，并且允许所有的 VLAN 通过

```
Switch1#exit
Switch1>en
Switch1#conf t
Switch1(Config)#int port-channel 1                  #进入汇聚端口 port-channel 1 配
                                                     置模式
Switch1(Config-If-Port-Channel1)#switchport mode trunk      #设置汇聚端口
                                                     port-channel 为 trunk 端口
Switch1(Config-If-Port-Channel1)#switchport trunk allowed vlan all   #设置 trunk
                                                     端口允许所有 VLAN 数据帧通过
Switch2#conf t
Switch2(Config)#int e0/0/27-28                      #进入端口配置模式
Switch2(Config-Port-Range)#switchport mode trunk    #设置端口为 trunk 端口
Switch2(Config-Port-Range)#switchport trunk allowed vlan all  #设置 trunk 端口
                                                     允许所有 VLAN 数据帧通过
```

配置完成以后，测试网络连通性，在 PC1 与 PC3 上相互 ping、PC2 与 PC4 上相互 ping，可以发现，PC1 与 PC3、PC2 与 PC4 能够相互访问，不同 VLAN 之间的 PC（如 PC1 与 PC4，PC2 与 PC3）不能够相互访问。

注意，如果在交换机 Switch1 和交换机 Switch2 之间增加一台交换机 Switch3，同样实现上述目标：VLAN 内互通，VLAN 之间隔离。需要在 Switch2 上需要创建 VLAN2 和 VLAN3，这样，这两个 VLAN 的帧才能通过 Switch3。

实验八　备份交换机配置到 TFTP 服务器

一、实验内容

掌握备份交换机配置文件到 TFTP 服务器。

二、实验目的

（1）掌握将交换机配置文件备份到 TFTP 服务器。

（2）学会交换机配置文件的备份方法。

三、实验器材

交换机 1 台、PC 机 1 台、网线若干、配置线。

四、实验环境

在本实验中，采用神州数码 DCRS-5200-28（SwitchA）交换机来组建实验环境。具体实验环境如图 2-22 所示，用 DCRS-5200-28 随机携带的标准 Console 线缆的一端插在交换机的 Console 口，另一端 9 针接口插在 PC 机的 COM 口上。PC 机通过网卡连接到交换机的 E0/0/1 端口。假设 PC 机的 IP 地址和网络掩码分别为 192.168.0.137/255.255.255.0,PC 机上已安装和打开了 TFTP Server 程序。交换机的管理 VLAN 的 IP 地址和网络掩码分别为 192.168.0.138/255.255.255.0。

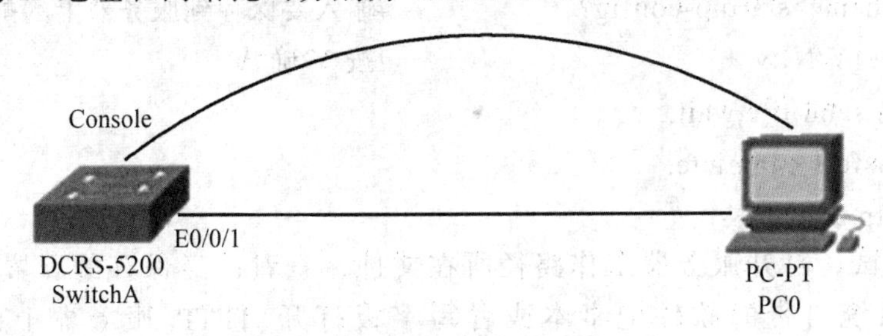

图 2-22　交换机配置文件备份

五、实验步骤

（一）在交换机上配置管理接口 IP 地址

DCRS-5200-28>en

DCRS-5200-28#conf t

DCRS-5200-28(Config)#hostname SwitchA

SwitchA(config)#interface vlan 1　　　　#进入交换机管理接口配置模式

SwitchA(config-if)#ip address 192.168.0.138 255.255.255.0　　　#配置交换机管理接口 IP 地址

SwitchA(config-if)#no shutdown　　　　#开启交换机管理接口

验证测试：验证交换机管理 IP 地址已经配置和开启，TFTP 服务器与交换机之间的网络连通性。

SwitchA#show vlan id 1　　　　　　　#显示 VLAN1 的状态信息

SwitchA#show int vlan 1　　　　　　　#显示 VLAN 1 的地址信息，验证交换机管理 IP 地址已经配置，管理接口已开启

SwitchA#ping 192.168.0.137　　　　　#验证交换机与 TFTP 服务器具有网络连通性

（二）启动 TFTP Server，设置服务器工作路径

在 PC 机上安装 TFTP 服务器软件，设置一个文件夹为服务器的工作路径，交换机配置文件将备份在此文件夹中。

（三）备份交换机配置

SwitchA#copy running-config startup-config　#保存交换机的当前配置

SwitchA#copy starup-config tftp:　　　　#备份交换机的配置到 TFTP 服务器

tftp server ip address [x.x.x.x] or hostname:192.168.0.137　#按提示输入 TFTP 服务器 IP 地址

tftp filename>startup-config?　　　　#输入要保存到服务器上的配置文件名称

Confirm [Y/N]:y　　　　　　　　　#按 Y 确认

begin to send file,wait...

file transfers complete.

close tftp client.

验证测试，打开服务器工作路径所在文件，查看已经保存的配置文件。利用 Windows 系统自带的软件记事本或者写字板打开 TFTP 服务器上的配置文件 D:\startup-config，查看文件内容。

注意，在备份交换机配置之前，必须验证交换机与 TFTP 服务器具有网络连通性。

实验九　从 TFTP 服务器恢复交换机配置

一、实验内容

从 TFTP 服务器恢复交换机配置。

二、实验目的

能够从 TFTP 服务器恢复交换机配置，掌握交换机配置文件恢复的方法。

三、实验器材

交换机 1 台、PC 机 1 台、网线若干、配置线。

四、实验环境

在本实验中，采用神州数码 DCRS-5200-28（SwitchA）交换机来组建实验环境。具体实验环境如图 2-23 所示，用 DCRS-5200-28 随机携带的标准 Console 线缆的一端插在交换机的 Console 口，另一端 9 针接口插在 PC 机的 COM 口上。PC 机通过网卡连接到交换机的 E0/0/1 端口。假设 PC 机的 IP 地址和网络掩码分别为 192.168.0.137/255.255.255.0,PC 机上已安装和打开了 TFTP Server 程序。交换机的管理 VLAN 的 IP 地址和网络掩码分别为 192.168.0.138/255.255.255.0。

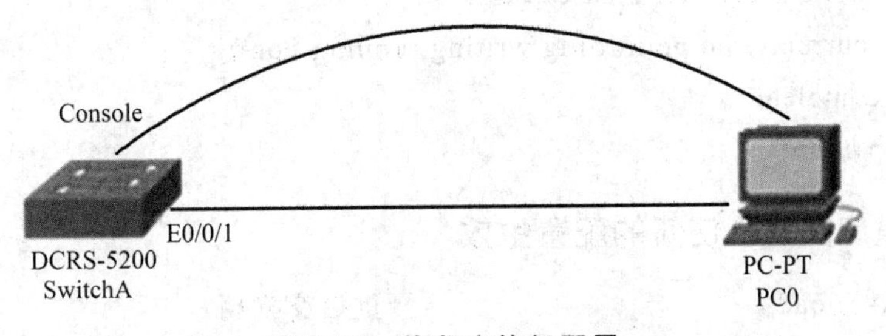

图 2-23 恢复交换机配置

五、实验步骤

（一）在交换机上配置管理接口 IP 地址

```
DCRS-5200-28>en
DCRS-5200-28#conf t
DCRS-5200-28(Config)#hostname SwitchA
SwitchA(config)#interface vlan 1                #进入交换机管理接口配置模式
SwitchA(config-if)#ip address 192.168.0.138 255.255.255.0      #配置交换机管
                                                理接口 IP 地址
SwitchA(config-if)#no shutdown                  #开启交换机管理接口
SwitchA#copy running-config startup-config      #保存交换机配置
```

验证测试，验证交换机管理 IP 地址已经配置和开启，TFTP 服务器与交换机之间的网络连通性。

```
SwitchA#show vlan id 1                          #显示 VLAN1 的状态信息
SwitchA#sh int vlan 1                           #显示 VLAN 1 的地址信息，验证交换
                                                机管理 IP 地址已经配置，管理接口已
                                                开启
```

SwitchA#ping 192.168.0.137   #验证交换机与 TFTP 服务器具有网络连通性

（二）设置 TFTP Server

在 PC 机上安装 TFTP 服务器软件，设置 TFTP 服务器工作路径为交换机备份的配置文件所在的文件夹，启动 TFTP Server。

（三）恢复交换机配置

```
SwitchA#copy tftp://192.168.0.137/startup-config startup-config
Confirm [Y/N]:y
begin to receive file,wait...
recv 1038
Begin to write local file, please wait...
notice:   currently no permitting writing running-config
transfer complete
close tftp client.
```

（四）重启交换机使新的配置生效

```
SwitchA#reload                          #重启交换机
Process with reboot? [Y/N] y
```

注意，在恢复交换机配置文件之前，须验证交换机与 TFTP 服务器具有网络连通性。

实验十 交换机 VTP 配置

一、实验内容

掌握 Cisco 交换机 VLAN 和 VTP 的基本配置。

二、实验目的

掌握 Cisco 交换机 VTP 的工作原理及 VTP 的配置。

三、实验器材

安装了 Windows XP 系统的计算机 1 台，Packet Tracer 模拟器软件或 Cisco 交换机 3 台，PC 机 3 台，网线及配置线若干。

四、实验环境

如图 2-24 所示的拓扑结构，交换机 1 与交换机 2 通过 Fa0/1 端口用双绞线进行连接，交换机 2 与交换机 3 之间通过 Fa0/2 端口进行连接，交换机 1 与交换机 3 之间通过 Fa0/3 端口进行连接。在本实验中，将交换机 1 设置为 VTP 服务器模式，交换机 2 设置为 VTP 客户端模式，交换机 3 设置为 VTP 透明模式。VTP 所属域为 pzhu，VTP 域的密码为 pzhu。

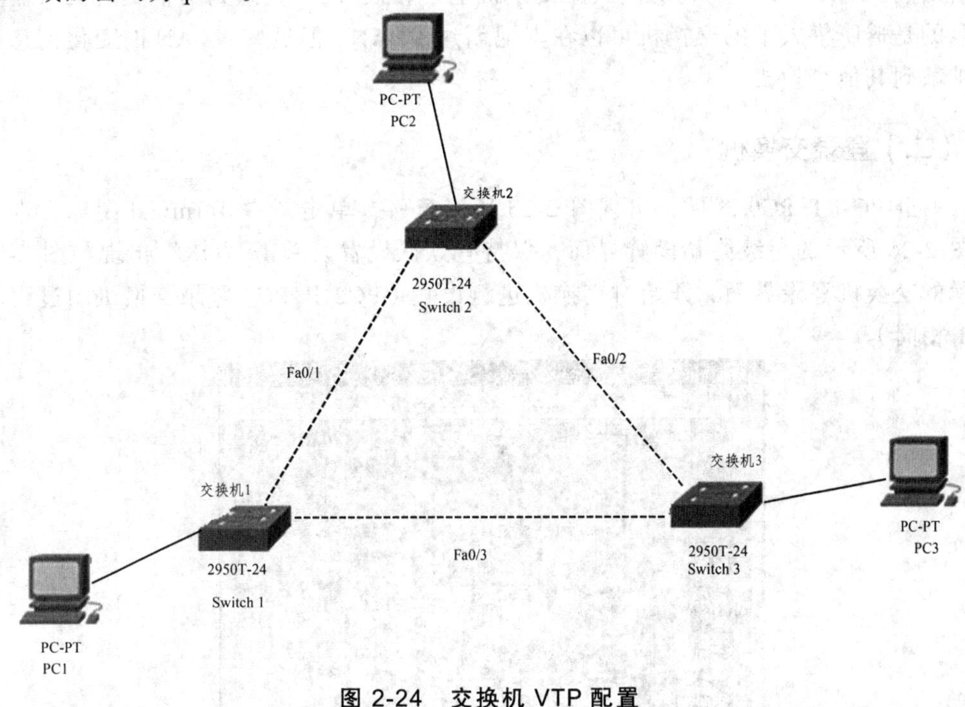

图 2-24　交换机 VTP 配置

五、实验步骤

（一）VTP 原理

VTP 的作用是流量在穿越整个网络的过程中维持 VLAN 信息不变。VTP 是一种消息协议，通过使用 2 层中帧在整个网络中负责管理 VLAN 的添加、删除和重命名。通过一台工作在 VTP 服务器模式下的中央交换机完成这些任务。VTP 负责在 VLAN 域内同步 VLAN 信息，这样就不需要在每台交换机配置 VLAN 信息了。

VTP 有服务器模式、客户端模式和透明模式 3 种工作模式。

（1）Server 服务器模式。交换机缺省模式，可建立、修改和删除 VLAN，向同一域中的交换机通告它的 VLAN 配置，并接受从 Trunk 链路上收到的通告与其他交换机进行 VLAN 配置的同步。VTP 服务器还可以确定其他参数，例如 VTP 版本号和整个 VTP 域中的 VTP 裁剪，VTP 信息放置在 VRAM 中。

（2）Client 客户端模式。客户端模式行为同服务器模式，但不能建立、改变或删除 VLAN；接受 VLAN 信息，使得自己的 VLAN 配置信息保持与 VTP 服务器同步；也可以把 VLAN 信息转发给其他交换机。

（3）Transparent 透明模式。透明模式不参与 VTP。在 VTP v2 版本中，配置为透明模式的交换机将在 Trunk 端口上转发 VTP 信息以保证其他交换机接收到更新信息，但这些交换机将不修改自己的数据库，也不发送指示 VLAN 状态发生变化的更新信息。VTP v1 中，透明模式的交换机也不转发 VTP 信息到其他交换机。需要注意的是透明模式下的交换机可以在本地创建 VLAN，但这些 VLAN 的变化信息不会扩散到其他交换机。

（二）登录交换机

单击 PC-PT PC0 图标，出现图 2-25 所示窗口，单击图中 Terminal 图标，进入如图 2-26 所示的超级终端设置界面，保持其默认设置。单击“OK”出现如图 2-27 所示的交换机登录界面，开始对交换机进行设置（PC2 和 PC3 登录交换机的过程与 PC1 相同）。

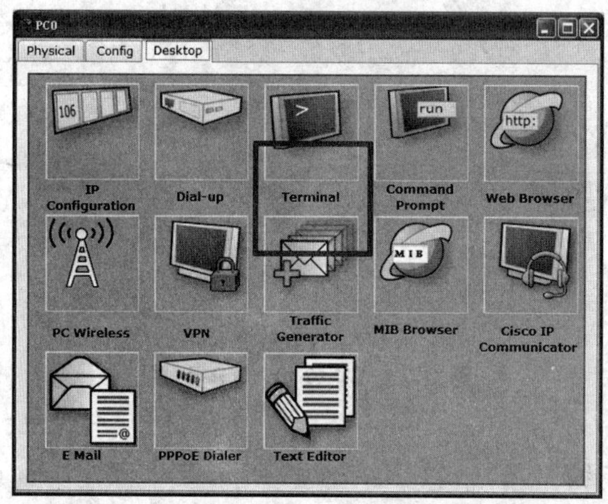

图 2-25 Packet Tracer 中的 PC 界面

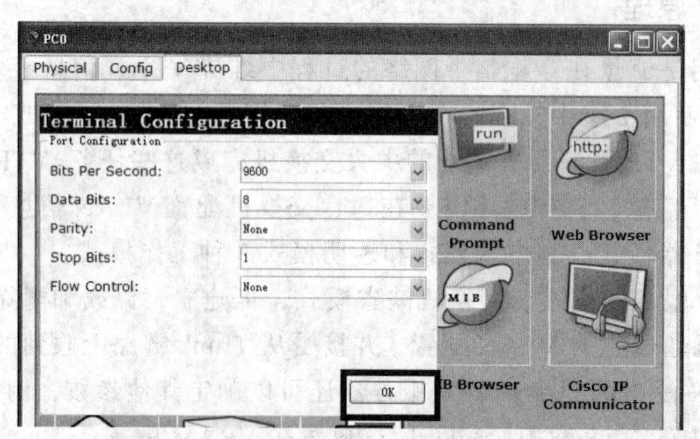

图 2-26 Packet Tracer 中的超级终端设置界面

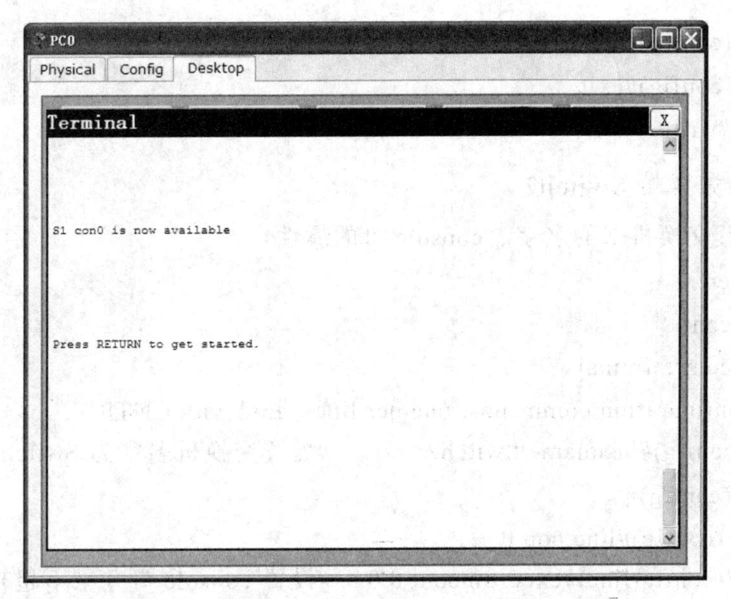

图 2-27 Packet Tracer 中的交换机登录界面

（三）交换机基本配置

1. 配置交换机 Switch1

（1）配置交换机 1 的名字和 console 端口属性。

```
switch>enable
switch#conf terminal
Switch(config)#hostname Switch1          #设置交换机名称为 Switch1
Switch1 (config)#line con 0
Switch1 (config-line)#exec-timeout 0 0   #设置 console 口登录不超时
Switch1 (config-line)#logging synchronous  #设置 console 口输入同步，开启日
                                          志同步，交换机自动提示的日志信息不
                                          会影响没有输入完毕命令行
```

（2）交换机 Switch1 的 VTP 模式配置。

将交换机 1 连接交换机 2、交换机 3 的端口设置为 Trunk 模式。

```
Switch1#conf t
Switch1(config)#int fa0/1
Switch1(config-if)#switchport mode trunk   #设置端口类型为 trunk 端口
Switch1(config-if)#int fa0/3
Switch1(config-if)#switchport mode trunk
Switch1(config-if)#exit
Switch1(config)#vtp mode server          #默认情况下 vtp 模式就是 Server 模式
Switch1(config)#vtp domain pzhu          #配置 vtp 域为 pzhu
```

```
Switch1(config)#vtp password pzhu        #配置 vtp 域密码为 pzhu
Switch1(config)#exit
Switch1#write
```

2. 配置交换机 Switch2

（1）设置交换机 2 的名字、console 口的属性。

```
Switch>en
Switch#conf
Switch#conf terminal
Enter configuration commands, one per line.  End with CNTL/Z.
Switch(config)#hostname Switch2          #配置交换机名字为 Switch2
Switch2(config)#
Switch2 (config)#line con 0
Switch2 (config-line)#exec-timeout 0 0   #设置 console 口登录不超时
Switch2 (config-line)#logging synchronous   #设置 console 口输入同步，开启日
                                             志同步，交换机自动提示的日志信息不
                                             会影响没有输入完毕命令行
```

（2）交换机 Switch2 的 VTP 模式配置。

将交换机 2 连接交换机 1、交换机 3 的端口设置为 Trunk 模式。

```
Switch2(config-line)#exit
Switch2(config)#
Switch2(config)#int fa0/1
Switch2(config-if)#switchport mode trunk
Switch2(config-if)#int fa0/2
Switch2(config-if)#switchport mode trunk
Switch2(config-if)#exit
Switch2(config)#vtp mode client          #交换机 2 vtp 模式设置为 client 模式
Setting device to VTP CLIENT mode.
Switch2(config)#vtp domain pzhu
Switch2(config)#vtp password pzhu
Switch2(config)#exit
Switch2#write
```

3. 配置交换机 Switch3

（1）设置交换机 3 的名字、console 口的属性。

```
Switch>en
Switch#conf t
Enter configuration commands, one per line.  End with CNTL/Z.
```

```
Switch(config)#hostname Switch3
Switch3(config)#line console 0
Switch3(config-line)#exec-timeout 0 0     #设置 console 口登录不超时
Switch3(config-line)#logging synchronous    #设置 console 口输入同步，开启日
                                            志同步,交换机自动提示的日志信息不
                                            会影响没有输入完毕命令行
```

（2）交换机 Switch3 的 VTP 模式配置。

将交换机 3 连接交换机 1、交换机 2 的端口设置为 Trunk 模式。

```
Switch3(config-line)#exit
Switch3(config)# int fa 0/2
Switch3(config-if)#switchport mode trunk
Switch3(config-if)#int fa0/3
Switch3(config-if)#switchport mode trunk
Switch3(config-if)#exit
Switch3(config)#vtp mode transparent       #交换机 2 vtp 模式设置为 transparent
                                           （透明）模式
Switch3(config)#vtp domain pzhu            #设置 vtp 域为 pzhu
Switch3(config)#vtp password pzhu          #设置 vtp 域密码为 pzhu
Switch3(config)#exit
Switch3#write
```

（四）验证交换机 VTP 配置

（1）在交换机 2 中添加 VLAN2，查看提示信息显示的内容。

```
Switch2>en
Switch2#conf t
Switch2(config)#vlan 2
VTP VLAN configuration not allowed when device is in CLIENT mode.  #提示信
                                            息，不能添加 VLAN。
```

这是因为 Switch2 处于客户端模式，在 VTP 域中处于客户端模式的交换机不能建立、改变或删除 VLAN.

（2）在交换机 1 中添加 VLAN 2、VLAN 3、VLAN 4，然后在交换机 2 和交换机 3 中分别查看各自的 VLAN 信息，显示信息如图 2-28 所示。

在交换机 1 中添加 VLAN

```
Switch1>en
Switch1#conf t
Switch1(config)#vlan 2
Switch1(config-vlan)#vlan 3
```

```
Switch1(config-vlan)#vlan 4
Switch1(config-vlan)#exit
Switch1(config)#exit
Switch1#sh vlan
```

```
Switch1#sh vlan

VLAN Name                             Status    Ports
---- -------------------------------- --------- -------------------------------
1    default                          active    Fa0/2, Fa0/4, Fa0/5, Fa0/6
                                                Fa0/7, Fa0/8, Fa0/9, Fa0/10
                                                Fa0/11, Fa0/12, Fa0/13, Fa0/14
                                                Fa0/15, Fa0/16, Fa0/17, Fa0/18
                                                Fa0/19, Fa0/20, Fa0/21, Fa0/22
                                                Fa0/23, Fa0/24, Gig1/1, Gig1/2
2    VLAN0002                         active
3    VLAN0003                         active
4    VLAN0004                         active
```

图 2-28 Switch1 中的 VLAN 信息

交换机 1 处于服务器模式，在交换机 1 中通过命令行添加了 VLAN2、VLAN3、VLAN4。

（3）在交换机 2 中显示 VLAN 信息，如图 2-29 所示。

```
Switch2>en
Switch2#sh vlan
```

```
Switch2#sh vlan

VLAN Name                             Status    Ports
---- -------------------------------- --------- -------------------------------
1    default                          active    Fa0/3, Fa0/4, Fa0/5, Fa0/6
                                                Fa0/7, Fa0/8, Fa0/9, Fa0/10
                                                Fa0/11, Fa0/12, Fa0/13, Fa0/14
                                                Fa0/15, Fa0/16, Fa0/17, Fa0/18
                                                Fa0/19, Fa0/20, Fa0/21, Fa0/22
                                                Fa0/23, Fa0/24, Gig1/1, Gig1/2
2    VLAN0002                         active
3    VLAN0003                         active
4    VLAN0004                         active
```

图 2-29 Switch2 中的 VLAN 信息

交换机 2 作为 VTP Client 端，从 VTP Server（Switch1）中同步了 VLAN 信息，从而交换机 2 中也存在 VLAN2、VLAN3、VLAN4。

（4）在交换机 3 中显示 VLAN 信息，如图 2-30 所示。

```
Switch3>
Switch3>en
Switch3#sh vlan
```

```
Switch3#sh vlan

VLAN Name                             Status    Ports
---- -------------------------------- --------- -------------------------------
1    default                          active    Fa0/1, Fa0/4, Fa0/5, Fa0/6
                                                Fa0/7, Fa0/8, Fa0/9, Fa0/10
                                                Fa0/11, Fa0/12, Fa0/13, Fa0/14
                                                Fa0/15, Fa0/16, Fa0/17, Fa0/18
                                                Fa0/19, Fa0/20, Fa0/21, Fa0/22
                                                Fa0/23, Fa0/24, Gig1/1, Gig1/2
1002 fddi-default                     act/unsup
```

图 2-30 Switch3 中的 VLAN 信息

（5）在交换机 3 中添加 VLAN 5，然后查看 VLAN 信息。

Switch3#conf t

Switch3(config)#vlan 5

Switch3#sh vlan

交换机 3 作为 VTP 域中处于透明模式，不能从 VTP Server（Switch1）中同步了 VLAN 信息，从而交换机 3 中也存在不存在 VLAN2、VLAN3、VLAN4。但是可以在本地添加删除 VLAN。

（6）在交换机 1 中删除其中几个 VLAN2、VLAN3、VLAN4，然后在交换机 2 和交换机 3 中分别查看各自的 VLAN 信息。

在交换机 1 中删除 VLAN。

Switch1#conf t

Switch1(config)#no vlan 2

Switch1(config)#no vlan 3

Switch1(config)#no vlan 4

Switch1(config)#exit

Switch1#sh vlan

在交换机 2、交换机 3 的特权模式中查看 VLAN 信息。

Switch2#show vlan

Switch3#show vlan

通过现实信息可以发现，交换机 2 中的 VLAN2、VLAN3、VLAN4 也被删除掉了，交换机 3 中的 VLAN 信息没有变化。

实验十一　VLAN 间单臂路由配置

一、实验内容

VLAN 间单臂路由配置方法。

二、实验目的

（1）掌握 Cisco 路由交换的基本配置；
（2）理解路由器以太网接口的子接口配置、ISL 协议和 802.1Q 协议；
（3）深入了解 VLAN 的划分、封装和通信原理；
（4）掌握 VLAN 间单臂路由的配置；

三、实验器材

PC 机 4 台、交换机 2 台、路由器 1 台。

四、实验环境

如图 2-31 所示，通过对交换机、路由器的配置，用路由器 Router0 实现分别处于 VLAN 10 和 VLAN 20 两个不同 VLAN 的 4 台 PC1、PC2、PC3 和 PC4 之间能够相互通信。路由器、交换机及 PC 机的 IP 地址分配如表 2-5 所示。

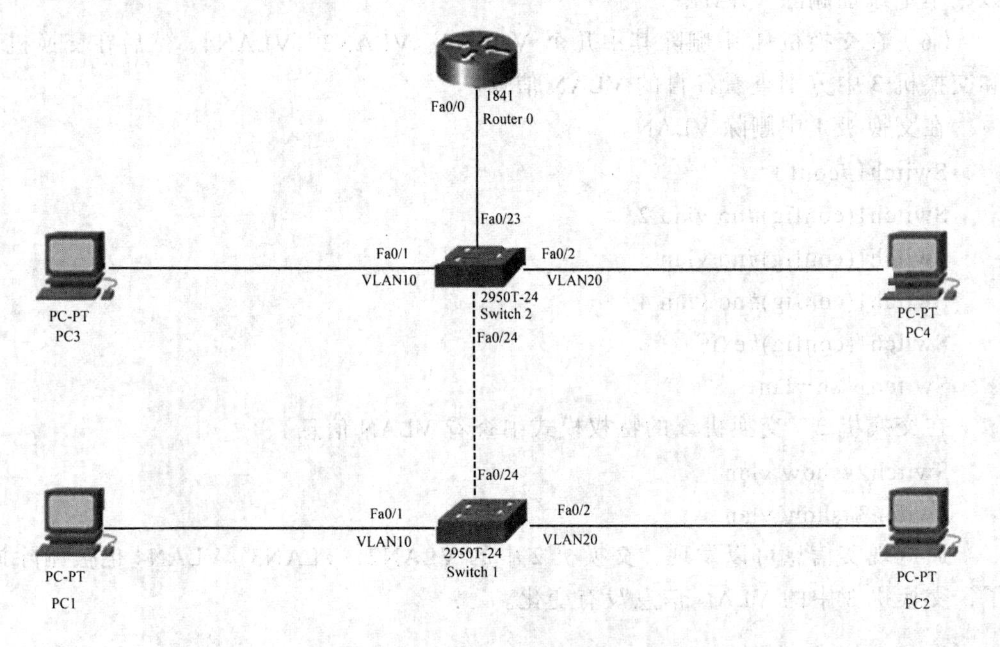

图 2-31 VLAN 单臂路由配置

表 2-5 设备端口连接及 IP 地址分配表

设备	端口	描述	IP 地址	子网掩码	网关
Switch 1	Fa0/1	连接 PC1，VLAN10			不适用
	F0/2	连接 PC2，VLAN20			

续表

设备	端口	描述	IP 地址	子网掩码	网关
Switch1	Fa0/24	交换机 2 的 Fa0/24，设置为中继模式			
Switch2	Fa0/1	连接 PC3，VLAN 10			
	Fa0/2	连接 PC4，VLAN 20			
	Fa0/23	连接路由器 Fa0/0，设置为中继模式			
	Fa0/24	连接交换机 1 Fa0/24，设置为中继模式			
Router0	Fa0/0.10	路由器 Fa0/0 的子接口	192.168.1.100	255.255.255.0	
	Fa0/0.20	路由器 Fa0/0 的子接口	192.168.2.100	255.255.255.0	
PC1	NIC		192.168.1.1	255.255.255.0	192.168.1.100
PC2	NIC		192.168.2.1	255.255.255.0	192.168.2.100
PC3	NIC		192.168.1.2	255.255.255.0	192.168.1.100
PC4	NIC		192.168.2.2	255.255.255.0	192.168.2.100

五、实验步骤

（一）实验原理

单臂路由是指在路由器的一个接口上通过配置子接口（或“逻辑接口”，并不存在真正物理接口）的方式，实现原来相互隔离的不同 VLAN（虚拟局域网）之间的互联互通。

（二）配置交换机 Switch1

在交换机 1 上划分 VLAN，配置交换机 1 的以太网口 Fa0/24 为 trunk 端口。

```
Switch>en
Switch#conf t
Switch(config)#hostname Switch1
Switch1(config)#vlan 10                          #创建 vlan 10
Switch1(config-vlan)#exit
Switch1(config)#int fa0/1                        #进入端口配置模式
Switch1(config-if)#switchport mode access   #配置交换机端口为access类型端口
Switch1(config-if)#switchport access vlan 10     #将端口划分给 vlan 10
```

```
Switch1(config-if)#exit
Switch1(config)#vlan 20
Switch1(config-vlan)#exit
Switch1(config)#int fa0/2
Switch1(config-if)#switchport mode access
Switch1(config-if)#switchport access vlan 20
Switch1(config-if)#exit
Switch1(config)#int fa0/24
Switch1(config-if)#switchport mode trunk    #配置交换机端口为 trunk 类型端口
Switch1(config-if)#switchport trunk allowed vlan all   #允许所有 vlan 通过该端口
Switch1(config-if)#exit
Switch1(config)#exit
Switch1#copy running-config startup-config  #保存配置文件
Destination filename [startup-config]?
Building configuration...
[OK]
```

（三）配置交换机 Switch2

在交换机 2 上划分 VLAN、配置交换机 2 的以太网口 Fa0/24 和 Fa0/23 为 trunk 端口。

```
Switch>en
Switch#conf t
Switch(config)#hostname Switch2
Switch2(config)#vlan 10
Switch2(config-vlan)#exit
Switch2(config)#int fa0/1
Switch2(config-if)#switchport mode access
Switch2(config-if)#switchport access vlan 10
Switch2(config-if)#exit
Switch2(config)#vlan 20
Switch2(config-vlan)#exit
Switch2(config)#int fa0/2
Switch2(config-if)#switchport mode access
Switch2(config-if)#switchport access vlan 20
Switch2(config-if)#exit
Switch2(config)#int fa0/24
Switch2(config-if)#switchport mode trunk
```

```
Switch2(config-if)#switchport trunk allowed vlan all
Switch2(config-if)#exit
Switch2(config)#int fa0/23
Switch2(config-if)#switchport mode trunk
Switch2(config-if)#switchport trunk allowed vlan all
Switch2(config-if)#exit
Switch2(config)#exit
Switch2#copy running-config startup-config
Destination filename [startup-config]?
Building configuration...
[OK]
```

（四）配置路由器 Router0

在路由器的物理以太网口 Fa0/0 接口下创建子接口，并定义封装类型。

```
Router#conf t
Router(config)#hostname Router0
Router0(config)#int fa0/0
Router0(config-if)#no shutdown
Router0(config)#int fa0/0.10                        #创建子接口 fa0/0.10
Router0(config-subif)#encapsulation dot1Q 10        #配置路由器的子接口使用
                                                     802.1q 协议传输 VLAN 信息，用
                                                    VLAN 10 进行封装
Router0(config-subif)#ip address 192.168.1.100 255.255.255.0  #在子接口上配
                                                    置 IP 地址，这个地址就是 VLAN10
                                                    的 PC 的网关
Router0(config)#int fa0/0.20                        #创建子接口 fa0/0.20
Router0(config-subif)#encapsulation dot1Q 20        #配置路由器的子接口使用
                                                    802.1q 协议传输 VLAN 信息，用
                                                    VLAN 20 进行封装
Router0(config-subif)#ip address 192.168.2.100 255.255.255.0   #在子接口上配
                                                    置 IP 地址，这个地址就是 VLAN20
                                                    的 PC 的网关

Router0(config-subif)#exit
Router0(config)#exit
Router0#copy running-config startup-config
```

（五）连通性测试

在 PC1、PC2、PC3 和 PC4 上配置对应 IP 地址和网关。测试四台 PC 之间的通信。

注意：如果计算机有两个网卡，去掉另一个网卡上设置的网关。可以发现，处于不同 VLAN 之间的 PC（例如：PC1 与 PC2，PC3 与 PC4）能够通过路由器的 Fa0/0 这一个端口相互通信。

实验十二　路由器的基本配置

1. 路由器简介

路由器能起到隔离广播域的作用，还能在不同网络间转发数据包。路由器实际上是一台特殊用途的计算机，和常见的 PC 一样，路由器有 CPU、内存和 Boot ROM。路由器没有键盘、硬盘和显示器；然而比起计算机，路由器多了 NVRAM、FLASH 及各种各样的接口。路由器各个部件的作用如下所述。

（1）CPU：中央处理单元，和计算机一样，它是路由器的控制和运算部件。

（2）RAM/DRAM：内存，用于存储临时的运算结果，例如，路由表、ARP 表、快速交换缓存、缓冲数据包、数据队列以及当前配置。众所周知，RAM 中数据在路由器断电后是会丢失的。

（3）FLASH：可擦除、可编程的 ROM，用于存放路由器的 IOS，FLASH 的可擦除特性允许更新、升级 IOS，而不用更换路由器内部的芯片。路由器断电后，FLASH 的内容不会丢失。当 FLASH 容量较大时，可以存放多个 IOS 版本。

（4）NVRAM：非易失性 RAM，用于存放路由器的配置文件。路由器断电后，NVRAM 中的内容仍然保持。

（5）ROM：只读存储器，存储了路由器的开机诊断程序、引导程序和特殊版本的 IOS 软件（用于诊断等用途），当 ROM 中软件升级时需要更换芯片。

（6）接口（Interface）：用于网络连接，路由器就是通过这些接口将不同的网络进行连接的。

2. 配置准备

启动路由器之前在你打开路由器电源开始配置之前，请确认以下几步。

· 按照手册的要求设置好路由器的硬件。

· 配置 PC 终端仿真程序。

· 对于 IP 网络协议，需要决定 IP 地址规划以及在每个端口上运行何种 WAN（广域网）协议。（例如 Frame Relay、HDLC、X.25 等）

3. 获得帮助信息

使用问号和方向键，可以帮助您输入命令：

（1）输入一个问号，获得当前可用的命令列表；

Router> ?

（2）输入若干已知字符，紧接着输入问号（无空格），显示以已知字符开头的命令列表；

Router> s?

（3）输入命令，紧跟空格和问号，获得命令参数列表；

Router> show ?

（4）按下 up 方向键，可显示以前输入的命令。可以继续按 up 方向键获得更多的命令。

4. 路由器命令模式

路由器命令行界面可分为多种模式。每种命令模式允许你在路由器上配置不同的组件，当前可用的命令取决于您所处的命令模式。输入问号（？）可以在每种命令模式下显示可用的命令列表。如表 2-6 所示列出了常用的命令模式。

表 2-6 路由器常见配置模式

命令模式	进入方式	界面提示符	退出方式
用户模式	登录	router>	用 exit 或 quit 命令
管理模式	在用户模式下输入 enter 或 enable 命令	router#	用 exit 或 quit 命令
全局配置模式	在管理模式下输入 config 命令	router_config#	用 exit 或 quit 或者 Ctrl+Z 命令直接退回到管理模
端口配置模式	在全局配置模式下，输入 interface 命令，例如 interface f1/0	router_config_f1/0#	用 exit 或 quit 或者 Ctrl+Z 命令直接退回到管理模式

每种命令模式会限制您使用一定命令的子集。在输入命令时遇到问题，检查界面提示符，并输入问号（？）来获得可用的命令列表。

在下例中，界面提示符的变化所表示的新命令模式：

router> enter

Password: <enter password>

router# config

router_config# interface f1/0

router_config_s1/0# quit

router_config# quit

router#

5. 撤销命令

如果要撤销一个命令或恢复为缺省属性，可以在大多数命令前加关键字 no。例如，no ip routing。

6. 保存配置

为了防止系统重启或掉电事故后就可以快速恢复原来的配置，在配置完成后需要保存配置变化，可以使用 write 命令在管理模式或者全局置模式下来保存配置。

7. DCR-3705 路由器物理端口和逻辑端口对应关系

在 DCR-3705 路由器中，在路由器前面板上，标记端口名称为 TP0-TP4，而在路由器的配置文件中显示端口名称为 fa0/0-fa0/4，路由器的逻辑端口和物理端口对应的关系如表 2-7 所示。在路由器的全局配置模式中，可以使用 set-wan-port count 或 ixp-wan count 命令设定物理端口和逻辑端口的对应关系，其中 Count 为 WAN 端口数量（默认为 2，最大为 4）。

表 2-7 DCR-3705 路由器逻辑端口和物理端口对应关系

Count	逻辑端口、物理端口对应信息
1	fa0/0->TP0 fa0/1->TP1、TP2、TP3、TP4
2	fa0/0->TP0 fa0/1->TP1 fa0/2->TP2、TP3、TP4
3	fa0/0->TP0 fa0/1->TP1 fa0/2->TP2 fa0/3->TP3、TP4
4	fa0/0->TP0 fa0/1->TP1 fa0/2->TP2 fa0/3->TP3 fa0/4->TP4

一、通过 Console 口配置路由器

（一）实验内容

通过 Console 口配置路由器。

（二）实验目的

（1）掌握路由器基本配置方法；

（2）掌握 Console 口方式配置路由器。

（三）实验器材

DCR3705 路由器、PC 机、配置线、网线。

（四）实验环境

配置环境如图 2-32 所示，用 DCR3705 路由器随机配送的标准 Console 线缆的水晶头一端插在其 Console 口上，另一端的 9 针接口插在 PC 机的 Com 口（串口）。

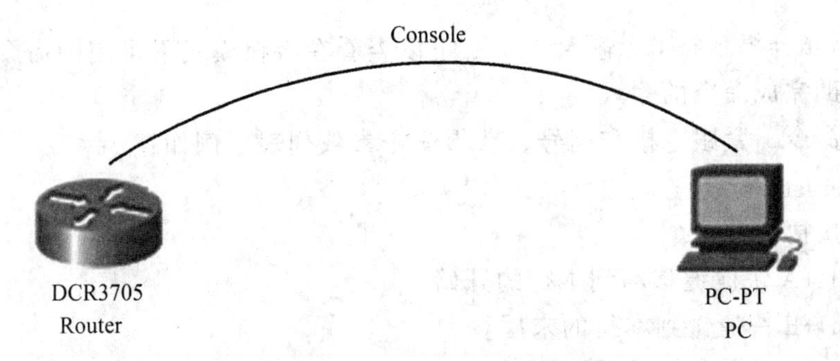

图 2-32 通过 Console 口配置路由器

（五）实验步骤

（1）按照如图 2-32 所示完成 PC 机与路由器之间的物理连接。

（2）在 PC 上创建超级终端。

Windows 系统在附件中附带超级终端软件。选择对应串口，点击还原默认值按钮，配置串口参数为默认值。单击确定按钮即可建立与路由器的连接。

（3）如果路由器已经启动，按回车键即可进入路由器的登录界面，输入默认用户名(admin)和密码(admin)即可登录路由器。

（4）如路由器没有启动，打开路由器的电源，计算机的显示屏上显示路由器的启动过程，启动完成后，同样进入登录界面。

（5）输入默认的用户名和密码后，进入路由器的用户执行模式，提示符为：Router>。

（6）输入 enable 或 enter 命令，进入特权模式，命令提示符为：Router#。

（7）路由器的各种模式之间的切换。

```
Router>enable                      #进入特权模式
Router#config                      #进入全局配置模式
Router_config#router ospf 1        #启动 ospf 路由协议，同时进入 ospf
                                   路由配置模式，ospf 进程号为 1
Router_config_ospf_1#exit          #退出路由配置模式，返回上一级模式
Router_config#int fa0/0            #进入端口配置模式
Router_config_f0/0#exit            #退出端口配置模式，返回上一级模式
```

可以按 Ctrl+Z 直接返回特权模式。使用 exit 命令只能逐步退出直至用户执行模式。

在任何模式下均可输入“？”来获得可用的命令列表。

（8）使用路由器的帮助功能和编辑功能。

在 Router>提示符下，输入“？”，获得当前可用的命令列表。

输入 config 进入全局配置模式。

输入若干已知字符，紧接着输入问号（无空格），显示以已知字符开头的命令列表，例如：

```
Router_config#d?
```

在 Router#提示符下，输入“？”，可以查看在特权模式下可用的命令。通过 Tab 键可以帮助完成命令的输入。

输入命令，紧跟空格和问号，获得命令参数列表。例如：

Router#show ?

（9）快捷键使用。

按 Ctrl+A 快捷键移动到本行的开始。

按 Ctrl+E 快捷键到本行的末尾。

按 Ctrl+A 快捷键，按后按 Ctrl+F 快捷键前移一个字符。

按 Ctrl+B 快捷键后移一个字符。

按回车键，然后按 Ctrl+P 或 Ctrl+N 快捷键，重复上一个或下一个命令。（按向上键或向下键也可以）

每种命令模式对可使用的命令子集有限制。如果在输入命令时遇到问题，检查界面提示符，并输入“？”来获得可用的命令列表。

二、路由器的基本配置命令

（一）实验内容

路由器基本配置命令。

（二）实验目的

熟练掌握路由器的基本配置命令。

（三）实验器材

DCR3705 路由器、PC 机、配置线、网线。

（四）实验环境

配置环境如图 2-33 所示，用 DCR3705 路由器随机配送的标准 Console 线缆的水晶头一端插在其 Console 口上，另一端的 9 针接口插在 PC 机的 Com 口（串口）。

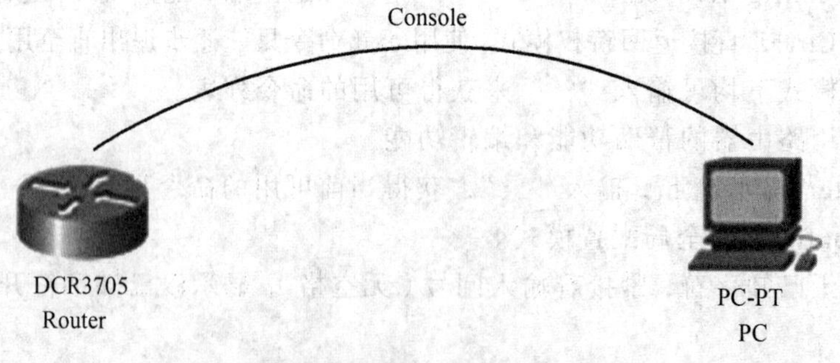

图 2-33 路由器的基本配置命令

（五）实验步骤

1. 显示路由器操作系统的软件版本以及路由器的硬件版本

在任何模式下都可以显示路由器的操作系统版本信息，使用 show version 命令即可查看如下信息：

```
Router_config_f0/0#show vers
  version              -- Router version information
Router_config_f0/0#show version
Digital China Internetwork Operating System Software
3705 Series Software, Version 5.0.1A (FASTSWITCH), RELEASE SOFTWARE
Copyright 2013 by Digital China Networks(BeiJing) Limited
Compiled: 2010-07-26 17:45:27 by SYS_295, Image text-base: 0x10000
ROM: System Bootstrap, Version 0.4.7
Serial num:8IRTH710D424000052, ID num:125661
System image file is "DCR3605_5.0.1A.bin"
DCR-3705 (RISC)
131072K bytes of memory,16384K bytes of flash
Router uptime is 0:01:14:59, The current time: 2004-01-01 01:14:59
Slot 0: IXP425 Slot
  Port 0: ixp 100Mbps full-duplex Ethernet
  Port 1: ixp 100Mbps full-duplex Ethernet
  Port 2: ixp 100Mbps full-duplex Ethernet
```

如果路由器型号不一样，显示的信息有所差别，但命令基本一样。

2. 设置路由器的名字

每台路由器都有一个默认的名字，DCR 系列路由器为：Router。可以根据需要修改路由器的名字，修改之后路由器的 CLI 提示符会做相应的改变。

```
Router_config#hostname PZHU                    #配置路由器名称为 PZHU
PZHU_config#
```

3. 查看路由器配置

在任意模式下，执行 show running-config 查看当前正在运行的配置文件。

```
PZHU_config#show running-config
PZHU_config#show running-config
Building configuration...

Current configuration:
!
```

```
service timestamps log date
service timestamps debug date
no service password-encryption
!
hostname PZHU
................................（省略）
--More—
```

4. 显示接口信息（show interface）

当需要判断一个物理接口是否正常，可以通过接口信息来进行判断。

1）显示以太网接口信息

```
PZHU_config#show interface fa0/0
```

2）显示所有接口简略信息

```
PZHU_config#show ip interface brief
Interface              IP-Address      Method Protocol-Status
FastEthernet0/0        unassigned      manual down
FastEthernet0/1        unassigned      manual down
FastEthernet0/2        192.168.2.1     manual down
```

5. 显示路由表

```
PZHU_config#show ip route
```

6. 路由器端口配置

给端口 FastEthernet0/0 配置一个 IP 地址（192.168.1.1/24），并激活端口，使用 description 命令为端口添加标识为 Link-Lib，接口标识将出现在配置文件和接口命令显示中。

```
PZHU>
PZHU>enable
PZHU#config
PZHU_config#int fa0/0
PZHU_config_f0/0#ip addr 192.168.1.1 255.255.255.0
PZHU_config_f0/0#no shut
PZHU_config_f0/0#description Link-Lib
```

三、路由器远程 Telnet 登录配置

（一）实验内容

搭建路由器本地或远程 Telnet 登录配置环境。

（二）实验目的

掌握搭建路由器本地或远程 Telnet 登录配置方法。

（三）实验器材

DCR3705 路由器、DCRS5200 交换机、PC 机、配置线、网线。

（四）实验环境

如果管理员不在路由器旁边，可以通过 Telnet 远程配置路由器，当然这需要预先在路由器上配置了 IP 地址和密码，并保证管理的计算机和路由之间是 IP 可达的（简单讲就是能 ping 通）。路由器通常支持多人同时 Telnet，每一个用户称为一个虚拟终端（VTY）。第一个用户为 vty 0，第二个用户为 vty 1，依次类推，路由器通常可达 vty 4。

如果建立本地配置环境，则只需要将 PC 上的网卡接口通过局域网与路由器的以太网口连接。在远程 Telnet 配置环境中，如果用户被授权可以远程登录到路由器，并存在用户终端到该路由器的路由，用户则可以通过 Telnet 方式对路由器进行配置。在本实验中，采用如图 2-34 所示进行简单组网，要求 PC 能够通过 Telnet 的方式对路由器进行配置，交换机不做任何配置。

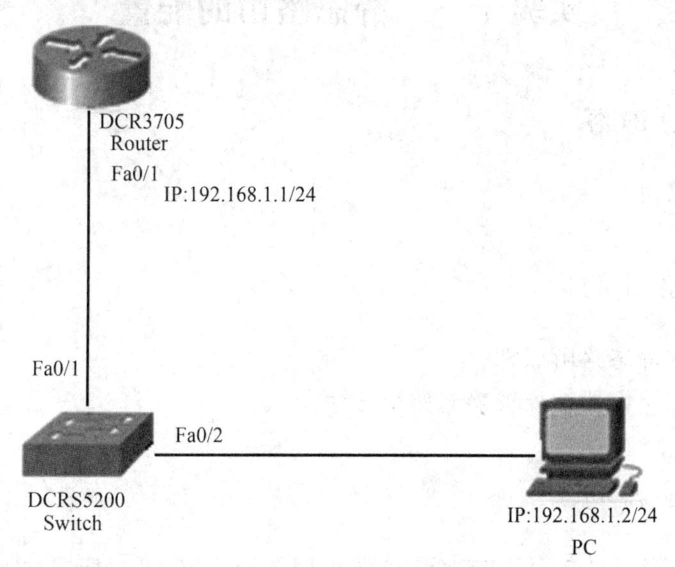

图 2-34 远程 Telnet 配置路由器

（五）实验步骤

（1）打开 PC 超级终端，通过 Console 口在路由器上配置 Telnet 相应端口的 IP 地址。

Router#config

Router_config#int fa0/0

Router_config_f0/0#ip addr 192.168.1.1 255.255.255.0

（2）配置路由器的登录用户名和密码。

DCR-3705 路由器缺省的 Telnet 登录用户名和密码均为 admin，管理员可以删除默认的用户名和密码，也可以添加新的用户名和密码。

Router#config

Router_config#username pzhu password 0 pzhu　　#添加新的用户名和密码均为 pzhu

Router_config#no username admin　　#删除路由器中默认的用户名和密码

（3）配置 PC 机的 IP 地址，在本地 PC 上运行 Telnet 客户端程序。远程 Telnet 登录到路由器的以太网口 IP 地址，与路由器建立连接，认证通过后出现命令行提示符 Router>。

注意：要通过 Telnet 方式对路由器进行配置，必须是路由器已经可以进行正常的网络通信了，用于 Telnet 配置的 PC 和路由器网络应能连通，否则不能通过 Telnet 方式对路由器进行配置。

实验十三　静态路由的配置

一、实验内容

配置静态路由。

二、实验目的

（1）掌握在静态路由原理；

（2）掌握在路由器上配置静态路由方法。

三、实验器材

DCRS5200 交换机 2 台、DCR3705 路由器 2 台、PC 机、配置线、网线等。

四、实验环境

路由器最主要的功能是转发数据包。路由器转发数据包时需要查找路由表，管理员可以通过手工的方法在路由器中直接配置路由表，这就是静态路由。静态路由与动态路由相比具有简单、路由器负载小、可控性强等特点，在局域网中经常被使用。

如图 2-35 所示，网络中有两台路由器互联，其中路由器 R1（Router1）和 R2（Router2）通过快速以太网连接，路由器 R1 连接本地局域网网段为 172.16.1.0/24，R2 连接本地局域网网段为 172.16.2.0/24，路由器端口 IP 地址、PC 机 IP 地址分配信息如表 2-8 所示。要求该网络使用静态路由使 PC1 能够与 PC2 相互通信，交换机 S1 和交换机 S2 不做任何配置。

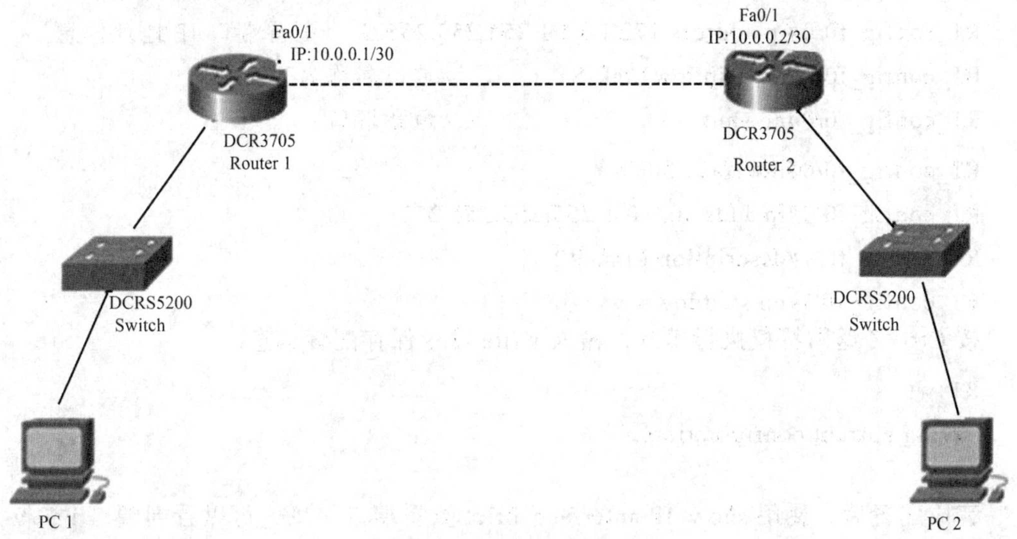

图 2-35　静态路由配置

表 2-8　IP 地址分配信息

设备	端口	描述	IP 地址	子网掩码	网关
R1	Fa0/1	Link-R2	10.0.0.1	255.255.255.252	无
	Fa0/0	Link-S1	172.16.1.1	255.255.255.0	
R2	Fa0/1	Link-R1	10.0.0.2	255.255.255.252	无
	Fa0/0	Link-S2	172.16.2.1	255.255.255.0	
PC1	NIC	Link-S1	172.16.1.2	255.255.255.0	172.16.1.1
PC2	NIC	Link-S2	172.16.2.2	255.255.255.0	172.16.2.1

五、实验步骤

为了不受原来路由器、交换机配置的影响，在实验之前将所有路由器的配置信息删除掉，恢复路由器的默认配置。按照拓扑结构图 2-35 连接路由器、交换机与 PC 机，交换机在此只是作为连接 PC 机与路由器用，不需要做任何配置。

（一）路由器 R1 的配置

输入默认用户名和密码（均为 admin）登录路由器，修改路由器的名称为 R1，按照实验环境环境表格中的要求配置路由器各个接口的 IP 信息及接口名称。

```
Router>enable
Router#config
Router_config#hostname R1                           #配置路由器名称为 R1
R1_config#interface fastEthernet 0/0                #进入端口配置模式
R1_config_f0/0#ip address 172.16.1.1 255.255.255.0  #配置端口 IP 地址信息
R1_config_f0/0#description Link-S1                  #端口名称为 Link-S1
R1_config_f0/0#no shut                              #激活端口
R1_config_f0/0#interface fa0/1
R1_config_f0/1#ip addr 10.0.0.1 255.255.255.252
R1_config_f0/1#description Link-R2
R1_config_f0/1#no shutdown
```

按 Ctrl+Z 返回特权执行模式，输入 write 命令保存配置信息。

```
R1#wr
Saving current configuration...
OK!
```

完成配置后，使用 show IP interface brief 查看端口信息，可以看到端口 Fa0/0 和 Fa0/1 的配置信息。端口信息显示如下：

```
R1_config_f0/1#show ip interface brief
Interface              IP-Address       Method Protocol-Status
FastEthernet0/0        172.16.1.1       manual up
FastEthernet0/1        10.0.0.1         manual up
FastEthernet0/2        192.168.2.1      manual down
```

使用 show ip route 命令显示路由表信息，路由表信息显示如下：

```
R1_config_f0/1#show ip route
Codes: C - connected, S - static, R - RIP, B - BGP, BC - BGP connected
       D - BEIGRP, DEX - external BEIGRP, O - OSPF, OIA - OSPF inter area
       ON1 - OSPF NSSA external type 1, ON2 - OSPF NSSA external type 2
       OE1 - OSPF external type 1, OE2 - OSPF external type 2
       DHCP - DHCP type
VRF ID: 0
C      10.0.0.0/30          is directly connected, FastEthernet0/1
C      172.16.1.0/24        is directly connected, FastEthernet0/0
```

可以看到，在路由器 R1 中，自动生成了到达网段 10.0.0.0/30 和 172.16.1.0/24 的两条直连路由。

（二）路由器 R2 的配置

R2 的信息与 R1 的信息类似。输入默认用户名和密码（均为 admin）登录路由器，修改路由器的名称为 R2，按照实验环境表格中的要求配置路由器各个接口的 IP 信息及接口名称。

```
Router>enable
Router#config
Router_config#hostname R2
R2_config#interface fastEthernet 0/0
R2_config_f0/0#description Link-S2
R2_config_f0/0#ip address 172.16.2.1 255.255.255.0
R2_config_f0/0#no shut
R2_config_f0/0#interface fa0/1
R2_config_f0/1#description Link_R1
R2_config_f0/1#ip addr 10.0.0.2 255.255.255.252
R2_config_f0/1#no shut
```

按 ctrl+z 返回特权执行模式，输入 write 命令保存配置信息。

```
R1#wr
Saving current configuration...
OK!
```

完成配置后，使用 show IP interface brief 查看端口信息，可以看到端口 Fa0/0 和 Fa0/1 的配置信息。端口信息显示如下：

```
R2#show ip interface brief
Interface                   IP-Address       Method Protocol-Status
FastEthernet0/0             172.16.2.1       manual up
FastEthernet0/1             10.0.0.2         manual up
FastEthernet0/2             192.168.2.1      manual down
```

使用 show ip route 命令显示路由表信息，路由表信息显示如下：

```
R2#show ip route
Codes: C - connected, S - static, R - RIP, B - BGP, BC - BGP connected
       D - BEIGRP, DEX - external BEIGRP, O - OSPF, OIA - OSPF inter area
       ON1 - OSPF NSSA external type 1, ON2 - OSPF NSSA external type 2
       OE1 - OSPF external type 1, OE2 - OSPF external type 2
       DHCP - DHCP type
VRF ID: 0
C      10.0.0.0/30          is directly connected, FastEthernet0/1
C      172.16.2.0/24        is directly connected, FastEthernet0/0
```

可以看到，在路由器 R2 中，自动生成了到达网段 10.0.0.0/30 和 172.16.2.0/24 的两条直连路由。

（三）测试网络的连通性

给主机 PC1 和 PC2 配置正确的 IP 信息。分别在 PC1 和 PC2 上用 ping 命令测试网络连通性，会发现两个以太网段不能互通，为什么？

（四）配置静态路由

在 R1 上配置到达 R2 连接的 172.16.2.0/24 网段的静态路由：

```
R1#config
R1_config#ip route 172.16.2.0 255.255.255.0 10.0.0.2
R1_config#exit
R1#write
```

显示 R1 的路由表信息：

```
R1#show ip route
Codes: C - connected, S - static, R - RIP, B - BGP, BC - BGP connected
         D - BEIGRP, DEX - external BEIGRP, O - OSPF, OIA - OSPF inter area
         ON1 - OSPF NSSA external type 1, ON2 - OSPF NSSA external type 2
         OE1 - OSPF external type 1, OE2 - OSPF external type 2
         DHCP - DHCP type
VRF ID: 0
C      10.0.0.0/30        is directly connected, FastEthernet0/1
C      172.16.1.0/24      is directly connected, FastEthernet0/0
S      172.16.2.0/24      [1,0] via 10.0.0.2(on FastEthernet0/1)
```

在 R2 上配置到达 R1 连接的 172.16.1.0/24 网段的静态路由：

```
R2#config
R2_config#ip route 172.16.1.0 255.255.255.0 10.0.0.1
R2_config#exit
R2#wr
```

显示 R2 的路由表信息：

```
R2#show ip route
Codes: C - connected, S - static, R - RIP, B - BGP, BC - BGP connected
         D - BEIGRP, DEX - external BEIGRP, O - OSPF, OIA - OSPF inter area
         ON1 - OSPF NSSA external type 1, ON2 - OSPF NSSA external type 2
         OE1 - OSPF external type 1, OE2 - OSPF external type 2
```

DHCP - DHCP type

VRF ID: 0

C	10.0.0.0/30	is directly connected, FastEthernet0/1
S	172.16.1.0/24	[1,0] via 10.0.0.1(on FastEthernet0/1)
C	172.16.2.0/24	is directly connected, FastEthernet0/0

可以看到，在路由器 R1、R2 上手工配置了静态路由以后，比较之前的路由表发现在每台路由器中都增加了一项静态路由。此时再在 PC1 和 PC2 上用 ping 命令测试网络连通性，分析测试结果。

实验十四　默认路由的配置

一、实验内容

配置默认路由。

二、实验目的

（1）掌握默认路由的使用网络环境；

（2）掌握在路由器上配置默认路由。

三、实验器材

DCRS5200 交换机 2 台、DCR3705 路由器 2 台、PC 机、配置线、网线等。

四、实验环境

所谓的默认路由，是指路由器在路由表中如果找不到到达目的地的具体路由时，最后会采用的路由。默认路由通常会在只有一个出口的网络中使用。

如图 2-36 所示，网络中有两台路由器互联，其中路由器 R1（Router1）和 R2（Router2）通过快速以太网连接，路由器 R1 连接本地局域网网段为 172.16.1.0/24，R2 连接本地局域网网段为 172.16.2.0/24，路由器端口 IP 地址、PC 机 IP 地址分配信息如表 2-9 所示。在路由器 R1 和 R2 中，都只有一个出口到达其他网段，要求该网络使用默认路由使 PC1 能够与 PC2 相互通信，交换机 S1 和交换机 S2 不做任何配置。

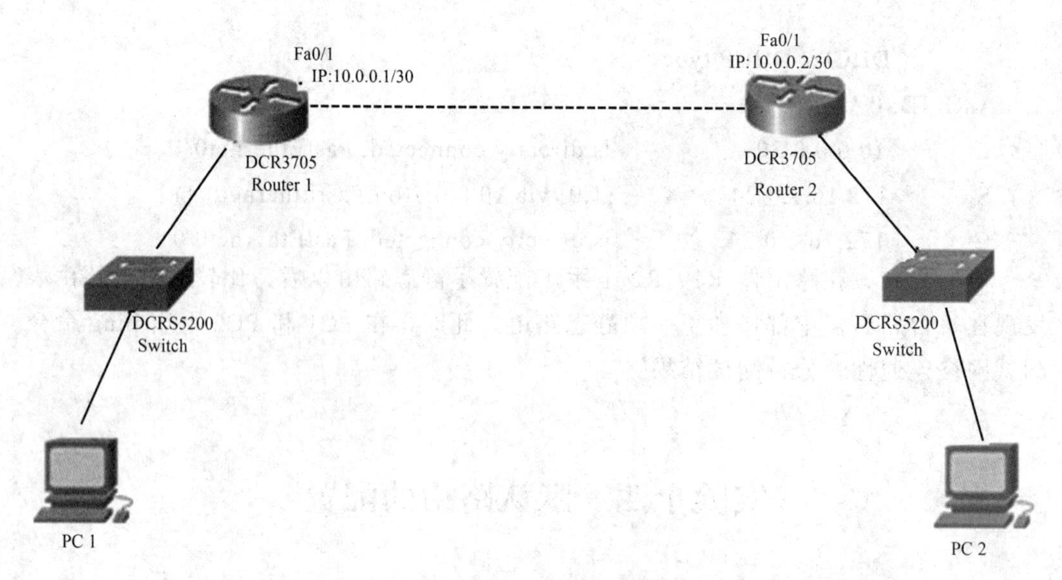

图 2-36 默认路由配置

表 2-9 IP 地址分配信息

设备	端口	描述	IP 地址	子网掩码	网关
R1	Fa0/1	连接 R2	10.0.0.1	255.255.255.252	无
	Fa0/0	连接 S1	172.16.1.1	255.255.255.0	
R2	Fa0/1	连接 R1	10.0.0.2	255.255.255.252	无
	Fa0/0	连接 S2	172.16.2.1	255.255.255.0	
PC1	NIC	连接 S1	172.16.1.2	255.255.255.0	172.16.1.1
PC2	NIC	连接 S2	172.16.2.2	255.255.255.0	172.16.2.1

五、实验步骤

为了不受原来路由器、交换机配置的影响，在实验之前将所有路由器的配置信息删除掉，恢复路由器的默认配置。按照拓扑结构图连接路由器、交换机与 PC 机，交换机在此只是作为连接 PC 机与路由器用，不需要做任何配置。

（一）路由器 R1 的配置

输入默认用户名和密码（均为 admin）登录路由器，修改路由器的名称为 R1，按照实验环境表格中的要求配置路由器各个接口的 IP 信息及接口名称。

```
Router>enable
Router#config
Router_config#hostname R1
R1_config#interface fastEthernet 0/0
```

```
R1_config_f0/0#ip address 172.16.1.1 255.255.255.0
R1_config_f0/0#description Link-S1
R1_config_f0/0#no shut
R1_config_f0/0#interface fa0/1
R1_config_f0/1#ip addr 10.0.0.1 255.255.255.252
R1_config_f0/1#description Link-R2
R1_config_f0/1#no shutdown
```

按 CTRL+Z 返回特权执行模式，输入 write 命令保存配置信息。

```
R1#wr
Saving current configuration...
OK!
```

完成配置后，使用 show IP interface brief 查看端口信息，可以看到端口 Fa0/0 和 Fa0/1 的配置信息。端口信息显示如下：

```
R1_config_f0/1#show ip interface brief
Interface                   IP-Address       Method Protocol-Status
FastEthernet0/0             172.16.1.1       manual up
FastEthernet0/1             10.0.0.1         manual up
FastEthernet0/2             192.168.2.1      manual down
```

使用 show ip route 命令显示路由表信息，路由表信息显示如下：

```
R1_config_f0/1#show ip route
Codes: C - connected, S - static, R - RIP, B - BGP, BC - BGP connected
       D - BEIGRP, DEX - external BEIGRP, O - OSPF, OIA - OSPF inter area
       ON1 - OSPF NSSA external type 1, ON2 - OSPF NSSA external type 2
       OE1 - OSPF external type 1, OE2 - OSPF external type 2
       DHCP - DHCP type
VRF ID: 0
C      10.0.0.0/30        is directly connected, FastEthernet0/1
C      172.16.1.0/24      is directly connected, FastEthernet0/0
```

可以看到，在路由器 R1 中，自动生成了到达网段 10.0.0.0/30 和 172.16.1.0/24 的两条直连路由。

（二）路由器 R2 的配置

R2 的信息与 R1 的信息类似。输入默认用户名和密码（均为 admin）登录路由器，修改路由器的名称为 R2，按照实验环境表格中的要求配置路由器各个接口的 IP 信息及接口名称。

```
Router>enable
Router#config
```

```
Router_config#hostname R2
R2_config#interface fastEthernet 0/0
R2_config_f0/0#description Link-S2
R2_config_f0/0#ip address 172.16.2.1 255.255.255.0
R2_config_f0/0#no shut
R2_config_f0/0#interface fa0/1
R2_config_f0/1#description Link_R1
R2_config_f0/1#ip addr 10.0.0.2 255.255.255.252
R2_config_f0/1#no shut
```

按 Ctrl+Z 返回特权执行模式，输入 write 命令保存配置信息。

```
R1#wr
Saving current configuration...
OK!
```

完成配置后，使用 show IP interface brief 查看端口信息，可以看到端口 Fa0/0 和 Fa0/1 的配置信息。端口信息显示如下：

```
R2#show ip interface brief
Interface                    IP-Address      Method Protocol-Status
FastEthernet0/0              172.16.2.1      manual up
FastEthernet0/1              10.0.0.2        manual up
FastEthernet0/2              192.168.2.1     manual down
```

使用 show ip route 命令显示路由表信息，路由表信息显示如下：

```
R2#show ip route
Codes: C - connected, S - static, R - RIP, B - BGP, BC - BGP connected
       D - BEIGRP, DEX - external BEIGRP, O - OSPF, OIA - OSPF inter area
       ON1 - OSPF NSSA external type 1, ON2 - OSPF NSSA external type 2
       OE1 - OSPF external type 1, OE2 - OSPF external type 2
       DHCP - DHCP type
VRF ID: 0
C      10.0.0.0/30          is directly connected, FastEthernet0/1
C      172.16.2.0/24        is directly connected, FastEthernet0/0
```

可以看到，在路由器 R2 中，自动生成了到达网段 10.0.0.0/30 和 172.16.2.0/24 的两条直连路由。

（三）测试网络的连通性

给主机 PC1 和 PC2 配置正确的 IP 信息。分别在 PC1 和 PC2 上用 ping 命令测试网络连通性，会发现两个以太网段不能互通，为什么？

（四）配置默认路由

在 R1 上配置默认路由：

```
R1#config
R1_config#ip route 0.0.0.0 0.0.0.0 10.0.0.2
R1_config#exit
R1#write
```

显示 R1 的路由表信息：

```
R1_config#show ip route
Codes: C - connected, S - static, R - RIP, B - BGP, BC - BGP connected
       D - BEIGRP, DEX - external BEIGRP, O - OSPF, OIA - OSPF inter area
       ON1 - OSPF NSSA external type 1, ON2 - OSPF NSSA external type 2
       OE1 - OSPF external type 1, OE2 - OSPF external type 2
       DHCP - DHCP type

VRF ID: 0

S      0.0.0.0/0         [1,0] via 10.0.0.2(on FastEthernet0/1)
C      10.0.0.0/30       is directly connected, FastEthernet0/1
C      172.16.1.0/24     is directly connected, FastEthernet0/0
```

在 R2 上配置默认路由：

```
R2#config
R2_config#ip route 0.0.0.0 0.0.0.0 10.0.0.1
R2_config#exit
R2#wr
```

显示 R2 的路由表信息：

```
R2_config#show ip route
Codes: C - connected, S - static, R - RIP, B - BGP, BC - BGP connected
       D - BEIGRP, DEX - external BEIGRP, O - OSPF, OIA - OSPF inter area
       ON1 - OSPF NSSA external type 1, ON2 - OSPF NSSA external type 2
       OE1 - OSPF external type 1, OE2 - OSPF external type 2
       DHCP - DHCP type

VRF ID: 0

S      0.0.0.0/0         [1,0] via 10.0.0.1(on FastEthernet0/1)
C      10.0.0.0/30       is directly connected, FastEthernet0/1
```

C　　172.16.2.0/24　　　　is directly connected, FastEthernet0/0

可以看到，在路由器 R1、R2 上手工配置了静态路由以后，比较之前的路由表发现在每台路由器中都增加了一项目标网络地址和掩码都是 0.0.0.0 的默认静态路由。此时再在 PC1 和 PC2 上用 ping 命令测试网络连通性，可以发现，PC1 此时能够 ping 通 PC2 的地址。比较没有添加默认路由之前的 ping 结果，仔细分析原因。

实验十五　带子网划分的静态路由配置

一、实验内容

带子网划分的静态路由配置。

二、实验目的

（1）掌握 IP 子网划分；
（2）掌握在路由器上配置静态路由。

三、实验器材

DCRS5200 交换机 3 台、DCR3705 路由器 3 台、PC 机 3 台、配置线及网线若干。

四、实验环境

如图 2-37 所示，网络中有 3 台路由器互联，其中 R1 和 R2，R2 和 R3 之间都使用的是 DCR3705 的快速以太网端口连接，每个路由器各自连接一个本地局域网。本实验中所有 IP 地址都要求从 172.31.0.0/16 中分配，不能用到其他地址。各路由器所连的本地局域网中的主机数如图 2-37 中所示。要求 IP 地址分配从 172.31.0.0 开始向后分配，先分配主机数多的子网，然后依次类推，最后分配最小的路由器互联的子网，一共 5 个 IP 子网。地址借位必须按照最节省的方案来执行，并且所有 0 子网都可以使用。配置地址时按照以下原则：路由器接口地址使用本子网第一个可用的 IP 地址，测试用的 PC 使用第二个可用的 IP 地址。要求对该网络使用静态路由使全网互通，交换机不做任何配置。

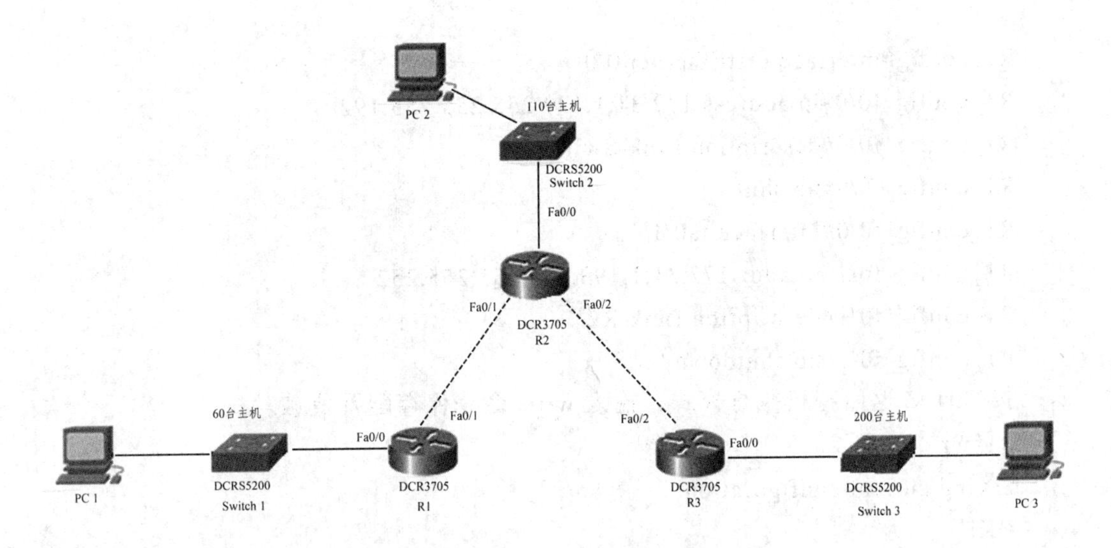

图 2-37 带子网划分的静态路由配置

五、实验步骤

（一）IP 子网的划分

设 n 为保留的主机位数，2^n-2 大于等于主机台数。

对于 R3 所连接的局域网 n=8，R3 所在的子网为 172.31.0.0/24，可用 IP 地址的范围为 172.31.0.1 ~ 172.31.0.254，其中第一个可用 IP 地址为 172.31.0.1/24。

对于 R2 所连接的局域网 n=7，R2 所在的子网为 172.31.1.0/25，可用 IP 地址的范围为 172.31.1.1 ~ 172.31.1.126，其中第一个可用 IP 地址为 172.31.1.1/24。

对于 R1 所连接的局域网 n=6，R1 所在的子网为 172.31.1.128/26，可用 IP 地址的范围为 172.31.1.129 ~ 172.31.1.190，其中第一个可用 IP 地址为 172.31.1.129/24。

R1 与 R2 之间的子网为 172.31.1.192/30，可用 IP 地址的范围为 172.31.1.193 ~ 172.31.1.194。

R2 与 R3 之间的子网为 172.31.1.196/30，可用 IP 地址的范围为 172.31.1.197 ~ 172.31.1.198。

（二）路由器 R1 的配置

输入默认用户名和密码（均为 admin）登录路由器，修改路由器的名称为 R1，按照 IP 子网划分中的要求配置路由器 R1 各个接口的 IP 信息及接口名称。

```
Router>enable
Router#config
Router_config#hostname R1
```

```
R1_config#interface fastEthernet 0/0
R1_config_f0/0#ip address 172.31.1.129 255.255.255.192
R1_config_f0/0#description Link-Switch1
R1_config_f0/0#no shut
R1_config_f0/0#interface fa0/1
R1_config_f0/1#ip addr 172.31.1.193 255.255.255.252
R1_config_f0/1#description Link-R2
R1_config_f0/1#no shutdown
```

按 Ctrl+Z 返回特权执行模式，输入 write 命令保存配置信息。

```
R1#wr
Saving current configuration...
OK!
```

完成配置后，使用 show IP interface brief 查看端口信息，可以看到端口 Fa0/0 和 Fa0/1 的配置信息。端口信息显示如下：

```
R1_config_f0/1#show ip interface brief
Interface                 IP-Address       Method Protocol-Status
FastEthernet0/0           172.31.1.129       manual up
FastEthernet0/1           172.31.1.193         manual up
FastEthernet0/2           192.168.2.1      manual down
```

使用 show ip route 命令显示路由表信息，路由表信息显示如下：

```
R1_config_f0/1#show ip route
Codes: C - connected, S - static, R - RIP, B - BGP, BC - BGP connected
       D - BEIGRP, DEX - external BEIGRP, O - OSPF, OIA - OSPF inter area
       ON1 - OSPF NSSA external type 1, ON2 - OSPF NSSA external type 2
       OE1 - OSPF external type 1, OE2 - OSPF external type 2
       DHCP - DHCP type
VRF ID: 0
C      172.31.1.128/26        is directly connected, FastEthernet0/0
C      172.31.1.192/30        is directly connected, FastEthernet0/1
```

可以看到，在路由器 R1 中，自动生成了到达网段 172.31.1.128/26 和 172.31.1.192/30 的两条直连路由。

（三）路由器 R2 的配置

R2 的信息与 R1 的信息类似。输入默认用户名和密码（均为 admin）登录路由器，修改路由器的名称为 R2，按照实验要求配置路由器各个接口的 IP 信息及接口名称。

```
Router>enable
```

```
Router#config
Router_config#hostname R2
R2_config#interface fastEthernet 0/0
R2_config_f0/0#description Link-S2
R2_config_f0/0#ip address 172.31.1.1 255.255.255.128
R2_config_f0/0#no shut
R2_config_f0/0#interface fa0/1
R2_config_f0/1#description Link_R1
R2_config_f0/1#ip addr 172.31.1.194 255.255.255.252
R2_config_f0/1#no shut
R2_config_f0/1#interface fa0/2
R2_config_f0/2#description Link_R3
R2_config_f0/2#ip addr 172.31.1.197 255.255.255.252
R2_config_f0/2#no shut
```

按 Ctrl+Z 返回特权执行模式，输入 write 命令保存配置信息。

```
R1#wr
Saving current configuration...
OK!
```

完成配置后，使用 show IP interface brief 查看端口信息，可以看到端口 Fa0/0 和 Fa0/1 的配置信息。端口信息显示如下：

```
R2#show ip interface brief
Interface                   IP-Address        Method Protocol-Status
FastEthernet0/0             172.31.1.1        manual up
FastEthernet0/1             172.31.1.194      manual up
FastEthernet0/2             172.31.1.197      manual down
```

使用 show ip route 命令显示路由表信息，路由表信息显示如下：

```
R2#show ip route
Codes: C - connected, S - static, R - RIP, B - BGP, BC - BGP connected
       D - BEIGRP, DEX - external BEIGRP, O - OSPF, OIA - OSPF inter area
       ON1 - OSPF NSSA external type 1, ON2 - OSPF NSSA external type 2
       OE1 - OSPF external type 1, OE2 - OSPF external type 2
       DHCP - DHCP type
VRF ID: 0
C      172.31.1.0/25       is directly connected, FastEthernet0/0
C      172.31.1.192/30     is directly connected, FastEthernet0/1
C      172.31.1.196/30     is directly connected, FastEthernet0/2
```

可以看到，在路由器 R2 中，自动生成了到达网段 172.31.1.0/25、172.31.1.192/30

和 172.31.1.196/30 的三条直连路由。

（四）路由器 R3 的配置

输入默认用户名和密码（均为 admin）登录路由器，修改路由器的名称为 R3，按照 IP 子网划分中的要求配置路由器 R3 各个接口的 IP 信息及接口名称。

```
Router>enable
Router#config
Router_config#hostname R3
R3_config#interface fastEthernet 0/0
R3_config_f0/0#ip address 172.31.0.1 255.255.255.0
R3_config_f0/0#description Link-Switch3
R3_config_f0/0#no shut
R3_config_f0/0#interface fa02
R3_config_f0/2#ip addr 172.31.1.198 255.255.255.252
R3_config_f0/2#description Link-R2
R3_config_f0/2#no shutdown
```

按 Ctrl+Z 返回特权执行模式，输入 write 命令保存配置信息。

```
R3#wr
Saving current configuration...
OK!
```

完成配置后，使用 show IP interface brief 查看端口信息，可以看到端口 Fa0/0 和 Fa0/2 的配置信息。端口信息显示如下：

```
R3_config_f0/1#show ip interface brief
Interface                IP-Address        Method Protocol-Status
FastEthernet0/0          172.31.0.1        manual up
FastEthernet0/2          172.13.1.198      manual down
```

使用 show ip route 命令显示路由表信息，路由表信息显示如下：

```
R3_config_f0/1#show ip route
Codes: C - connected, S - static, R - RIP, B - BGP, BC - BGP connected
       D - BEIGRP, DEX - external BEIGRP, O - OSPF, OIA - OSPF inter area
       ON1 - OSPF NSSA external type 1, ON2 - OSPF NSSA external type 2
       OE1 - OSPF external type 1, OE2 - OSPF external type 2
       DHCP - DHCP type
VRF ID: 0
C      172.31.0.0/24        is directly connected, FastEthernet0/0
C      172.31.1.198/30        is directly connected, FastEthernet0/2
```

可以看到，在路由器 R3 中，自动生成了到达网段 172.31..0.0/24 和

172.31.1.198/30 的两条直连路由。

（五）测试网络的连通性

给主机 PC1、PC2 和 PC3 配置正确的 IP 信息。分别在 PC1、PC2 和 PC3 上用 ping 命令测试网络连通性，会发现路由器连接的各个太网段不能互通。为什么？

（六）配置静态路由

（1）在 R1 上配置到达 172.31.1.0/25、172.31.0.0/24、172.31.1.196/30 网段的静态路由。

```
R1#config
R1_config#ip route 172.31.1.0 255.255.255.128 172.31.1.194
R1_config#ip route 172.31.0.0 255.255.255.0 172.31.1.194
R1_config#ip route 172.31.1.196 255.255.255.252 172.31.1.194
R1_config#exit
R1#write
```

或者 R1 上配置默认静态路由：

```
R1_config#ip route default 172.31.1.194
```

（2）在 R2 上配置到达 172.31.1.128/26、172.31.0.0/24 网段的静态路由。

```
R2#config
R2_config#ip route 172.31.1.128 255.255.255.128 172.31.1.193
R2_config#ip route 172.31.0.0 255.255.255.0 172.31.1.198
R2_config#exit
R2#write
```

（3）在 R3 上配置到达 172.31.1.128/26、172.31.1.0/25、172.31.1.192/30 网段的静态路由。

```
R3#config
R3_config#ip route 172.31.1.128 255.255.255.192 172.31.1.197
R3_config#ip route 172.31.1.0 255.255.255.128 172.31.1.197
R3_config#ip route 172.31.1.192 255.255.255.252 172.31.1.197
R3_config#exit
R3#write
```

或者在 R3 配置默认静态路由：

```
R3_config#ip route default 172.31.1.197
```

分别在路由器 R1、R2 和 R3 上使用 show ip route 命令显示各个路由器的路由表，与之前的路由表进行比较，观察路由表的变化。此时再在各台 PC 之间用 ping 命令测试网络连通性，仔细分析测试结果。

实验十六　OSPF 动态路由协议基本配置

一、实验内容

OSPF 动态路由协议的基本配置。

二、实验目的

（1）掌握 OSPF 协议的配置方法；
（2）掌握查看通过动态路由协议 OSPF 学习产生的路由；
（3）熟悉路由器交换机之间线缆的连接接方式。

三、实验设备

PC 机 4 台、交换机 2 台、路由器 2 台、网线若干。

四、实验环境

如图 2-38 所示，网络中有两台路由器互联，其中 R1 和 R2 是通过以太网口连接，R1 和 R2 各自连接一个本地局域网，路由器端口 IP 地址、PC 机 IP 地址分配如表 2-10 所示。要求使用 OSPF 动态路由协议使全网互通。

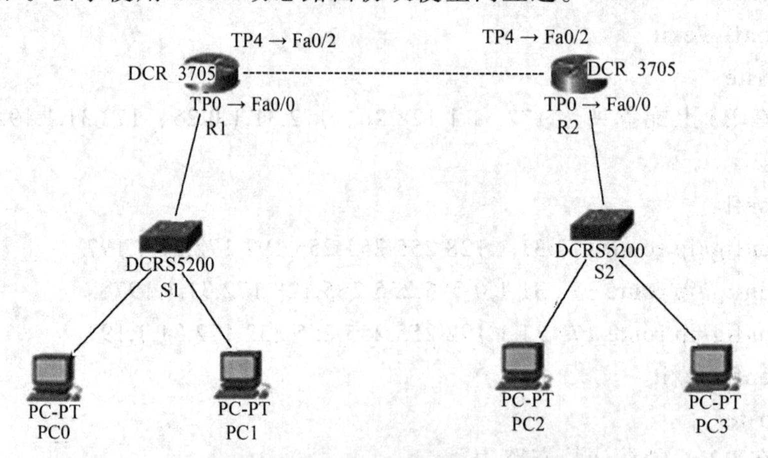

图 2-38　OSPF 动态路由协议配置

表 2-10　IP 地址分配表

设备	端口	描述	IP 地址	子网掩码	网关
R1	TP4：Fa0/2	连接 R2	10.0.0.1	255.255.255.252	
	TP0：Fa0/0	连接 S1	172.16.1.1	255.255.255.0	

续表

设备	端口	描述	IP 地址	子网掩码	网关
R2	TP4：Fa0/2	连接 R1	10.0.0.2	255.255.255.252	
	TP0：Fa0/0	连接 S2	172.16.2.1	255.255.255.0	
PC0	NIC		172.16.1.2	255.255.255.0	172.16.1.1
PC1	NIC		172.16.1.3	255.255.255.0	172.16.1.1
PC2	NIC		172.16.2.2	255.255.255.0	172.16.2.1
PC3	NIC		172.16.2.3	255.255.255.0	172.16.2.2

五、实验步骤

为了不受原来路由器、交换机配置的影响，在实验之前将所有路由器的配置信息删除掉，恢复路由器的默认配置。交换机在此只是作为连接 PC 机与路由器用，不需要做任何配置。

（一）连线

按照网络拓扑结构，正确连接交换机与路由器的各个端口。

（二）路由器端口配置 IP 地址

（1）路由器 R1 的配置。

```
Router>enable
Router#conf
Router_config#hostname R1
R1_config#ixp wan 4                        #设置路由器广域网端口数量
R1_config#int fa0/2
R1_config_f0/2#no ip addr #删除 fa0/2 端口的默认 IP 地址
R1_config_f0/2#exit
R1_config#no ip dhcpd pool dpool           #删除路由器默认的地址池
R1_config#int fa0/2
R1_config_f0/2#ip addr 10.0.0.1 255.255.255.252
R1_config_f0/2#no shutdown
R1_config#int fa0/0
R1_config_f0/0#ip addr 172.16.1.1 255.255.255.0
```

（2）路由器 R2 的配置。

```
Router>enable
```

```
Router#config
Router_config#hostname R2
R2_config#ixp wan 4                         #设置路由器广域网端口数量
R2_config#no ip dhcpd pool dpool            #删除 R2 默认的地址池
R2_config#int fa0/2
R2_config_f0/2#no ip addr                   #删除 fa0/2 端口默认的 IP 地址
R2_config_f0/2#ip addr 10.0.0.2 255.255.255.252
R2_config_f0/2#no shut
R2_config_f0/2#int fa0/0
R2_config_f0/0#ip addr 172.16.2.1 255.255.255.0
R2_config_f0/0#no shut
```

（三）测试路由器 R1 与路由器 R2 的连通性

在 R1 的命令行模式下，ping 路由器 R2 的 fa0/2 端口的 IP 地址。

```
R1#ping 10.0.0.2
PING 10.0.0.2 (10.0.0.2): 56 data bytes
!!!!!
--- 10.0.0.2 ping statistics ---
5 packets transmitted, 5 packets received, 0% packet loss
round-trip min/avg/max = 0/0/0 ms
```

（四）OSPF 动态路由协议的配置

1. 路由器 R1 的路由协议的配置

（1）使用 show ip route 命令显示路由器 R1 的路由表。

```
R1#show ip route
Codes: C - connected, S - static, R - RIP, B - BGP, BC - BGP connected
       D - BEIGRP, DEX - external BEIGRP, O - OSPF, OIA - OSPF inter area
       ON1 - OSPF NSSA external type 1, ON2 - OSPF NSSA external type 2
       OE1 - OSPF external type 1, OE2 - OSPF external type 2
       DHCP - DHCP type

VRF ID: 0

C      10.0.0.0/30          is directly connected, FastEthernet0/2
C      172.16.1.0/24        is directly connected, FastEthernet0/0
```

可以看到，R1 只有两条直连路由。

（2）在 R1 上配置动态路由协议。

```
R1#config                                    #进入全局配置模式
R1_config#router ospf 1
R1_config_ospf_1#network 10.0.0.0 255.255.255.252 area 0
R1_config_ospf_1#network 172.16.1.0 255.255.255.0 area 0
```

2. 路由器 R2 的动态路由协议配置

（1）使用 show ip route 命令显示路由器 R2 的路由表。

```
R2#show ip route
Codes: C - connected, S - static, R - RIP, B - BGP, BC - BGP connected
       D - BEIGRP, DEX - external BEIGRP, O - OSPF, OIA - OSPF inter area
       ON1 - OSPF NSSA external type 1, ON2 - OSPF NSSA external type 2
       OE1 - OSPF external type 1, OE2 - OSPF external type 2
       DHCP - DHCP type

VRF ID: 0

C       10.0.0.0/30          is directly connected, FastEthernet0/2
C       172.16.2.0/24        is directly connected, FastEthernet0/0
```

可以看到，R2 中自动生成了到达 10.0.0.0/30 和 172.16.2.0/30 网段的两条直连路由。

（2）路由器 R2 的 OSPF 配置。

```
R2#config
R2_config#router ospf 1
R2_config_ospf_1#network 172.16.2.0 255.255.255.0 area 0
R2_config_ospf_1#network 10.0.0.0 255.255.255.252 area 0
```

（五）使用 show ip route 命令分别显示 R1 和 R2 的路由表

R1 的路由表：

```
R1#show ip route
Codes: C - connected, S - static, R - RIP, B - BGP, BC - BGP connected
       D - BEIGRP, DEX - external BEIGRP, O - OSPF, OIA - OSPF inter area
       ON1 - OSPF NSSA external type 1, ON2 - OSPF NSSA external type 2
       OE1 - OSPF external type 1, OE2 - OSPF external type 2
       DHCP - DHCP type

VRF ID: 0
```

```
C        10.0.0.0/30         is directly connected, FastEthernet0/2
C        172.16.1.0/24       is directly connected, FastEthernet0/0
O        172.16.2.0/24       [110,2] via 10.0.0.2(on FastEthernet0/2)
```

R2 的路由表：

```
R2#show ip route
Codes: C - connected, S - static, R - RIP, B - BGP, BC - BGP connected
       D - BEIGRP, DEX - external BEIGRP, O - OSPF, OIA - OSPF inter area
       ON1 - OSPF NSSA external type 1, ON2 - OSPF NSSA external type 2
       OE1 - OSPF external type 1, OE2 - OSPF external type 2
       DHCP - DHCP type

VRF ID: 0

C        10.0.0.0/30         is directly connected, FastEthernet0/2
O        172.16.1.0/24       [110,2] via 10.0.0.1(on FastEthernet0/2)
C        172.16.2.0/24       is directly connected, FastEthernet0/0
```

通过与 R1 和 R2 之前的路由表进行对比，可以发现，R1 比运行 OSPF 动态路由协议之前增加了一条到达网段 172.16.2.0/24 的路由，R2 比运行 OSPF 动态路由协议之前增加了一条到达网段 172.16.1.0/16 的路由。

测试 PC0 与 PC2 之间的连通性，在 PC0 的命令提示符下 ping PC2 的 IP 地址，可以发现，位于网段 172.16.1.0/24 的 PC0 能与位于网段 172.16.2.0/24 的 PC2 之间进行通信，分析测试结果。

实验十七　ACL 配置

访问控制列表 ACL（Access Control Lists），是一组应用在路由器接口的指令列表。这些指令列表根据数据包的源地址、目的地址、端口号等信息决定数据包被接受或者拒绝，从而达到访问控制的目的。ACL 分很多种，不同的网络环境应用不同种类的 ACL。

1. 标准 ACL

标准访问控制列表根据 IP 包中的源 IP 地址或源 IP 地址中的一部分进行过滤，可对匹配的包采取拒绝或允许两个操作。

使用标准版本的 access-list 全局配置命令来定义一个带有数字的标准 ACL。这个命令用在全局配置模式下：

Router(config)#access-list access-list-number {deny |permit} source [source-wildcard] [log]

例：access-list 1 permit 172.16.0.0 0.0.255.255

使用这个命令的 no 形式，可以删除一个标准 ACL。语法是：

Router(config)# no access-list access-list-number

例如：no access-list 1

将 ACL 作用到端口：

Router(config)#interface ethernet 0

Router(config-if)#ip access-group access-list-number in/out

查看配置的 ACL：

Router#show access-lists   #使用 show 命令查看所配置的 acl

2. 扩展 ACL

扩展访问控制列表比标准访问控制列表具有更多的匹配项，可以根据协议类型、源地址、目的地址、源端口、目的端口、TCP 建立连接等信息进行过滤。

扩展访问控制列表命令语法：

Router(config)#access-list access-list-number {permit| deny} protocol source source-wildcard [operator port] destination destination-wildcard [operator port] [established] [log]

3. 命名的 IP 访问控制列表

所谓命名的 IP 访问控制列表是以列表名代替列表编号来定义访问控制列表，同样包括标准和扩展两种列表，定义过滤的语句与编号 ACL 方式中相似。创建扩展命名的 ACL 步骤：

（1）进入全局配置模式，使用 ip access-list extendedname 命令创建命名 ACL。

（2）在命名 ACL 配置模式中，指定希望允许或拒绝的条件。

（3）返回特权执行模式，并使用 show access-lists [number | name] 命令检验 ACL。

（4）建议使用 copy running-config startup-config 命令将条目保存在配置文件中。

注意：访问控制是网络安全防范和保护的主要策略，它的主要任务是保证网络资源不被非法使用和访问。它是保证网络安全最重要的核心策略之一。访问控制涉及的技术也比较广，包括入网访问控制、网络权限控制、目录级控制以及属性控制等多种手段。

4. 将访问控制列表应用到接口

在建立访问控制列表的过程后，可以将它应用到一个或多个接口上，要特别注意在接口上应用访问控制列表时，要指明访问控制列表是应用于流入数据，还是流出数据。

在接口配置态使用命令：

ip access-group name {in | out}　　　　#将访问列表应用到接口

访问控制列表既可用在出接口也可用在入接口。对于标准的入口访问控制列表，在接收到包之后，对照访问控制列表检查包的源地址。对于扩展的访问控制列表，该路由器也检查目标地址。如果访问控制列表允许该地址，那么软件继续处理该包。如果控制列表不允许该地址，该软件放弃包并返回一个 ICMP 主机不可到达报文。

对于标准的出口访问控制列表，在接收和路由一个包到控制接口以后，软件对照访问控制列表检查包的源地址。对于扩展的访问控制列表，路由器还检查接收端访问控制列表。如果访问控制列表允许，该软件就传送这个包，如果访问控制列表不允许，软件就放弃这个包并返回一个 ICMP 主机不可达报文。

如果指定的访问控制列表不存在，所有的包允许通过。

一、标准命名 ACL 的配置

（一）实验内容

标准命名 ACL 的配置。

（二）实验目的

（1）掌握 ACL 设计原则和工作过程；
（2）定义标准的 ACL；
（3）ACL 的应用；
（4）ACL 的故障排除。

（三）实验器材

DCR3705 路由器 2 台、DCRS5200 交换机 2 台、PC 机。

（四）实验环境

如图 2-39 所示，网络中有两台路由器互联，其中 R1 和 R2 是通过以太网端口连接，R1 和 R2 各自连接一个本地局域网，IP 地址分配如表 2-11 所示，要求使用标准命名的 ACL 拒绝 PC0 和 PC1 所在网段 172.16.1.0/24 访问 PC2 和 PC3 所在网段 172.16.2.0/24。整个网络使用 OSPF 动态路由协议保证 IP 连通性，交换机不作任何配置。

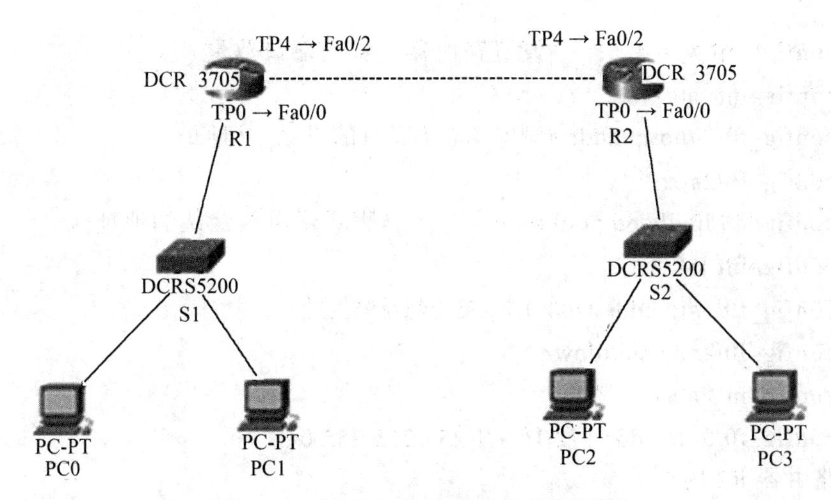

图 2-39 标准命名访问控制列表配置

表 2-11 IP 地址分配表

设备	端口	描述	IP 地址	子网掩码	网关
R1	TP4：Fa0/2	连接 R2	10.0.0.1	255.255.255.252	
	TP0：Fa0/0	连接 S1	172.16.1.1	255.255.255.0	
R2	TP4：Fa0/2	连接 R1	10.0.0.2	255.255.255.252	
	TP0：Fa0/0	连接 S2	172.16.2.1	255.255.255.0	
PC0	NIC		172.16.1.2	255.255.255.0	172.16.1.1
PC1	NIC		172.16.1.3	255.255.255.0	172.16.1.1
PC2	NIC		172.16.2.2	255.255.255.0	172.16.2.1
PC3	NIC		172.16.2.3	255.255.255.0	172.16.2.2

（五）实验步骤

为了不受原来路由器、交换机配置的影响，在实验之前将所有路由器的配置信息删除掉，恢复路由器的默认配置。交换机在此只是作为连接 PC 机与路由器用，不需要做任何配置。

1. 正确连接线缆

按照网络拓扑结构图，正确连接路由器与路由器、PC 机各端口。

2. 路由器各端口 IP 地址配置

1）路由器 R1 的配置

Router>enable
Router#conf
Router_config#hostname R1

R1_config#ixp wan 4　　#设置路由器广域网端口数量
R1_config#int fa0/2
R1_config_f0/2#no ip addr #删除 fa0/2 端口的默认 IP 地址
R1_config_f0/2#exit
R1_config#no ip dhcpd pool dpool　　　#删除路由器默认的地址池
R1_config#int fa0/2
R1_config_f0/2#ip addr 10.0.0.1 255.255.255.252
R1_config_f0/2#no shutdown
R1_config#int fa0/0
R1_config_f0/0#ip addr 172.16.1.1 255.255.255.0

2）路由器 R2 的配置

Router>enable
Router#config
Router_config#hostname R2
R2_config#ixp wan 4　　#设置路由器广域网端口数量
R2_config#no ip dhcpd pool dpool　　#删除 R2 默认的地址池
R2_config#int fa0/2
R2_config_f0/2#no ip addr　　#删除 fa0/2 端口默认的 IP 地址
R2_config_f0/2#ip addr 10.0.0.2 255.255.255.252
R2_config_f0/2#no shut
R2_config_f0/2#int fa0/0
R2_config_f0/0#ip addr 172.16.2.1 255.255.255.0
R2_config_f0/0#no shut

3. OSPF 动态路由协议、访问控制列表配置

1）路由器 R1 的路由协议配置

R1_config#router ospf 1　　　#启动路由进程，进程号为 1，同时进入路由配置模式
R1_config_ospf_1#network 10.0.0.0 255.255.255.252 area 0
R1_config_ospf_1#network 172.16.1.0 255.255.255.0 area 0

2）路由器 R2 的路由协议配置

R2#config
R2_config#router ospf 1　　　#启动路由进程，进程号为 1，同时进入路由配置模式
R2_config_ospf_1#network 172.16.2.0 255.255.255.0 area 0
R2_config_ospf_1#network 10.0.0.0 255.255.255.252 area 0
R2_config_ospf_1#exit

3）路由器 R2 上配置标准访问控制列表，名称为 no-access

```
R2_config#ip access-list standard no-access      #定义标准访问控制列表，名称为
                                                  no-access
R2_config_std_nacl#deny 172.16.1.0 255.255.255.0   #定义规则，拒绝来自
                                                  172.16.1.0/24 的流量
R2_config_std_nacl#permit any                     #定义规则，允许来自其他任何网段
                                                  的流量
R2_config_std_nacl#int fa0/2                      #在接口下应用 ACL
R2_config_f0/2#ip access-group no-access in       #在端口的入方向应用名称为
                                                  no-access 的访问控制列表
```

4. 实验测试

在 R2 上使用 show ip access-lists 查看所定义的 IP 访问控制列表。

```
R2#show ip access-lists
Standard IP access list no-access
 deny    172.16.1.0 255.255.255.0
 permit any
```

使用 show ip interface 命令显示路由器 R2 的 fa0/2 接口信息。

```
R2#show ip interface fa0/2
FastEthernet0/2 is up, line protocol is up
   Internet address is 10.0.0.2/30
   Broadcast address is 10.0.0.3
   MTU is 1500 bytes
   Helper address is not set
   Directed broadcast forwarding is disabled
   Multicast reserved groups joined: 224.0.0.9 224.0.0.6 224.0.0.5 224.0.0.2
                                     224.0.0.1
   Outgoing access list is not set
   Inbound   access list is no-access
……
```

以上输出表明在接口 fa0/2 的入方向应用了访问控制列表 no-access。

在 PC0 上 ping PC2 的 IP 地址 172.16.2.2，应该不通，分析测试结果。

注意：(1)当建立访问控制列表时，缺省时访问控制列表的结尾包含隐含的 deny 语句。(2)因为标准 ACL 不会指定目的地址，所以标准 ACL 的位置应该尽可能靠近目的地址。

二、扩展命名 ACL 的配置

（一）实验内容

扩展命名的 ACL 的配置。

（二）实验目的

（1）掌握定义扩展命名的 ACL 方法；
（2）掌握应用扩展命名的 ACL 方法；
（3）掌握扩展命名 ACL 的调试方法。

（三）实验器材

DCR3705 路由器 2 台、DCRS5200 交换机 2 台、PC 机。

（四）实验环境

如图 2-40 所示，网络中有两台路由器互联，其中 R1 和 R2 是通过以太网口连接，R1 和 R2 各自连接一个本地局域网，IP 地址分配如表 2-12 所示，要求使用扩展命名的 ACL 拒绝 IP 地址为 172.16.1.2 的 PC0 访问 PC2 和 PC3 所在网段 172.16.2.0/24 的远程桌面服务，而其他主机可以访问网段 172.16.2.0/24 的所有服务。整个网络使用 OSPF 动态路由协议保证 IP 连通性。

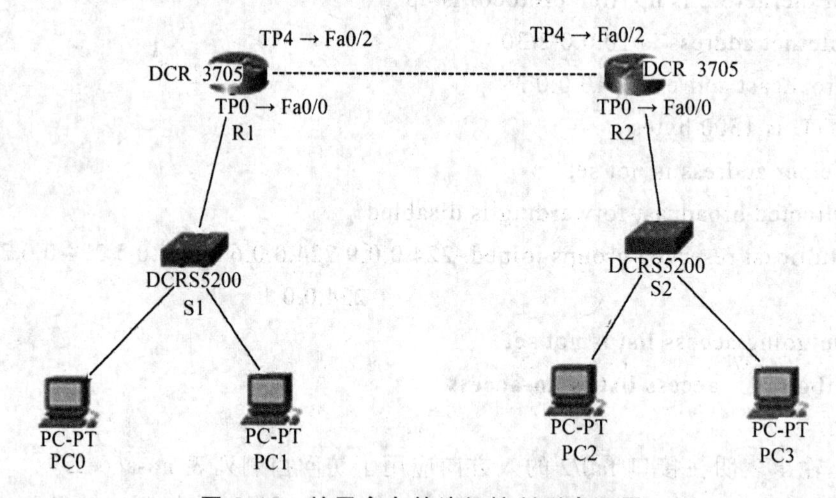

图 2-40 扩展命名的访问控制列表配置

表 2-12 IP 地址分配表

设备	端口	描述	IP 地址	子网掩码	网关
R1	TP4：Fa0/2	连接 R2	10.0.0.1	255.255.255.252	
	TP0：Fa0/0	连接 S1	172.16.1.1	255.255.255.0	

续表

设备	端口	描述	IP 地址	子网掩码	网关
R2	TP4：Fa0/2	连接 R1	10.0.0.2	255.255.255.252	
	TP0：Fa0/0	连接 S2	172.16.2.1	255.255.255.0	
PC0	NIC		172.16.1.2	255.255.255.0	172.16.1.1
PC1	NIC		172.16.1.3	255.255.255.0	172.16.1.1
PC2	NIC		172.16.2.2	255.255.255.0	172.16.2.1
PC3	NIC		172.16.2.3	255.255.255.0	172.16.2.2

（五）实验步骤

为了不受原来路由器、交换机配置的影响，在实验之前将所有路由器的配置信息删除掉，恢复路由器的默认配置。交换机在此只是作为连接 PC 机与路由器用，不需要做任何配置。

1. 正确连接线缆

按照网络拓扑结构图，正确连接路由器与路由器、PC 机各端口。

2. 路由器各端口 IP 地址配置

1）路由器 R1 的配置

```
Router>enable
Router#conf
Router_config#hostname R1
R1_config#ixp wan 4                          #设置路由器广域网端口数量
R1_config#int fa0/2
R1_config_f0/2#no ip addr                    #删除 fa0/2 端口的默认 IP 地址
R1_config_f0/2#exit
R1_config#no ip dhcpd pool dpool             #删除路由器默认的地址池
R1_config#int fa0/2
R1_config_f0/2#ip addr 10.0.0.1 255.255.255.252
R1_config_f0/2#no shutdown
R1_config#int fa0/0
R1_config_f0/0#ip addr 172.16.1.1 255.255.255.0
```

2）路由器 R2 的配置

```
Router>enable
Router#config
```

```
Router_config#hostname R2
R2_config#ixp wan 4                          #设置路由器广域网端口数量
R2_config#no ip dhcpd pool dpool             #删除 R2 默认的地址池
R2_config#int fa0/2
R2_config_f0/2#no ip addr                    #删除 fa0/2 端口默认的 IP 地址
R2_config_f0/2#ip addr 10.0.0.2 255.255.255.252
R2_config_f0/2#no shut
R2_config_f0/2#int fa0/0
R2_config_f0/0#ip addr 172.16.2.1 255.255.255.0
R2_config_f0/0#no shut
```

3. 路由器 OSPF 动态路由协议配置

1）配置路由器 R1 的 OSPF

```
R1_config#router ospf 1
R1_config_ospf_1#network 10.0.0.0 255.255.255.252 area 0
R1_config_ospf_1#network 172.16.1.0 255.255.255.0 area 0
R1_config_ospf_1#exit
R1_config#exit
R1#wr
```

2）配置路由器 R2 的 OSPF

```
R2#config
R2_config#router ospf 1
R2_config_ospf_1#network 172.16.2.0 255.255.255.0 area 0
R2_config_ospf_1#network 10.0.0.0 255.255.255.252 area 0
R2_config_ospf_1#exit
R2_config#exit
R2#wr
```

4. 查看路由器的路由表

在路由器 R1 和 R2 中分别使用 show ip route 查看路由器的路由表，是否有通过 OSPF 动态路由协议生成的到达各网段的路由。

1）显示 R1 的路由表

```
R1#show ip route
Codes: C - connected, S - static, R - RIP, B - BGP, BC - BGP connected
       D - BEIGRP, DEX - external BEIGRP, O - OSPF, OIA - OSPF inter area
       ON1 - OSPF NSSA external type 1, ON2 - OSPF NSSA external type 2
       OE1 - OSPF external type 1, OE2 - OSPF external type 2
       DHCP - DHCP type
```

VRF ID: 0

```
C        10.0.0.0/30          is directly connected, FastEthernet0/2
C        172.16.1.0/24        is directly connected, FastEthernet0/0
O        172.16.2.0/24        [110,2] via 10.0.0.2(on FastEthernet0/2)
```

R1 中有到达 172.16.2.0/24 网段的路由。

2）显示 R2 的路由表

```
R2#show ip route
Codes: C - connected, S - static, R - RIP, B - BGP, BC - BGP connected
       D - BEIGRP, DEX - external BEIGRP, O - OSPF, OIA - OSPF inter area
       ON1 - OSPF NSSA external type 1, ON2 - OSPF NSSA external type 2
       OE1 - OSPF external type 1, OE2 - OSPF external type 2
       DHCP - DHCP type
VRF ID: 0
C        10.0.0.0/30          is directly connected, FastEthernet0/2
O        172.16.1.0/24        [110,2] via 10.0.0.1(on FastEthernet0/2)
C        172.16.2.0/24        is directly connected, FastEthernet0/0
```

R2 中有到达 172.16.1.0/24 网段的路由。

5. 测试

在 PC0 上利用远程桌面连接 PC2，可以发现，PC0 能通过远程桌面连接到 PC2。

6. 路由器 R1 的 ACL 配置

在路由器 R1 上配置扩展命名的 ACL，拒绝 172.16.1.2 的 PC0 访问 PC2 和 PC3 所在网段 172.16.2.0/24 的远程桌面，而其他主机可以访问网段 172.16.2.0/24 的所有的服务。

R1_config#ip access-list extended no_mstsc #定义名称为 no_mstsc 的扩展访问控制列表

R1_config_ext_nacl#deny tcp 172.16.1.2 255.255.255.255 172.16.2.0 255.255.255.0 eq 3389 #定义规则，拒绝主机 172.16.1.2 访问网段 172.16.2.0/24 的远程桌面服务

R1_config_ext_nacl#permit tcp 172.16.1.0 255.255.255.0 172.16.2.0 255.255.255.0 eq 3389 #定义规则，允许 172.16.1.0/24 网段其他主机访问网段 172.16.2.0/24 的远程桌面服务

R1_config_ext_nacl#permit ip 172.16.1.0 255.255.255.0 172.16.2.0 255.255.255.0 #定义规则，允许其他类型的数据包通过

```
R1_config_ext_nacl#exit
R1_config#int fa0/0
R1_config_f0/0#ip access-group no_mstsc in  #在接口的入方向应用 ACL
```

显示路由器 R1 的 ACL:

```
R1_config_ext_nacl#show ip access-lists
Extended IP access list no_mstsc
  deny tcp 172.16.1.2 255.255.255.255 172.16.2.0 255.255.255.0 eq 3389
  permit tcp 172.16.1.0 255.255.255.0 172.16.2.0 255.255.255.0 eq 3389
  permit ip 172.16.1.0 255.255.255.0 172.16.2.0 255.255.255.0
```

7. 测试

在 PC0 的 DOS 提示符下 ping 172.16.2.2，可以发现连通性没有问题。利用 PC0 的远程桌面连接 PC2，发现不能通过远程桌面连接 PC2。利用 PC1 的远程桌面连接 PC2 或 PC3，发现可以连通。

注意：（1）访问控制列表由一个隐含的 deny 规则结束。（2）在应用扩展 ACL 的时候，尽可能地靠近要拒绝流量的源。这样，才能在不需要的流量流经网络之前将其过滤掉。

三、基于时间的 ACL

（一）实验名称

基于时间的 ACL。

（二）实验目的

（1）定义 time-range;
（2）配置基于时间的 ACL;
（3）基于时间 ACL 的调试。

（三）实验器材

DCR3705 路由器 2 台、DCRS5200 交换机 2 台、PC 机。

（四）实验环境

如图 2-41 所示，网络中有两台路由器互联，其中 R1 和 R2 是通过以太网口连接，R1 和 R2 各自连接一个本地局域网，IP 地址分配如表 2-13 所示，要求主机 PC0 在周一到周五的每天 8:00-18:00 访问路由器 R2 的 Telnet 服务。整个网络使用 OSPF 动态路由协议保证 IP 连通性。

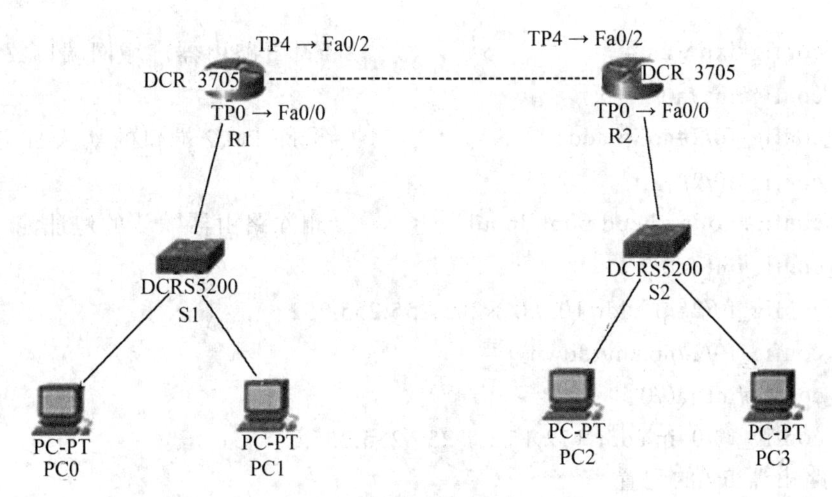

图 2-41 基于时间的 ACL

表 2-13 IP 地址分配表

设备	端口	描述	IP 地址	子网掩码	网关
R1	TP4：Fa0/2	连接 R2	10.0.0.1	255.255.255.252	
	TP0：Fa0/0	连接 S1	172.16.1.1	255.255.255.0	
R2	TP4：Fa0/2	连接 R1	10.0.0.2	255.255.255.252	
	TP0：Fa0/0	连接 S2	172.16.2.1	255.255.255.0	
PC0	NIC		172.16.1.2	255.255.255.0	172.16.1.1
PC1	NIC		172.16.1.3	255.255.255.0	172.16.1.1
PC2	NIC		172.16.2.2	255.255.255.0	172.16.2.1
PC3	NIC		172.16.2.3	255.255.255.0	172.16.2.2

（五）实验步骤

为了不受原来路由器、交换机配置的影响，在实验之前将所有路由器的配置信息删除掉，恢复路由器的默认配置。交换机在此只是作为连接 PC 机与路由器用，不需要做任何配置。

1. 正确连接线缆

按照网络拓扑结构图，正确连接路由器与路由器、PC 机各端口。

2. 路由器各端口 IP 地址配置

1）路由器 R1 的配置

```
Router>enable
Router#conf
Router_config#hostname R1
```

```
R1_config#ixp wan 4                          #设置路由器广域网端口数量
R1_config#int fa0/2
R1_config_f0/2#no ip addr                    #删除 fa0/2 端口的默认 IP 地址
R1_config_f0/2#exit
R1_config#no ip dhcpd pool dpool             #删除路由器默认的地址池
R1_config#int fa0/2
R1_config_f0/2#ip addr 10.0.0.1 255.255.255.252
R1_config_f0/2#no shutdown
R1_config#int fa0/0
R1_config_f0/0#ip addr 172.16.1.1 255.255.255.0
```

2）路由器 R2 的配置

```
Router>enable
Router#config
Router_config#hostname R2
R2_config#ixp wan 4                          #设置路由器广域网端口数量
R2_config#no ip dhcpd pool dpool             #删除 R2 默认的地址池
R2_config#int fa0/2
R2_config_f0/2#no ip addr                    #删除 fa0/2 端口默认的 IP 地址
R2_config_f0/2#ip addr 10.0.0.2 255.255.255.252
R2_config_f0/2#no shut
R2_config_f0/2#int fa0/0
R2_config_f0/0#ip addr 172.16.2.1 255.255.255.0
R2_config_f0/0#no shut
```

3. 路由器 OSPF 动态路由协议配置

1）配置路由器 R2 的 OSPF

```
R1_config#router ospf 1
R1_config_ospf_1#network 10.0.0.0 255.255.255.252 area 0
R1_config_ospf_1#network 172.16.1.0 255.255.255.0 area 0
R1_config_ospf_1#exit
R1_config#exit
R1#wr
```

2）配置路由器 R2 的 OSPF

```
R2#config
R2_config#router ospf 1
R2_config_ospf_1#network 172.16.2.0 255.255.255.0 area 0
R2_config_ospf_1#network 10.0.0.0 255.255.255.252 area 0
```

R2_config_ospf_1#exit
R2_config#exit
R2#wr

4. 显示路由器 R1、R2 的路由表

1）显示 R1 的路由表

R1#show ip route
Codes: C - connected, S - static, R - RIP, B - BGP, BC - BGP connected
D - BEIGRP, DEX - external BEIGRP, O - OSPF, OIA - OSPF inter area
ON1 - OSPF NSSA external type 1, ON2 - OSPF NSSA external type 2
OE1 - OSPF external type 1, OE2 - OSPF external type 2
DHCP - DHCP type
VRF ID: 0
C 10.0.0.0/30 is directly connected, FastEthernet0/2
C 172.16.1.0/24 is directly connected, FastEthernet0/0
O 172.16.2.0/24 [110,2] via 10.0.0.2(on FastEthernet0/2)

R1 中有到达 172.16.2.0/24 网段的路由。

2）显示 R2 的路由表

R2#show ip route
Codes: C - connected, S - static, R - RIP, B - BGP, BC - BGP connected
D - BEIGRP, DEX - external BEIGRP, O - OSPF, OIA - OSPF inter area
ON1 - OSPF NSSA external type 1, ON2 - OSPF NSSA external type 2
OE1 - OSPF external type 1, OE2 - OSPF external type 2
DHCP - DHCP type
VRF ID: 0
C 10.0.0.0/30 is directly connected, FastEthernet0/2
O 172.16.1.0/24 [110,2] via 10.0.0.1(on FastEthernet0/2)
C 172.16.2.0/24 is directly connected, FastEthernet0/0

R2 中有到达 172.16.1.0/24 网段的路由。

5. 测试

在 PC0 输入命令 telnet 172.16.2.1，发现可以远程 telnet 到路由器 R2 上。

6. 路由器 R1 的 ACL 配置

在路由器 R1 上配置扩展命名的 ACL，要求主机 PC0 在周一到周五的每天 8：00-18：00 访问路由器 R2 的 Telnet 服务。

R1_config#time-range time #定义时间段名称为 time
R1_config_time_range#periodic weekdays 8:00 to 18:00 #定义时间段为工作

日的 8：00 到 18：00

R1_config_time_range#exit

R1_config#ip access-list extended no-telnet #建立扩展访问控制列表 no-telnet

R1_config_ext_nacl#permit tcp 172.16.1.2 255.255.255.255 10.0.0.2 255.255.255.255 eq telnet time-range time #在访问控制列表中调用 time-range

R1_config_ext_nacl#permit tcp 172.16.1.2 255.255.255.255 172.16.2.1 255.255.255.255 eq telnet time-range time

R1_config_ext_nacl#int fa0/0

R1_config_f0/0#ip access-group no-telnet in #在接口下应用 ACL

R1_config_f0/0#^z

R1#wr

Saving current configuration...

OK!

显示路由器 R1 的 ACL:

R1#show ip access-lists

Extended IP access list no-telnet

permit tcp 172.16.1.2 255.255.255.255 10.0.0.2 255.255.255.255 eq telnet time-range time

permit tcp 172.16.1.2 255.255.255.255 172.16.2.1 255.255.255.255 eq telnet time-range time

7. 实验调试

（1）用“date”命令将系统时间调整到周一至周五的 8：00-18：00 范围内，然后再 PC0 上 telnet 路由器 R2 的端口地址，此时可以成功。

R1_config#date

The current date is 2004-01-01 06:56:48

Enter the new date(yyyy-mm-dd):2014-10-28

Enter the new time(hh:mm:ss):16:11:22

（2）用“date”命令将系统时间调整到周一至周五的 8：00-18：00 范围之外，然后再 PC0 上 telnet 路由器 R2 的端口地址，此时不可以成功。

（3）show time-range：用该命令查看定义的时间范围。

R1#show time-range

time-range entry: time (active)

periodic weekdays 08:00 to 18:00

以上输出表示该时间范围处于激活状态。

注意：在配置基于时间的 ACL 的时候，应首先定义时间段，然后在访问控制列表的规则中调用定义的时间段。

实验十八　网络地址转换

Internet 面临的两个关键问题是 IP 地址空间的缺乏和路由的度量。网络地址翻译（NAT）是一种允许一个组织的 IP 网络从外部看上去是使用不同的 IP 地址空间而不是它实际使用的地址空间的特性。这样，通过将这些地址转换到全局可路由的地址空间，NAT 允许一个具有非全局可路由地址的组织连接到 Internet。

1. NAT 应用

NAT 的应用主要有以下几种：

需要连接到 Internet 网上，但是并非所有主机都有唯一的全局 IP 地址。NAT 使得使用 IP 地址的私有 IP 网络能够连接到互联网上。NAT 一般在单连接域（即内部网络）上和公共网络（即 Internet）的边界路由器上配置。在发送报文到外部网络之前，NAT 将内部本地地址转换成全局唯一的 IP 地址。

必须改变内部地址。可以通过使用 NAT 完成地址的转换，而无需改变它们，因为那将费时太多。

要实现基本的 TCP 传输负载均衡。可以通过使用 TCP 负载分布特性将单个全局 IP 地址映射到多个本地 IP 地址。

作为连接问题的解决方案，只有在单连接的域中相对少的主机同时与域外通信时，NAT 有实用价值。此时，只有在需要和外部通信时，内部少量主机的 IP 才被转换成全局唯一的 IP 地址。当不再使用时这些地址又可以被重新使用。

2. NAT 的优点

NAT 的一个明显的优点是，在不需要改变主机或路由器的情况下可以进行配置。如上所述，如果在单连接域中的大量主机与域外通信，NAT 可能是不实用的。并且，某些使用嵌入式 IP 地址的应用，也不适用于 NAT 设备来进行翻译。这些应用可能不会透明地工作或者完全（不经翻译的）通过一个 NAT 设备。NAT 也能隐藏主机的标识，这可能是一个优点，也可能是一个缺点。

配置了 NAT 的路由器将至少有一个内部接口和一个外部接口。在一个典型的环境中，NAT 配置于单连接域和骨干域之间的出口路由器。当一个报文离开该域时，NAT 将本地有效源地址转换到全局唯一地址。当报文进入到该域时，NAT 将这个全局唯一目的地址转换到本地地址。如果存在多个出口点，每一个 NAT 必须有相同的转换表。如果地址用完了，软件不能分配一个地址，那么它就丢弃该报文，并发出一个主机不可达的 ICMP 报文。

配置了 NAT 的路由器不应该向外公布本地网络。然而，NAT 从外部收到的路由信息可以像通常那样在单域中公告。

3. NAT 术语

1）inside

术语 inside 是指某一组织机构所拥有的和必须进行转换的那些网络。在这个域中，主机将会有一个地址空间中的地址，而在域外，配置 NAT 时，它们会在另一个地址空间中拥有地址。第一个地址空间指的是局部地址空间，而第二个地址空间是全局地址空间。

2）outside

类似的，outside 是指单连接网络所连接的那些网络，一般不在一个组织的控制内。就像在后面将要讨论的那样，外部网络中的主机地址也可以/需要翻译为某个地址，并且可能有局部地址和全局地址。

总之，NAT 使用以下定义：

内部局部地址 ——在内部网络上一个主机分配到的 IP 地址。这个地址可能不是网络信息中心(NIC)或服务提供商所分配的合法 IP 地址。

内部全局地址 ——一个合法的 IP 地址（由 NIC 或服务供应商分配），向外部网络描述一个或多个本地 IP 地址。

外部局部地址 ——出现在内部网络的一个外部主机的 IP 地址。不一定是合法地址，它可以在内部网络中从可路由的地址空间进行分配。

外部全局地址 ——主机的拥有者在外部网络上分配给主机的 IP 地址。该地址可以从全局可路由地址或网络空间进行分配。

一、静态 NAT 配置

静态地址转换是最简单的一种转换方式，它在 NAT 表中为本地地址和全局地址之间建立一个固定的一对一的映射。这种方式主要用于内联网中建立的各种服务器，以确保外部主机对服务器的正确访问。如果使用动地址转换，那么内部服务器对外映射的合法地址会动态的改变，导致外部主机无法正确访问。

（一）实验内容

静态 NAT 配置。

（二）实验目的

（1）掌握 NAT 的工作原理；

（2）掌握静态 NAT 的特征；

（3）掌握静态 NAT 的基本配置和调试。

（三）实验器材

DCR3705 路由器 2 台、DCRS5200 交换机 2 台、PC 机。

（四）实验环境

如图 2-42 所示，网络中有两台路由器互联，其中 R1 和 R2 是通过以太网口连接，R1 和 R2 各自连接一个本地局域网，IP 地址分配如表 2-14 所示，要求在路由器 R1 上配置静态 NAT，将主机 PC1 和 PC2 的私有地址转换为 202.196.1.3 和 202.196.1.4 后访问服务器 Server0。整个网络使用 OSPF 动态路由协议保证 IP 连通性。

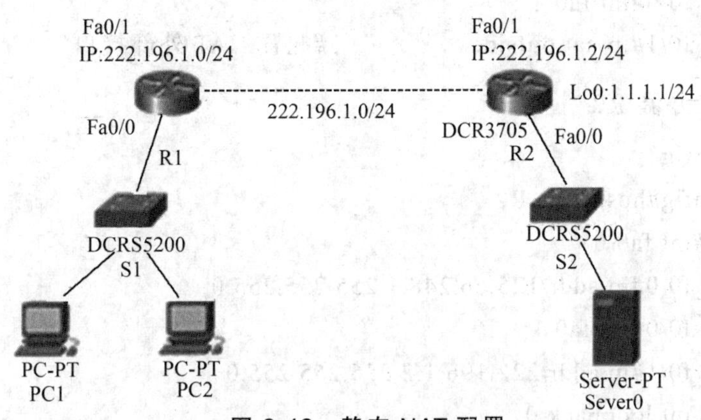

图 2-42　静态 NAT 配置

表 2-14　静态 NAT 配置 IP 地址分配表

设备	端口	描述	IP 地址	子网掩码	网关
R1	Fa0/1	连接 R2	202.196.1.1	255.255.255.0	
	Fa0/0	连接 S1	172.16.1.1	255.255.255.0	
R2	Fa0/1	连接 R1	202.196.1.2	255.255.255.0	
	Fa0/0	连接 S2	125.66.248.1	255.255.255.0	
	Lo0	回环地址	1.1.1.1	255.255.255.0	
PC1	NIC		172.16.1.2	255.255.255.0	172.16.1.1
PC2	NIC		172.16.1.3	255.255.255.0	172.16.1.1
Server0	NIC		125.66.248.2	255.255.255.0	125.66.248.1

（五）实验步骤

1. 配置路由器 R1

```
Router#config
Router_config#hostname R1
R1_config#int fa0/0
R1_config_f0/0#ip addr 172.16.1.1 255.255.255.0
R1_config_f0/1#ip addr 222.196.1.1 255.255.255.0
```

//配置路由器 R1 提供 NAT 服务

```
R1_config#ip nat inside source static 172.16.1.2 222.196.1.3   #配置静态 NAT 映射
R1_config#ip nat inside source static 172.16.1.3 222.196.1.4
```

//配置 OSPF 动态路由协议

```
R1_config#router ospf 1
R1_config_ospf_1#network 222.196.1.0 255.255.255.0 area 0
R1_config#int fa0/0
R1_config_f0/0#ip nat inside                    #配置 NAT 内部接口
R1_config_f0/0#int fa0/1
R1_config_f0/1#ip nat outside                   #配置 NAT 外部接口
```

2. 配置路由器 R2

```
Router#config
Router_config#hostname R2
R2_config#int fa0/0
R2_config_f0/0#ip addr 125.66.248.1 255.255.255.0
R2_config_f0/0#int fa0/1
R2_config_f0/1#ip addr 222.196.1.2 255.255.255.0
R2_config#int loopback 0
R2_config_l0#ip addr 1.1.1.1 255.255.255.0
```

//配置 OSPF 动态路由协议

```
R2_config#router ospf 1
R2_config_ospf_1#network 222.196.1.0 255.255.255.0 area 0
R2_config_ospf_1#network 125.66.248.0 255.255.255.0 area 0
R2_config_ospf_1#network 1.1.1.0 255.255.255.0 area 0
```

3. 查看 R1 和 R2 的路由表

1）R1 的路由表

```
R1_config_f0/1#show ip route
Codes: C - connected, S - static, R - RIP, B - BGP, BC - BGP connected
       D - BEIGRP, DEX - external BEIGRP, O - OSPF, OIA - OSPF inter area
       ON1 - OSPF NSSA external type 1, ON2 - OSPF NSSA external type 2
       OE1 - OSPF external type 1, OE2 - OSPF external type 2
       DHCP - DHCP type

VRF ID: 0

O      1.1.1.1/32            [110,2] via 222.196.1.2(on FastEthernet0/1)
```

O   125.66.248.0/24   [110,2] via 222.196.1.2(on FastEthernet0/1)

C   172.16.1.0/24   is directly connected, FastEthernet0/0

C   222.196.1.0/24   is directly connected, FastEthernet0/1

R2 的路由表

R2_config#show ip route

Codes: C - connected, S - static, R - RIP, B - BGP, BC - BGP connected

D - BEIGRP, DEX - external BEIGRP, O - OSPF, OIA - OSPF inter area

ON1 - OSPF NSSA external type 1, ON2 - OSPF NSSA external type 2

OE1 - OSPF external type 1, OE2 - OSPF external type 2

DHCP - DHCP type

VRF ID: 0

C   1.1.1.0/24   is directly connected, Loopback0

C   125.66.248.0/24   is directly connected, FastEthernet0/0

C   222.196.1.0/24   is directly connected, FastEthernet0/1

4. 实验调试

1）debug ip nat detail

该命令可以查看地址翻译的过程中的细节，包括报文的源、目的 IP 地址，协议、端口号，以及没有翻译成功的原因等。

在 PC1 和 PC2 上 ping 1.1.1.1（路由器 R2 的环回接口），此时应该是连通的。路由器 R1 的输出如下信息：

R1#debug ip nat detail

R1#2014-10-30 16:20:39 NAT FastEthernet0/1:TX. ICMP s=172.16.1.2-> 222.196.1.3, d=1.1.1.1 translated

2014-10-30 16:20:39 NAT FastEthernet0/1: RX. ICMP s=1.1.1.1, d=222.196.1.3-> 172.16.1.2 translated

2014-10-30 16:20:40 NAT FastEthernet0/1: TX. ICMP s=172.16.1.2->222.196.1.3, d=1.1.1.1 translated

2014-10-30 16:20:40 NAT FastEthernet0/1: RX. ICMP s=1.1.1.1, d=222.196.1.3-> 172.16.1.2 translated

2014-10-30 16:20:41 NAT FastEthernet0/1: TX. ICMP s=172.16.1.2->222.196.1.3, d=1.1.1.1 translated

2014-10-30 16:20:41 NAT FastEthernet0/1: RX. ICMP s=1.1.1.1, d=222.196.1.3-> 172.16.1.2 translated

……………………………

以上输出表明路由器 R1 在网络地址转换的过程中，首先把私有地址 172.16.1.2 转换成公网地址 222.196.1.3 访问地址 1.1.1.1，然后当数据包回来的时候把公网地址 222.196.1.3 转换成私有地址 172.16.1.2。

关闭 R1 的 NAT 调试信息。

R1#no debug ip nat detail

2）show ip nat translations

查看路由器 R1 的激活的 NAT 地址翻译。

R1#show ip nat translations

Pro. Dir	Inside local	Inside global	Outside local	Outside global
---- ---	172.16.1.2	222.196.1.3	---	---
---- ---	172.16.1.3	222.196.1.4	---	---

二、动态 NAT 配置

动态地址转换是较灵活的一种转换方式，它在本地和全局地址之间建立一个动态的映射，此时必须建立一个全局地址池，由路由器从全局地址池中选择一个未使用的地址对本地地址进行转换。每个转换条目在连接建立时动态建立，而在连接终止时被回收。这样，网络的灵活性增强，所需要的全局地址减少。必须注意的是：当全局地址池中的地址全部被占用以后，以后的地址转换申请将被拒绝，这样会造成网络连通性的问题，所以应使用超时操作选项来回收全局地址池中的地址。对于只向外访问而不允许外部网络访问的内部主机，就采用动态地址转换。

（一）实验内容

动态 NAT 配置。

（二）实验目的

（1）掌握动态 NAT 的特征；

（2）动态 NAT 的配置及调试。

（三）实验器材

DCR3705 路由器 2 台、DCRS5200 交换机 2 台、PC 机。

（四）实验环境

如图 2-43 所示，网络中有两台路由器互联，其中 R1 和 R2 是通过以太网口连接，R1 和 R2 各自连接一个本地局域网，IP 地址分配如表 2-15 所示，要求在路由器 R1 上配置动态 NAT，将 PC1、PC2 所在网段 172.16.1.0/24 的私有地址转换为地址池 222.196.1.3 ~ 222.196.1.100 中的一个地址后访问服务器 Server0。整个网络使用 OSPF 动态路由协议保证 IP 连通性。

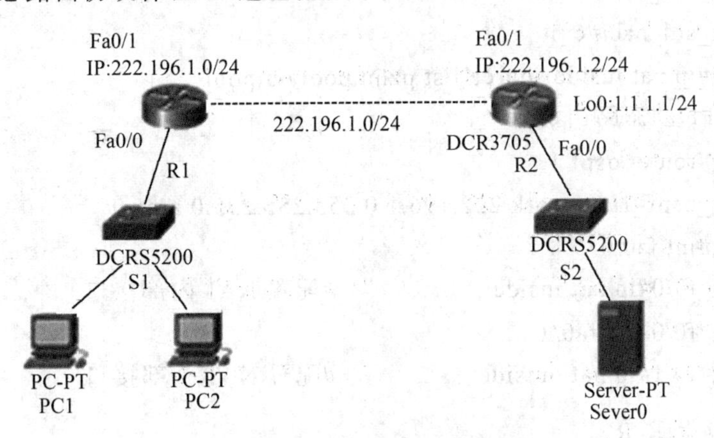

图 2-43 动态 NAT 配置

表 2-15 动态 NAT 配置 IP 地址分配表

设备	端口	描述	IP 地址	子网掩码	网关
R1	Fa0/1	连接 R2	202.196.1.1	255.255.255.0	
	Fa0/0	连接 S1	172.16.1.1	255.255.255.0	
R2	Fa0/1	连接 R1	202.196.1.2	255.255.255.0	
	Fa0/0	连接 S2	125.66.248.1	255.255.255.0	
	Lo0	回环地址	1.1.1.1	255.255.255.0	
PC1	NIC		172.16.1.2	255.255.255.0	172.16.1.1
PC2	NIC		172.16.1.3	255.255.255.0	172.16.1.1
Server0	NIC		125.66.248.2	255.255.255.0	125.66.248.1

（五）实验步骤

1. 配置路由器 R1

```
Router#config
Router_config#hostname R1
R1_config#int fa0/0
R1_config_f0/0#ip addr 172.16.1.1 255.255.255.0
R1_config_f0/1#ip addr 222.196.1.1 255.255.255.0
//配置路由器 R1 提供 NAT 服务
R1_config#ip nat pool outpool 222.196.1.3 222.196.1.100 255.255.255.0  #配置名
                                    称为 outpool，池中地址范围为
                                    222.196.1.3 到 222.196.1.100
R1_config#ip access-list standard pzhu
```

```
R1_config_std_nacl#permit 172.16.1.0 255.255.255.0
R1_config_std_nacl#exit
R1_config#ip nat inside source list pzhu pool outpool
//配置 OSPF 动态路由协议
R1_config#router ospf 1
R1_config_ospf_1#network 222.196.1.0 255.255.255.0 area 0
R1_config#int fa0/0
R1_config_f0/0#ip nat inside                #配置 NAT 内部接口
R1_config_f0/0#int fa0/1
R1_config_f0/1#ip nat outside               #配置 NAT 外部接口
```

2. 配置路由器 R2

```
Router#config
Router_config#hostname R2
R2_config#int fa0/0
R2_config_f0/0#ip addr 125.66.248.1 255.255.255.0
R2_config_f0/0#int fa0/1
R2_config_f0/1#ip addr 222.196.1.2 255.255.255.0
R2_config#int loopback 0
R2_config_l0#ip addr 1.1.1.1 255.255.255.0
//配置 OSPF 动态路由协议
R2_config#router ospf 1
R2_config_ospf_1#network 222.196.1.0 255.255.255.0 area 0
R2_config_ospf_1#network 125.66.248.0 255.255.255.0 area 0
R2_config_ospf_1#network 1.1.1.0 255.255.255.0 area 0
```

3. 查看 R1 和 R2 的路由表

1）R1 的路由表

```
R1_config_f0/1#show ip route
Codes: C - connected, S - static, R - RIP, B - BGP, BC - BGP connected
       D - BEIGRP, DEX - external BEIGRP, O - OSPF, OIA - OSPF inter area
       ON1 - OSPF NSSA external type 1, ON2 - OSPF NSSA external type 2
       OE1 - OSPF external type 1, OE2 - OSPF external type 2
       DHCP - DHCP type

VRF ID: 0

O      1.1.1.1/32             [110,2] via 222.196.1.2(on FastEthernet0/1)
```

```
O        125.66.248.0/24        [110,2] via 222.196.1.2(on FastEthernet0/1)
C        172.16.1.0/24          is directly connected, FastEthernet0/0
C        222.196.1.0/24         is directly connected, FastEthernet0/1
```

2）R2 的路由表

```
R2_config#show ip route
Codes: C - connected, S - static, R - RIP, B - BGP, BC - BGP connected
       D - BEIGRP, DEX - external BEIGRP, O - OSPF, OIA - OSPF inter area
       ON1 - OSPF NSSA external type 1, ON2 - OSPF NSSA external type 2
       OE1 - OSPF external type 1, OE2 - OSPF external type 2
       DHCP - DHCP type

VRF ID: 0

C        1.1.1.0/24             is directly connected, Loopback0
C        125.66.248.0/24        is directly connected, FastEthernet0/0
C        222.196.1.0/24         is directly connected, FastEthernet0/1
```

4. 实验调试

1）debug ip nat detail

该命令可以查看地址翻译的过程中的细节，包括报文的源、目的 IP 地址，协议，端口号以及没有翻译成功的原因等。

在 PC1 和 PC2 上 ping 1.1.1.1（路由器 R2 的环回接口），此时应该是连通的。路由器 R1 的输出如下信息：

```
R1#debug ip nat de
R1#2014-11-4 08:42:43 NAT FastEthernet0/1: TX. ICMP s=172.16.1.2->222.196.1.3, d=1.1.1.1 translated
2014-11-4 08:42:43 NAT FastEthernet0/1: RX. ICMP s=1.1.1.1, d=222.196.1.3->172.16.1.2 translated
2014-11-4 08:42:44 NAT FastEthernet0/1: TX. ICMP s=172.16.1.2->222.196.1.3, d=1.1.1.1 translated
2014-11-4 08:42:44 NAT FastEthernet0/1: RX. ICMP s=1.1.1.1, d=222.196.1.3->172.16.1.2 translated
2014-11-4 08:42:45 NAT FastEthernet0/1: TX. ICMP s=172.16.1.2->222.196.1.3, d=1.1.1.1 translated
2014-11-4 08:42:45 NAT FastEthernet0/1: RX. ICMP s=1.1.1.1, d=222.196.1.3->172.16.1.2 translated
2014-11-4 08:42:46 NAT FastEthernet0/1: TX. ICMP s=172.16.1.2->222.196.1.3,
```

d=1.1.1.1 translated

2014-11-4 08:42:46 NAT FastEthernet0/1: RX. ICMP s=1.1.1.1, d=222.196.1.3->172.16.1.2 translated

………………………………

以上输出表明路由器 R1 在网络地址转换的过程中，首先把私有地址 172.16.1.2 转换成公网地址 222.196.1.3 访问地址 1.1.1.1，然后当数据包回来的时候把公网地址 222.196.1.3 转换成私有地址 172.16.1.2。

关闭 R1 的 NAT 调试信息。

R1#no debug ip nat detail

2）show ip nat translations

查看路由器 R1 的激活的 NAT 地址翻译。

R1#show ip nat translations

Pro.	Dir	Inside local	Inside global	Outside local	Outside global
----	---	172.16.1.2	222.196.1.3	---	---

三、基于端口的 NAT 配置

端口地址转换（PAT，Port Address Translation）是指改变外出数据包的源端口并进行端口转换，又称端口多路复用。采用端口多路复用方式，内部网络的所有主机均可共享一个合法外部 IP 地址实现对 Internet 的访问，从而可以最大限度地节约 IP 地址资源。同时，又可隐藏网络内部的所有主机，有效避免来自 Internet 的攻击。端口地址转换首先是动态地址转换，是根据端口号和地址进行映射转换，允许多个局部地址同时共用一个全局地址，路由器会利用 TCP 或 UDP 端口号来唯一标识某台 IP 主机，是一对多的关系。

（一）实验内容

基于端口的 NAT 配置。

（二）实验目的

（1）掌握基于端口的 NAT 的特性；

（2）掌握 overload 的使用；

（3）掌握基于端口的 NAT 的配置与调试。

（三）实验器材

DCR3705 路由器 2 台、DCRS5200 交换机 2 台、PC 机。

（四）实验环境

如图 2-44 所示，网络中有两台路由器互联，其中 R1 和 R2 是通过以太网口连接，R1 和 R2 各自连接一个本地局域网，IP 地址分配如表 2-16 所示，要求在路由器 R1 上配置基于端口的 NAT，将 PC1、PC2 所在网段 172.16.1.0/24 的私有地址转换为地址池 222.196.1.3～222.196.1.100 中的地址后访问服务器 Server0。整个网络使用 OSPF 动态路由协议保证 IP 连通性。

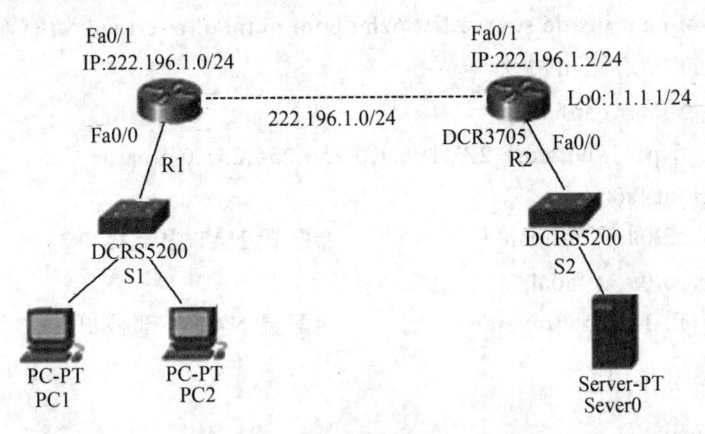

图 2-44 基于端口的 NAT 配置

表 2-16 IP 地址分配表

设备	端口	描述	IP 地址	子网掩码	网关
R1	Fa0/1	连接 R2	202.196.1.1	255.255.255.0	
	Fa0/0	连接 S1	172.16.1.1	255.255.255.0	
R2	Fa0/1	连接 R1	202.196.1.2	255.255.255.0	
	Fa0/0	连接 S2	125.66.248.1	255.255.255.0	
	Lo0	回环地址	1.1.1.1	255.255.255.0	
PC1	NIC		172.16.1.2	255.255.255.0	172.16.1.1
PC2	NIC		172.16.1.3	255.255.255.0	172.16.1.1
Server0	NIC		125.66.248.2	255.255.255.0	125.66.248.1

（五）实验步骤

1. 配置路由器 R1

```
Router#config
Router_config#hostname R1
R1_config#int fa0/0
R1_config_f0/0#ip addr 172.16.1.1 255.255.255.0
R1_config_f0/1#ip addr 222.196.1.1 255.255.255.0
//配置路由器 R1 提供 NAT 服务
R1_config#ip nat pool outpool 222.196.1.3 222.196.1.100 255.255.255.0          #配
```

置地址池名称为 outpool，池中地址范围为 222.196.1.3 到 222.196.1.100

```
R1_config#ip access-list standard pzhu
R1_config_std_nacl#permit 172.16.1.0 255.255.255.0
R1_config_std_nacl#exit
R1_config#ip nat inside source list pzhu pool outpool overload   #配置 PAT
//配置 OSPF 动态路由协议
R1_config#router ospf 1
R1_config_ospf_1#network 222.196.1.0 255.255.255.0 area 0
R1_config#int fa0/0
R1_config_f0/0#ip nat inside                   #配置 NAT 内部接口
R1_config_f0/0#int fa0/1
R1_config_f0/1#ip nat outside                  #配置 NAT 外部接口
```

2. 配置路由器 R2

```
Router#config
Router_config#hostname R2
R2_config#int fa0/0
R2_config_f0/0#ip addr 125.66.248.1 255.255.255.0
R2_config_f0/0#int fa0/1
R2_config_f0/1#ip addr 222.196.1.2 255.255.255.0
R2_config#int loopback 0
R2_config_l0#ip addr 1.1.1.1 255.255.255.0
//配置 OSPF 动态路由协议
R2_config#router ospf 1
R2_config_ospf_1#network 222.196.1.0 255.255.255.0 area 0
R2_config_ospf_1#network 125.66.248.0 255.255.255.0 area 0
R2_config_ospf_1#network 1.1.1.0 255.255.255.0 area 0
```

3. 查看 R1 和 R2 的路由表

1）R1 的路由表

```
R1_config_f0/1#show ip route
Codes: C - connected, S - static, R - RIP, B - BGP, BC - BGP connected
       D - BEIGRP, DEX - external BEIGRP, O - OSPF, OIA - OSPF inter area
       ON1 - OSPF NSSA external type 1, ON2 - OSPF NSSA external type 2
       OE1 - OSPF external type 1, OE2 - OSPF external type 2
       DHCP - DHCP type

VRF ID: 0
```

O　　1.1.1.1/32　　[110,2] via 222.196.1.2(on FastEthernet0/1)

O　　125.66.248.0/24　　[110,2] via 222.196.1.2(on FastEthernet0/1)

C　　172.16.1.0/24　　is directly connected, FastEthernet0/0

C　　222.196.1.0/24　　is directly connected, FastEthernet0/1

2）R2 的路由表

R2_config#show ip route

Codes: C - connected, S - static, R - RIP, B - BGP, BC - BGP connected

D - BEIGRP, DEX - external BEIGRP, O - OSPF, OIA - OSPF inter area

ON1 - OSPF NSSA external type 1, ON2 - OSPF NSSA external type 2

OE1 - OSPF external type 1, OE2 - OSPF external type 2

DHCP - DHCP type

VRF ID: 0

C　　1.1.1.0/24　　is directly connected, Loopback0

C　　125.66.248.0/24　　is directly connected, FastEthernet0/0

C　　222.196.1.0/24　　is directly connected, FastEthernet0/1

4. 实验调试

1）debug ip nat detail

该命令可以查看地址翻译的过程中的细节，包括报文的源、目的 IP 地址、协议，端口号以及没有翻译成功的原因等。

在 PC1 和 PC2 上 ping 125.66.248.2（PC2 的 IP 地址），此时应该是连通的。路由器 R1 的输出如下信息：

R1#debug ip nat detail

R1#2004-1-18 01:28:54 NAT FastEthernet0/1: TX. ICMP s=172.16.1.2:512-> 222.196.1.3:512, d=125.66.248.2:512 translated

2004-1-18 01:28:54 NAT FastEthernet0/1: RX. ICMP s=125.66.248.2:512, d=222.196.1.3:512-> 172.16.1.2:512 translated

2004-1-18 01:28:55 NAT FastEthernet0/1: TX. ICMP s=172.16.1.2:512-> 222.196.1.3:512, d=125.66.248.2:512 translated

2004-1-18 01:28:55 NAT FastEthernet0/1: RX. ICMP s=125.66.248.2:512, d=222.196.1.3:512->172.16.1.2:512 translated

2004-1-18 01:28:56 NAT FastEthernet0/1: TX. ICMP s=172.16.1.2:512-> 222.196.1.3:512, d=125.66.248.2:512 translated

2004-1-18 01:28:56 NAT FastEthernet0/1: RX. ICMP s=125.66.248.2:512, d=222.196.1.3:512->172.16.1.2:512 translated

2004-1-18 01:28:57 NAT FastEthernet0/1: RX. PROTO 89 s=222.196.1.2, d=224.0.0.5 no translation

2004-1-18 01:28:57 NAT FastEthernet0/1: TX. ICMP s=172.16.1.2:512-> 222.196.1.3:512, d=125.66.248.2:512 translated

2004-1-18 01:28:57 NAT FastEthernet0/1: RX. ICMP s=125.66.248.2:512, d=222.196.1.3: 512-> 172.16.1.2:512 translated

………………………………

以上输出表明路由器 R1 在网络地址转换的过程中，首先把私有地址 172.16.1.2 转换成公网地址 222.196.1.3 访问地址 125.66.248.2，然后当数据包回来的时候把公网地址 222.196.1.3 转换成私有地址 172.16.1.2，同时附带了原地址和目的地址的端口号 512。

关闭 R1 的 NAT 调试信息。

R1#no debug ip nat detail

2）show ip nat translations

查看路由器 R1 的激活的 NAT 地址翻译。

R1#show ip nat translations

```
Pro. Dir Inside local          Inside global      Outside local       Outside global
ICMP OUT172.16.1.2:512    222.196.1.3:512 125.66.248.2:512    125.66.248.2:512
```

实验十九　配置路由器 DHCP

1. DHCP 概述

DHCP(Dynamic Host Configuration Protocol,动态主机配置协议)协议为 Internet 上的主机提供了部分网络配置参数。DCR-3705 路由器上 DHCP 最主要的一项功能是分配接口上的 IP 地址。

DHCP 的工作过程如下：

（1）当 DHCP 客户机启动时，客户机在当前的子网中广播 DHCPDISCOVER 报文，向 DHCP 服务器申请一个 IP 地址。

（2）DHCP 服务器收到 DHCP DISCOVER 报文后，它将从那台主机的地址请求中为它提供一个尚未被分配出去的 IP 地址,并把提供的 IP 地址暂时标记为不可用。服务器以 DHCP OFFER 报文送回给主机。如果网络里包含有不止一个的 DHCP 服务器，则客户机可能收到好几个 DHCPOFFER 报文，客户机通常只承认第一个 DHCPOFFER。

（3）客户端收到 DHCPOFFER 后向服务器发送一个含有有关 DHCP 服务器提供的 IP 地址的 DHCPREQUEST 报文。如果客户端没有收到 DHCPOFFER 报文并且还记得以前的网络配置,此时使用以前的网络配置(如果该配置仍然在有效期限内)。

(4)DHCP 服务器向客户机发回一个包含它所提供的 IP 地址及其分配方案的一个应答报文(DHCPACK)。

(5)客户端接收到包含了配置参数的 DHCPACK 报文后，利用 ARP 检查网络上是否有相同的 IP 地址。如果检查通过，则客户机接收这个 IP 地址及其参数，如果发现有问题，客户机向服务器发送 DHCPDECLINE 信息，并重新开始中新的配置过程。服务器收到 DHCP DECLINE 信息，将该地址标为不可用。

(6)DHCP 服务器只能将那个 IP 地址分配给 DHCP 客户一定时间，DHCP 客户必须在该次租用过期前对它进行更新。客户机在 50%租借时间过去以后，每隔一段时间就开始 DHCP 服务器更新前租借。如果 DHCP 服务器应答，则租用延期；如果 DHCP 服务器始终没有应答，在有效租借期内，客户应该与任何一个其他的 DHCP 服务器通信，并请求更新它的配置信息。如果客户机不能和所有的 DHCP 服务器取得联系，租借时间到后，它必须放弃当前的 IP 地址并重新发送一个 DHCP DISCOVER 报文开始上述的 IP 地址获得过程。

(7)客户端可以主动向服务器发出 DHCPRELEASE 报文,将当前的 IP 地址释放。

DHCP 协议支持三种机制的 IP 地址分配机制:

自动分配——DHCP 服务器自动分配一个永久性的 IP 地址给某一客户端使用。

动态分配——DHCP 服务器分配一个 IP 地址给某一客户端使用一定的时间,或者直到该客户主动放弃该地址的使用权。

手工分配——DHCP 服务器管理员手工指定一个 IP 地址且通过 DHCP 协议传送给客户端使用。

DHCP 协议本身是基于 Server/Client 结构的，所以在 DHCP 运行环境中，存在 DHCP-Server 和 DHCP-Client:

DHCP-Server——用来发放、收回 DHCP 协议所涉及资源(如 IP 地址、租用时间等)的设备。

DHCP-Client——从 DHCP-Server 处获取 IP 地址等信息,并且用于本地系统的设备。

如上所述，对于 DHCP 信息动态分配的过程中，存在租用时间的概念:

租用时间——某个 IP 地址资源从分配开始计时的一段有效期，在该段时间之后，相应的 IP 地址资源将被 DHCP-Server 收回,若要继续使用,DHCP-Client 需要重新申请。

2. DHCP 应用

当存在以下需求时，可以使用 DHCP 协议:

如果需要为某一个以太网接口分配 IP 地址、网段及相关资源(如相应的网关),可以通过配置 DHCP 客户端来实现。

当路由器上有一个接口通过 PPP 和对端 A 设备相连,而另外有一个接口能够访问到 DHCP 时，可以通过 DHCP 协议，从 DHCP 服务器上获得一个 IP 地址并且通过 IPCP 给 A 设备分配该 IP 地址。

3. DHCP 的优点

在 DCR-3705 路由器当前软件版本中，支持 DHCP 客户端的功能，只有在以太网接口上支持该 DHCP 客户端功能，同时在所有类型接口上支持 DHCP 协议报文的处理。该功能的使用可以提供以下优点：

减少配置时间；

减少配置错误；

通过 DHCP 服务器集中控制路由器部分接口的 IP 地址。

一、DHCP 基本配置

（一）实验内容

配置路由器作为 DHCP 服务器。

（二）实验目的

（1）掌握 DHCP 的工作原理和工作过程；

（2）掌握 DHCP 服务器的基本配置和调试；

（3）掌握 DHCP 客户端的配置。

（三）实验器材

DCR-3705 路由器 1 台、DCRS-5200 交换机 1 台、PC 机、网线等。

（四）实验环境

实验拓扑结构如图 2-45 所示，要求将 DCR-3705 路由器 R1 配置为 DHCP 服务器，为网络中的 PC1 和 PC2 主机提供 DHCP 服务，为客户机分配 172.16.1.0/24 网段的 IP 地址，DNS 服务器 IP 地址为 61.139.2.69。

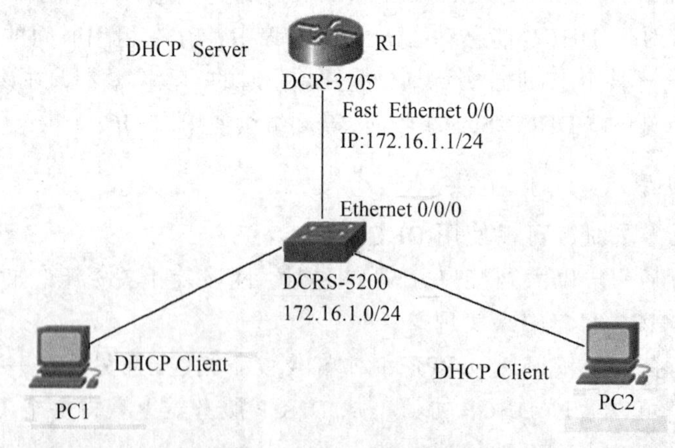

图 2-45　DHCP 基本配置

（五）实验步骤

1. 配置路由器 R1 提供 DHCP 服务

路由器启动后,输入默认的用户名和密码（均为 admin），进入普通用户模式。注意：DCRS-3705 路由器默认定义有名称为 dpool 的地址池，实验之前先删除 dpool 地址池。路由器默认已开启 DHCP Server 服务。

```
Router>enable
Router#config
Router_config#hostname R1                  #配置路由器名称为 R1
Router_config#no ip dhcpd pool dpool       #删除路由器默认的名称为 dpool 地址池
R1_config#ip dhcpd pool student1           #定义地址池名称为 student1
R1_config_dhcp#network 172.16.1.0 255.255.255.0
R1_config_dhcp#range 172.16.1.2 172.16.1.254    #配置 IP 地址范围
R1_config_dhcp#domain-name pzhu.edu.cn
R1_config_dhcp#dns-server 61.139.2.69  #配置 DNS 服务器
R1_config_dhcp#default-router 172.16.1.1     #配置默认网关
R1_config_dhcp#lease infinite              #定义租期，地址为永久分配
R1_config_dhcp#exit
R1_config#int fa0/0
R1_config_f0/0#ip addr 172.16.1.1 255.255.255.0
```

2. 设置 Windows 系统客户端

首先在 Windows 下把 TCP/IP 地址设置为自动获得（见图 2-46），如果 DHCP 服务器还提供 DNS 和 WINS 等，也把它们设置为自动获得。

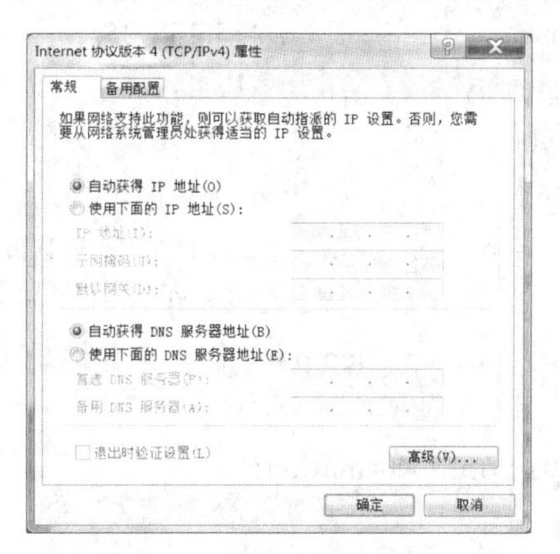

图 2-46　设置 TCP/IP 属性

3. 实验调试

（1）在"命令提示符"下，执行 ipconfig/renew 可以更新 IP 地址，而执行 ipconfig/all

可以查看到 IP 地址、WINS、DNS 和域名是否正确，要释放地址用 ipconfig/release 命令。

C:\Documents and Settings\Administrator>ipconfig/renew #更新 IP 地址

Windows IP Configuration

No operation can be performed on 无线网络连接 while it has its media disconnected.

Ethernet adapter 无线网络连接:

Media State . . . . : Media disconnected

Ethernet adapter 本地连接:

Connection-specific DNS Suffix . : pzhu.edu.cn

IP Address. . . . . : 172.16.1.2

Subnet Mask . . . . : 255.255.255.0

Default Gateway . . . . : 172.16.1.1

可以发现，更新后的 IP 地址为 172.16.1.2，网关为 172.16.1.1。

C:\Documents and Settings\Administrator>ipconfig/all #查看到 IP 地址、DNS、域名和租期等信息

Ethernet adapter 本地连接:

Connection-specific DNS Suffix . : pzhu.edu.cn

Description . . . . : Intel(R) 82577LC Gigabit Network Connection

Physical Address. . . . . : E8-9A-8F-7A-2E-EA

Dhcp Enabled. . . . . : Yes

Autoconfiguration Enabled . . . . : Yes

IP Address. . . . . : 172.16.1.2

Subnet Mask . . . . : 255.255.255.0

Default Gateway . . . . : 172.16.1.1

DHCP Server . . . . : 172.16.1.1

DNS Servers . . . . : 61.139.2.69

Lease Obtained. . . . . : 2016 年 3 月 1 日 9:33:41

Lease Expires . . . . : 2026 年 3 月 1 日 9:33:41

（2）在路由器上使用 show ip dhcp pool 命令查看地址池的信息。

R1#show ip dhcp pool

DHCP Server Address Pool Information:

Pool dpool :

Network : 192.168.2.0 255.255.255.0

Range : 192.168.2.10 - 192.168.2.255

Total address : 246

Leased address : 0

Abandoned address : 0

Available address : 246

Pool student1 :

Network : 172.16.1.0 255.255.255.0

Range : 172.16.1.2 - 172.16.1.254 #地址池中 IP 地址的范围

Total address : 253 #地址池中共有 253 个地址

Leased address : 1 #已经分配出去的地址个数，此处为 1 个

Abandoned address : 0

Available address : 252

可以发现，路由器上有两个地址池 dpool 和 sutduent1，其中 dpool 为 DCR-3705 路由器默认配置的地址池。

（3）在路由器上使用 show ip dhcp binding 命令用来查看 DHCP 的地址绑定情况。

R1#show ip dhcp binding

172.16.1.2 e8-9a-8f-7a-2e-ea automatic FRI JAN 03 17:27:39 2014

以上输出表明 DHCP 服务器自动分配给客户端的 IP 地址以及所对应的客户端的硬件地址。

二、DHCP 中继配置

（一）实验内容

在路由器上配置 DHCP 中继。

（二）实验目的

（1）掌握通过 DHCP 中继实现跨网络的 DHCP 服务的方法；

（2）掌握 DHCP 服务器的基本配置和调试；

（3）掌握 DHCP 客户端的配置。

（三）实验器材

DCR-3705 路由器 2 台、DCRS-5200 交换机 2 台、PC 机、网线等。

（四）实验环境

如图 2-47 所示，在本实验中，R1 担任 DHCP 服务器的角色，负责向 PC1 所在网络和 PC2 所在网络的主机动态分配 IP 地址，路由器 R1 上需要定义两个地址池（一个给 PC1 所在网段动态分配 IP 地址，另一个给 PC2 所在网段动态分配 IP 地址），在路由器 R2 上配置 DHCP 中继，使 PC2 所在网段能够动态获取路由器 R1 中配置

的地址池中的 IP 地址，交换机 S1 和 S2 不做任何配置,交换机与 PC、路由器连接时选择任一端口即可。整个网络运行静态路由协议，确保网络 IP 连通性。

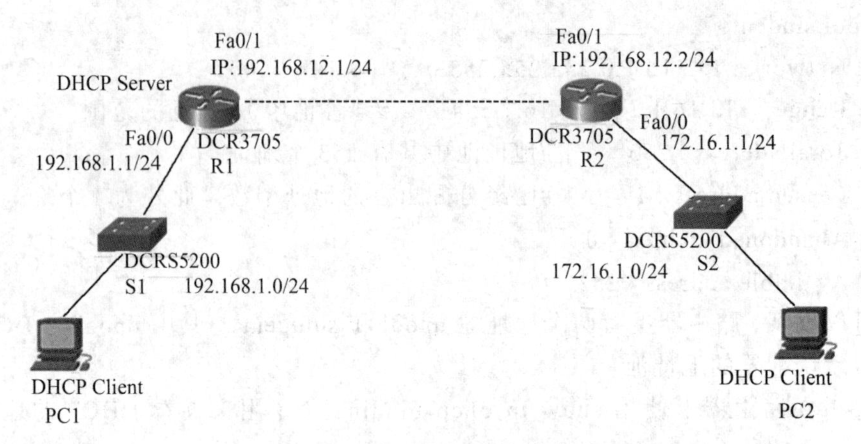

图 2-47　DHCP 中继

（五）实验步骤

1. 实验原理

1）DHCP 中继

DHCP 中继（DHCP Relay），也叫做 DHCP 中继代理（DHCP Relay Agent）。如果 DHCP 客户机与 DHCP 服务器在同一个物理网段，则客户机可以正确地获得动态分配的 IP 地址。如果不在同一个物理网段，则需要 DHCP 中继代理。用 DHCP 中继代理可以去掉在每个物理的网段都要有 DHCP 服务器的必要,它可以传递消息到不在同一个物理子网的 DHCP 服务器，也可以将服务器的消息传回给不在同一个物理子网的 DHCP 客户机。

2）DHCP 中继原理

当 DHCP 客户端启动并进行 DHCP 初始化时,它会在本地网络广播配置请求报文。

如果本地网络存在 DHCP 服务器，则可以直接进行 DHCP 配置，不需要 DHCP 中继。

如果本地网络没有 DHCP 服务器，则与本地网络相连的具有 DHCP 中继功能的网络设备收到该广播报文后，将进行适当处理并转发给指定的其他网络上的 DHCP 服务器。

DHCP 服务器根据 DHCP 客户端提供的信息进行相应的配置，并通过 DHCP 中继将配置信息发送给 DHCP 客户端，完成对 DHCP 客户端的动态配置。

事实上，从开始到最终完成配置，需要多个这样的交互过程。

DHCP 中继设备修改 DHCP 消息中的相应字段,把 DHCP 的广播包改成单播包，并负责在服务器与客户机之间转换。

DCR-3705 路由器可以作为 DHCP 中继代理。

2. 配置路由器 R1 提供 DCHP 服务功能以及到达其他网段的路由

路由器启动后，输入默认的用户名和密码（均为 admin），进入普通用户模式。注意，DCRS-3705 路由器默认定义有名称为 dpool 的地址池，实验之前先删除 dpool 地址池，路由器默认开启 DHCP Server 服务。

```
Username: admin
Password:
Router>
Router>enable                              #进入特权配置模式
Router#config
Router_config#hostname R1                  #配置路由器名称为 R1
Router_config#no ip dhcpd pool dpool       #删除路由器默认的名称为 dpool 地址池
Router_config#int fa0/2                    #进入端口配置模式
Router_config_f0/2#no ip address           #删除端口 fa0/2 的 IP 地址
Router_config_f0/2#exit
R1_config#ip dhcpd pool dpool192           #定义第一个地址池，名称为 dpool192
R1_config_dhcp#network 192.168.1.0 255.255.255.0   #配置用于自动分配的地
                                           址池的网络地址和子网掩码
R1_config_dhcp#range 192.168.1.2 192.168.1.254 #配置可分配的 IP 地址范围
R1_config_dhcp#default-router 192.168.1.1   #配置分配给客户端的默认路由
R1_config_dhcp#dns-server 192.168.1.254    #配置分配给客户端的 dns 服务器
                                           地址
R1_config_dhcp#lease infinite              #配置租期为无限
R1_config_dhcp#domain pzhu.edu.cn          #配置分配各客户机的域名为
                                           pzhu.edu.cn
R1_config#ip dhcpd pool dpool172           #定义第二个地址池，名称为 dpool172
R1_config_dhcp#network 172.16.1.0 255.255.255.0
R1_config_dhcp#range 172.16.1.2 172.16.1.254
R1_config_dhcp#domain-name pzhu.cn
R1_config_dhcp#default-router 172.16.1.1
R1_config_dhcp#dns-server 192.168.1.254
R1_config_dhcp#lease infinite
R1_config_dhcp#exit
R1_config#int fastEthernet 0/0
R1_config_f0/0#ip address 192.168.1.1 255.255.255.0    #配置端口的 IP 地址
R1_config_f0/0#int fastEthernet 0/1
R1_config_f0/1#ip address 192.168.12.1 255.255.255.0
R1_config_f0/1#exit
```

```
R1_config#ip route 172.16.1.0 255.255.255.0 192.168.12.2    #配置到达
                                            172.16.1.0/24 网段的静态路由，下一跳
                                            地址为 192.168.12.2
R1_config#^Z                                #按 Ctrl+Z 返回到特权模式
R1#Jan   1 00:29:19 Configured from console 0 by
R1#wr                                       #保存配置
Saving current configuration...
OK!
```

3. 路由器 R2 的 DHCP Relay 功能配置

输入路由器默认的用户名和密码（均为 admin），进入普通用户模式。注意，DCRS-3705 路由器默认定义有名称为 dpool 的地址池，实验之前先删除 dpool 地址池，路由器默认 DHCP Relay 功能已启用。

```
User Access Verification
Username: admin
Password:
Router>enable
Router#config
Router_config#hostname R2                   #配置路由器名称为 R2
R2_config#int fastEthernet 0/2
R2_config_f0/2#no ip address                #删除端口 fa0/2 的 IP 地址
R2_config_f0/2#exit
R2_config#no ip dhcpd pool dpool            #删除默认的 dpool 地址池
R2_config#int fastEthernet 0/0
R2_config_f0/0#ip address 172.16.1.1 255.255.255.0   #配置端口 fa0/0 的 IP 地址
R2_config_f0/0#ip helper-address 192.168.12.1    #配置帮助地址为
                                            192.168.12.1，将从 fastEthernet 0/0 中
                                            收到的 DHCP-Request 报文 relay 到
                                            192.168.12.1，同时把到达 fastEthernet
                                            0/0 端口的 DHCP-Reply 报文从
                                            fastEthernet 0/0 端口再发送出去
R2_config_f0/0#int fastEthernet 0/1         #进入 fastEthernet 0/1 端口配置模式
R2_config_f0/1#ip address 192.168.12.2 255.255.255.0      #配置端口 IP 地址
R2_config_f0/1#exit
R2_config#ip route 192.168.1.0 255.255.255.0 192.168.12.1      #配置到达
                                            192.168.1.0/24 网段的静态路由，下一
                                            跳地址为 192.168.12.1
```

```
R2_config#^Z                           #按 Ctrl+Z 返回到特权配置模式
R2#ping 192.168.12.1                   #测试路由器 R2 与路由器 R1 的连通性
R2#write                               #保存配置
Saving current configuration...
OK!
```

4. 实验调试

1）show ip dhcpd binding

在 PC1 和 PC2 上自动获取 IP 地址后，在 R1 上执行 show ip dhcpd binding，显示所有的地址绑定信息：

```
R1#show ip dhcpd binding
192.168.1.2       e8-9a-8f-a2-81-91      automatic TUE DEC 31 00:17:09 2013
172.16.1.2        8c-89-a5-93-e3-f3      automatic TUE DEC 31 00:36:48 2013
```

以上输出表明两个地址池都为相应的网络上的主机分配了对应网段 IP 地址，PC1 的 IP 地址为 192.168.1.2,PC2 的 IP 地址为 172.16.1.2。

2）show ip dhcp pool

显示 DHCPD 的地址池统计信息。在 R1 上使用 show ip dhcp pool，使用此命令来显示 DHCPD 的地址池信息，包括地址池的网络号、地址范围、已分配地址的数目、暂时废弃的地址的数目、可以用来分配的地址数目、手动分配的 IP 地址和硬件地址。

```
R1#show ip dhcp pool
DHCP Server Address Pool Information:
Pool dpool192 :
  Network : 192.168.1.0 255.255.255.0
  Range : 192.168.1.2 - 192.168.1.254
  Total address : 253
  Leased address : 1
  Abandoned address : 0
  Available address : 252
Pool dpool172 :
  Network : 172.16.1.0 255.255.255.0
  Range : 172.16.1.2 - 172.16.1.254
  Total address : 253
  Leased address : 1
  Abandoned address : 0
  Available address : 252
```

通过命令显示可以发现，地址池 dpool192 和 dpool172 的地址分配情况。

3）show ip interface

在路由器 R2 上使用 show ip interface 查看端口的 IP 配置信息及状态。

```
R2#show ip interface fastEthernet 0/0
FastEthernet0/0 is up, line protocol is up
  Internet address is 172.16.1.1/24
  Broadcast address is 172.16.1.255
  MTU is 1500 bytes
  Helper address is 192.168.12.1
……
```

从以上输出可以看到 fastEthernet 0/0 接口使用了帮助地址 192.168.12.1（Helper address is 192.168.12.1）。

4）网络连通性测试

在 PC2 上 ping PC1 的 IP 地址，测试网络的连通性。

```
C:\>ping 192.168.12.2
```

注意：路由器是不能转发“255.255.255.255”的广播，但是很多服务（如 DHCP 和 TFTP 等）的客户请求都是以泛洪广播的方式发起的，不可能在每个网段都配置这样的一台服务器，因此使用帮助地址（helper-address）特性是很好的选择。通过使用帮助地址，路由器可以被配置为接受对 UDP 服务的广播请求，然后将之以单点传送的方式发给某个具体的 IP 地址，或者以定向广播形式向某个网段转发这些请求，即为中继。

实验二十　SNMP 及 MRTG 网络管理软件的配置

MRTG(Multi Router Traffic,多路由流量图示器)是一个跨平台的监控网络链路流量负载的工具软件，目前它可以运行在大多数 Unix 系统和 Windows 系统之上，可以从所有运行 SNMP 协议的设备上(包括服务器、路由器、交换机等)抓取到信息，并自动生成包含 PNG 格式的图形以 HTML 文档方式显示给用户，以非常直观的形式显示流量负载。

SNMP（Simple Network Management Protocol，简单网络管理协议）是应用层协议，它提供了在 SNMP 管理端和代理之间进行通信的报文格式。SNMP 系统包括 SNMP 管理端（NMS）、SNMP 代理（AGENT）、管理信息库（MIB）3 个部分。

SNMP 管理端可以是网络管理系统（NMS，如 CiscoWorks）的一部分。代理和 MIB 驻留在路由器上。配置路由器上的 SNMP，需要定义管理端和代理间的关系。

SNMP 代理包含 MIB 变量，SNMP 管理端可以查询或改变这些变量的值。管理端可以从代理处得到变量值，或者把变量值存储到代理处。代理从 MIB 收集数据，MIB 是设备参数和网络数据的信息库。代理也能响应管理端的读取或设置数据的请求。SNMP 代理可以主动向管理端发送陷阱（trap）。陷阱是针对网络的某一条件而向 SNMP 管理端报警的消息，陷阱能指出不正确的用户认证、重启、链路状态（启动或关闭）、TCP 连接的关闭、与邻近路由器连接的丢失或其他重要的事件。

一、实验内容

MRTG 网络管理软件的配置。

二、实验目的

（1）掌握 MRTG 网络管理软件的使用；
（2）掌握交换机、路由器 SNMP 的配置。

三、实验器材

DCR3705 路由器 2 台、DCRS5200 交换机 2 台、PC 机、HOME WEB SERVER 或 IIS 服务器软件、MRTG 软件、Active Perl for Windows 软件、网线若干。

四、实验环境

配置环境如图 2-48 所示，用 DCR3705 路由器随机配送的标准 Console 线缆的水晶头一端插在其 Console 口上，另一端的 9 针接口插在 PC 机的 Com 口（串口）；DCR3705 路由器的 FastEthernet0/2 端口（IP 地址为 192.168.2.1/24）与 PC 服务器的网卡（IP 地址为 192.168.2.2/24）直接相连。要求在路由器 R1 上配置 SNMP，PC 服务器上配置 MRTG 管理管理工作站监控路由器 R1 的各个端口流量。

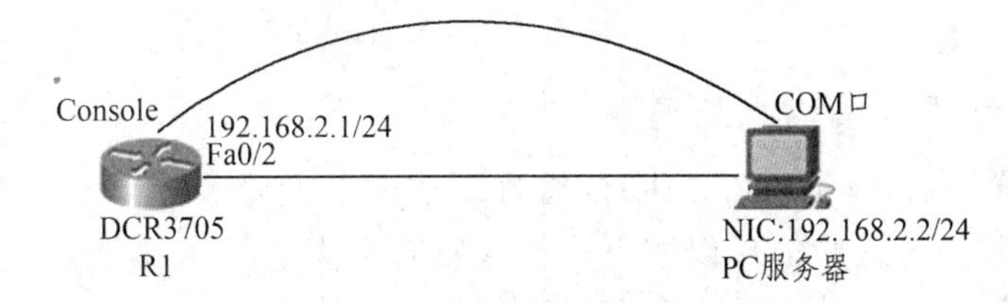

图 2-48　网络管理软件配置

五、实验步骤

（一）安装 MRTG

对网络设备进行流量监控时，首先要建立一台操作系统为 Windows 2003 Server 的 MRTG 管理工作站，同时需要在该工作站上安装 IIS 的 Web 服务（或者其他的

Web 服务），将数据流量以网页的形式来发布监控结果。由于 MRTG 是一个用 Perl 编译的 C 程序，Perl 主要在 Linux 和 Unix 系统下使用，而默认情况下 Perl 组件没有安装在 Windows 操作系统中，需要为管理工作站安装相应的 Perl 语言库（Active Perl）来解决支持脚本的问题。步骤如下：

（1）在管理工作站的 IIS 或 HOME WEB SERVER 中配置一个 Web 站点，用于发布 MRTG 监控信息，为了安全最好不要采用默认的发布目录，如：c:\www\mrtg。

（2）安装 Perl，在 Windows 系统中一般使用 Active Perl for Windows。进行安装时，提示"是否使用 PPM3 发送个人信息至 ASPN"，跳过即可。重新启动系统 Perl 生效。

（3）安装 MRTG 程序。由于 MRTG 是一个 Perl 编写的程序，所以不需要安装，下载后直接解压即可。如：C: \ mrtg 目录。

（二）监控设备路由器的配置

在管理工作站上安装了 MRTG 后，被监控设备路由器 R1 还需启用 SNMP 协议且配置接受 SNMP 的目的地址，此处路由器 R1 作为被监控设备，端口 IP 地址为 192.168.2.1。MRTG 管理工作站为监控设备，IP 地址为 192.168.2.2。

1. 路由器 R1 配置 SNMP

```
Router#conf t
Router#snmp-server community public RO     #定义具有读权限的团体访问字符
                                            串为 public
Router#snmp-server host 192.168.2.2 public  #指定陷阱消息的接收主机 IP 地
                                            址，团体名为 public
Router#snmp-server trap-source FastEthernet0/2  #指定陷阱消息的发送端口为
                                            Fa0/2
Router#snmp-server source-addr 192.168.2.1  #指定陷阱消息的发送 IP 地址为
                                            192.168.2.1
```

2. MRTG 管理工作站的配置

路由器配置好以后，需要在 MRTG 管理工作站上设置 MRTG 以便接收路由器上的 SNMP 信息，并将这些信息以网页的形式发布出去。具体设置为：

在 MRTG 管理工作站上进入命令提示符窗口，进入 c:\mrtg\bin 目录。

执行 cfgmaker，生成 cfg 文件，cfg 文件是用来保存设备各个端口信息的文件，MRTG 通过读取这个文件将流量监控得到的数据制作成网页。输入"perl cfgmaker public@192.168.2.1 -global "workdir: c:\www\mrtg" -output r3705.cfg"。其中，public 是团体名称，192.168.2.1 是 R1 的端口 IP 地址。

为了让 MRTG 全天 24 小时监控，同时每 5 分钟刷新一次流量统计，编辑 r3705.cfg 文件，在最后加入以下两行：

runasdaemon：yes

interval：5

利用 indexmaker 生成报表首页：

perl indexmaker r3705.cfg>c:\www\mrtg\index.html

启动 MRTG 进行监控，从“r3705.cfg”文件中读取配置并启动 MRTG 程序，同时记录日志信息到“r37051og”中：

perl mrtg —logging=r3705.log   r3705.cfg

（三）实验调试

打开浏览器，在地址栏输入 MRTG 管理工作站的 IP 地址，可以看到 MRTG 的监控页面，同时在命令提示符下 ping 路由器的端口 IP 地址，即 ping 192.168.2.1，隔一段时间刷新页面，可以看到如图 2-49 所示路由器 Fa0/2 端口的流量监控情况。

MRTG Index Page

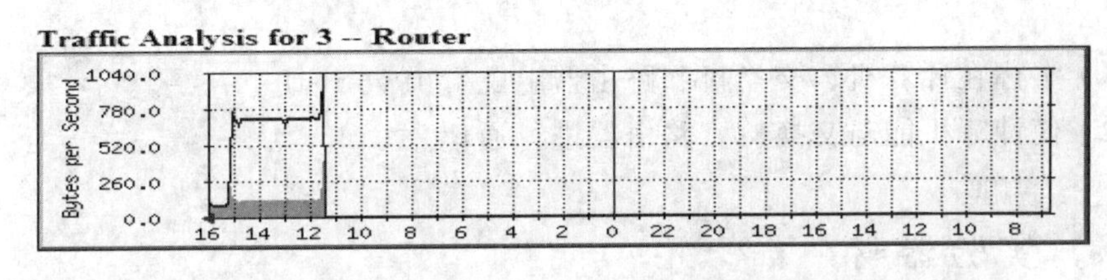

图 2-49　路由器端口流量监控效果

以上信息表示路由器 R1 的 Fa0/2 端口有流量进行收发，点击端口流量图可以查看端口更加详细的流量统计信息。

第三部分 IPv6 技术实验

实验一 IPv6 地址配置

一、实验内容

在计算机、交换机和路由器上配置 IPv6 地址。

二、实验目的

（1）掌握在计算机、交换机和路由器上配置 IPv6 地址；
（2）使计算机能与交换机、路由器进行通信。

三、实验器材

Window XP 及以上操作系统系统计算机 1 台，预装有 Packet Tracer 软件。

四、实验环境

如图 3-1 与图 3-2 所示，利用 Packet Tracer 软件分别将 PC 机与交换机或路由器按照图示拓扑结构连线，通过对 PC 机、交换机和路由器的配置，分别实现 PC0 与交换机 SwitchA 连通，PC1 与路由器 Router0 通信,路由器、交换机及 PC 机的 IP 地址分配如表 3-1 所示。注意路由器与 PC 机之间用交叉线连接。

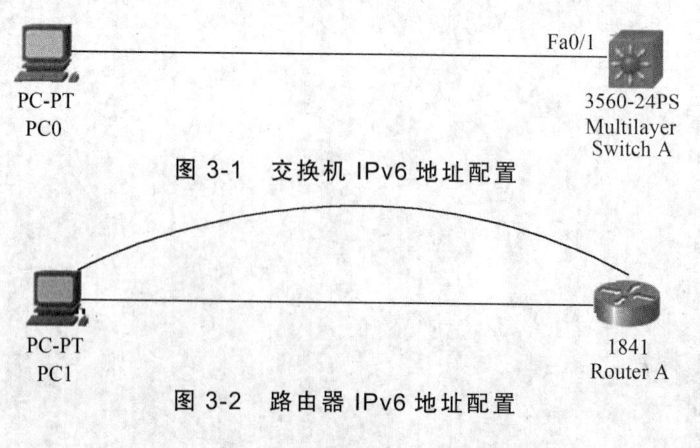

图 3-1 交换机 IPv6 地址配置

图 3-2 路由器 IPv6 地址配置

表 3-1 IPv6 地址规划

设备	接口	IPv6 地址	网关
PC0	网卡	FEC0：0：0：0：1001：：2/64	FEC0：0：0：0：1001：：1
SwitchA	Vlan10	FEC0：0：0：0：1001：：1/64	
PC1	网卡	FEC0：0：0：0：1001：：4/64	FEC0：0：0：0：1001：：3
Router0	Fa0/0	FEC0：0：0：0：1001：：3/64	

五、实验步骤

（一）设备连接

按照网络拓扑结构在 Packet Tracer 完成设备之间的连接。

（二）配置交换机 SwitchA

```
Switch>en                                        #进入特权模式
Switch#conf t                                    #进入全局配置模式
Enter configuration commands, one per line.  End with CNTL/Z.
SwitchA(config)#ipv6 unicast-routing             #全局启用 IPV6 单播路由功能
Switch(config)#hostname SwitchA                  #配置交换机名称为 SwitchA
SwitchA(config)#vlan 10                          #创建 VLAN 10，进入 VLAN 配置模式
SwitchA(config-vlan)#exit
SwitchA(config)#interface fastEthernet 0/1       #进入端口配置模式
SwitchA(config-if)#switchport access vlan 10 #将端口 Fa0/1 划分给 VLAN 10
SwitchA(config)#int vlan 10                      #进入 VLAN 10 虚拟接口配置模式
SwitchA(config-if)#ipv6 address fec0:0:0:0:1001::1/64      #给 VLAN 10 的虚拟
                                                 接口配置 IPv6 地址
SwitchA(config-if)#exit
SwitchA(config)#exit
SwitchA#show running-config                      #查看交换机的配置
SwitchA#write                                    #保存配置
```

（三）交换机与 PC 机连通性测试

配置计算机 PC0 的 IPv6 地址为 FEC0:0:0:0:1001::2/64，网关为 fec0:0:0:0:1001::1。在交换机的命令提示符下 ping 计算机 PC0 的 IPv6 地址 fec0:0:0:0:1001::2，在计算机 PC0 的命令提示符下 ping 交换机的 IPv6 地址 fec0:0:0:0:1001::1，测试他们之间的连通性。

注意，交换机的端口不能直接配置 IPv6 地址，IPv6 地址只能配置在某一个 VLAN

虚拟接口上，此处为 VLAN10 的虚拟接口。

（四）配置路由器 RouterA

```
Router>en                                    #进入路由器特权模式
Router#conf t                                #进入全局配置模式
Enter configuration commands, one per line.  End with CNTL/Z.
Router(config)#hostname RouterA              #配置路由器名称为 RouterA
RouterA(config)#ipv6 unicast-routing         #全局启用 IPv6 单播路由功能
RouterA(config)#int fastEthernet 0/0         #进入路由器 Fa0/0 端口配置模式
RouterA(config-if)#ipv6 address fec0:0:0:0:1001::3/64    #配置端口 IPv6 地址
RouterA(config-if)#no shut                   #激活端口，路由器端口默认为关闭
RouterA(config-if)#exit                      #返回全局配置模式
RouterA(config)#exit                         #返回特权模式
RouterA#show running-config                  #查看路由器配置
RouterA#write                                #保存当前配置
```

（五）路由器与 PC 机连通性测试

配置计算机 PC1 的 IPv6 地址为 FEC0:0:0:0:1001::4/64，网关为 fec0:0:0:0:1001::3。在路由器 RouterA 的命令提示符下 ping 计算机 PC1 的 IPv6 地址 fec0:0:0:0:1001::4，在计算机 PC1 的命令提示符下 ping 路由器 RouterA 的 IPv6 地址 fec0:0:0:0:1001::3，测试他们之间的连通性。

实验二　IPv6 静态路由配置

一、实验内容

配置 IPv6 静态路由。

二、实验目的

掌握在路由器上配置 IPv6 静态路由。

三、实验器材

装有 Windows 2000/XP 以上操作系统的计算机，有 Cisco Packet Tracer 软件。

四、实验环境

如图 3-3 所示，网络中有两台路由器互联，其中路由器 R1 和 R2 通过快速以太网连接，路由器 R1 连接本地局域网网段为 2001:250:2006:1::/64，R2 连接本地局域网网段为 2001:250:2006:3::/64。要求该网络使用静态路由使 PC0 能够与 PC1、PC2 相互通信，交换机不做任何配置。

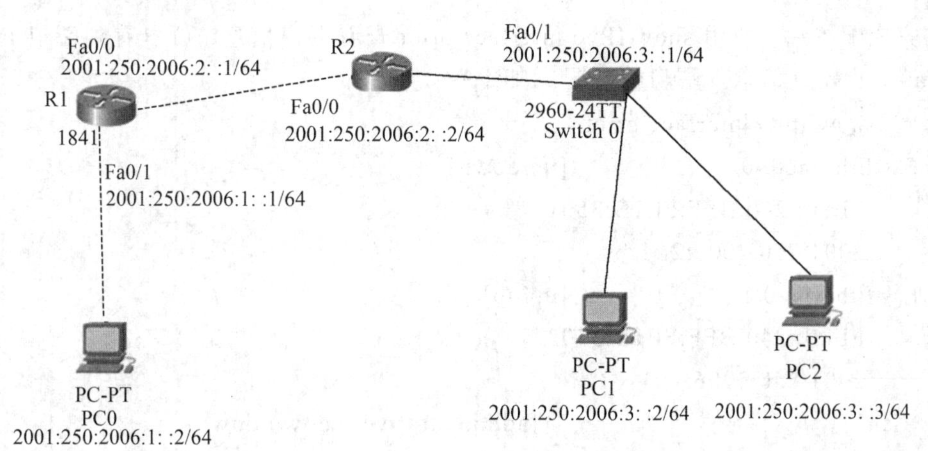

图 3-3　IPv6 静态路由配置

五、实验步骤

按照拓扑结构图连接路由器、交换机与 PC 机，交换机在此只是作为连接 PC 机与路由器用，不需要做任何配置。

（一）配置路由器 R1

```
Router>en
Router#conf t
Enter configuration commands, one per line.  End with CNTL/Z.
Router(config)#hostname R1                  #配置路由器名称为 R1
R1(config)#ipv6 unicast-routing             #全局启用 IPV6 单播路由功能
R1(config)#interface fastEthernet 0/1       #进入端口 fastEthernet 0/1 配置模式
R1(config-if)#ipv6 address 2001:250:2006:1::1/64 #配置 fastEthernet 0/1 端口
                                            IPv6 地址
R1(config-if)#no shut                       #启用端口，路由器端口默认为关闭状态
R1(config-if)#exit                              #退出端口配置模式
R1(config)#interface fa0/0                  #进入端口 fastEthernet 0/0 配置模式
R1(config-if)#ipv6 address 2001:250:2006:2::1/64 #配置 fastEthernet 0/1 端口
```

IPv6 地址

R1(config-if)#no shutdown #启用端口

按 Ctrl+Z 返回特权执行模式，输入 write 命令保存配置信息。

```
R1#wr
Saving current configuration...
OK!
```

完成配置后，使用 show IPv6 interface brief 查看端口信息，可以看到端口 Fa0/0 和 Fa0/1 的配置信息。端口信息显示如下：

```
R1#show ipv6 interface brief
FastEthernet0/0                [up/down]
      FE80::240:BFF:FE1B:3501
      2001:250:2006:2::1
FastEthernet0/1                [up/up]
      FE80::240:BFF:FE1B:3502
      2001:250:2006:1::1
Vlan1                          [administratively down/down]
R1#show running-config
```

使用 show ipv6 route 命令显示 ipv6 路由表信息，路由表信息显示如下：

```
R1#show ipv6 route
IPv6 Routing Table - 3 entries
Codes: C - Connected, L - Local, S - Static, R - RIP, B - BGP
       U - Per-user Static route, M - MIPv6
       I1 - ISIS L1, I2 - ISIS L2, IA - ISIS interarea, IS - ISIS summary
       O - OSPF intra, OI - OSPF inter, OE1 - OSPF ext 1, OE2 - OSPF ext 2
       ON1 - OSPF NSSA ext 1, ON2 - OSPF NSSA ext 2
       D - EIGRP, EX - EIGRP external
C    2001:250:2006:1::/64 [0/0]
      via ::, FastEthernet0/1
L    2001:250:2006:1::1/128 [0/0]
      via ::, FastEthernet0/1
L    FF00::/8 [0/0]
      via ::, Null0
```

可以看到，在路由器 R1 中，自动生成了到达网段 2001:250:2006:1::/64 的直连路由（以字母 C 标记的路由）。但是没有到达 2001:250:2006:2::/64 网段的直连路由，为什么？

（二）配置路由器 R2

```
Router#en                                    #进入路由器特权模式
Router#configure t                           #进入全局配置模式
Enter configuration commands, one per line.  End with CNTL/Z.
Router(config)#hostname R2                   #配置路由器名称为 R2
R2(config)#ipv6 unicast-routing              #全局启用 IPV6 单播路由功能
R2(config)#interface fastEthernet 0/0        #进入 fastEthernet 0/0 端口配置模式
R2(config-if)#ipv6 address 2001:250:2006:2::2/64  #配置端口 IPv6 地址
R2(config-if)#no shutdown                    #启用端口
R2(config-if)#exit                           #退出端口配置模式
R2(config)#interface fastEthernet 0/1        #进入 fastEthernet 0/1 端口配置模式
R2(config-if)#ipv6 address 2001:250:2006:3::1/64 #配置端口 IPv6 地址
R2(config-if)#no shut  #启用端口
%LINK-5-CHANGED: Interface FastEthernet0/1, changed state to up
```

按 CTRL+Z 返回特权执行模式，输入 write 命令保存配置信息。

```
R2#write
Building configuration...
[OK]
```

配置信息。端口信息显示如下：

```
R2#show ipv6 interface brief
FastEthernet0/0             [up/up]
    FE80::206:2AFF:FEAD:B501
    2001:250:2006:2::2
FastEthernet0/1             [up/up]
    FE80::206:2AFF:FEAD:B502
    2001:250:2006:3::1
Vlan1                       [administratively down/down]
R2#show running-config                       #查看路由器配置信息
```

使用 show ipv6 route 命令显示 ipv6 路由表信息，路由表信息显示如下：

```
R2#sh ipv6 route
IPv6 Routing Table - 5 entries
Codes: C - Connected, L - Local, S - Static, R - RIP, B - BGP
       U - Per-user Static route, M - MIPv6
       I1 - ISIS L1, I2 - ISIS L2, IA - ISIS interarea, IS - ISIS summary
       O - OSPF intra, OI - OSPF inter, OE1 - OSPF ext 1, OE2 - OSPF ext 2
       ON1 - OSPF NSSA ext 1, ON2 - OSPF NSSA ext 2
```

```
        D - EIGRP, EX - EIGRP external
C    2001:250:2006:2::/64 [0/0]
      via ::, FastEthernet0/0
L    2001:250:2006:2::2/128 [0/0]
      via ::, FastEthernet0/0
C    2001:250:2006:3::/64 [0/0]
      via ::, FastEthernet0/1
L    2001:250:2006:3::1/128 [0/0]
      via ::, FastEthernet0/1
L    FF00::/8 [0/0]
      via ::, Null0
```

可以看到，在路由器 R2 中，自动生成了到达网段 2001:250:2006:2::/64 和网段 2001:250:2006:3::/64 的直连路由（以字母 C 标记的路由）。

（三）配置计算机 PC0、PC1 和 PC2 的 IPv6 地址和网关，测试到网关的连通性

单击相应的 PC 机图标，在出现的对话框中选择 config 标签。单击 GLOBAL→Settings 选项，在 IPv6 GateWay 文本框中配置对应的网关。单击 INTERFACE→FastEthernet 选项，在 IPv6 Address 文本框中设置对应的网关及前缀，如图 3-4 所示。

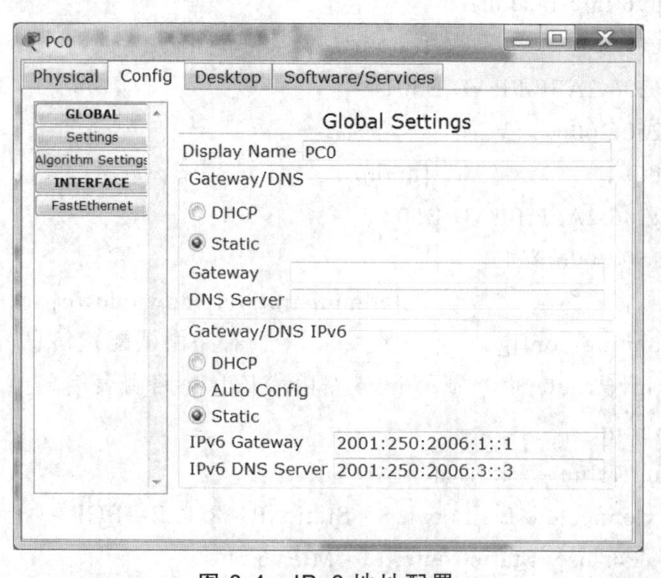

图 3-4　IPv6 地址配置

在 PC 的命令行状态下，ping 每台计算机对应的网关，测试到网关的连通性。

如图 3-5 所示，在 PC0 上运行 ping 命令。

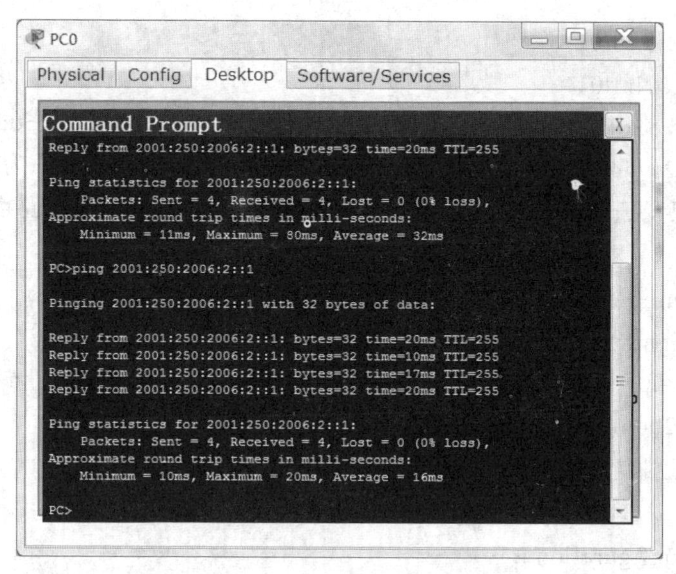

图 3-5　PC 机到网关连通性测试

（四）测试网络的连通性

在 PC0 上 ping PC1 和 PC2 的 IPv6 地址，测试网络连通性，会发现两个以太网段不能互通，提示 Destination host unreachable，为什么？

（五）配置静态路由

在特权模式下，显示 R1 的 IPv6 路由表信息：

```
R1#show ipv6 route
IPv6 Routing Table - 5 entries
Codes: C - Connected, L - Local, S - Static, R - RIP, B - BGP
       U - Per-user Static route, M - MIPv6
       I1 - ISIS L1, I2 - ISIS L2, IA - ISIS interarea, IS - ISIS summary
       O - OSPF intra, OI - OSPF inter, OE1 - OSPF ext 1, OE2 - OSPF ext 2
       ON1 - OSPF NSSA ext 1, ON2 - OSPF NSSA ext 2
       D - EIGRP, EX - EIGRP external
C    2001:250:2006:1::/64 [0/0]
      via ::, FastEthernet0/1
L    2001:250:2006:1::1/128 [0/0]
      via ::, FastEthernet0/1
C    2001:250:2006:2::/64 [0/0]
      via ::, FastEthernet0/0
L    2001:250:2006:2::1/128 [0/0]
      via ::, FastEthernet0/0
```

```
L     FF00::/8 [0/0]
        via ::, Null0
```

可以看到，路由器 R1 有两条以字母 C 标记的直连路由 2001:250:2006:1::/64 和 2001:250:2006:2::/64，增加了一条 2001:250:2006:2::/64 直连路由，为什么？

在 R1 上配置到达 R2 连接的 2001:250:2006:3::/64 网段的静态路由：

```
R1>en
R1#configure t
Enter configuration commands, one per line.   End with CNTL/Z.
R1(config)#ipv6 route 2001:250:2006:3::/64 2001:250:2006:2::2   #添加到达 IPv6 网段 2001:250:2006:3::/64 的静态路由
```

按 Ctrl+Z 返回特权执行模式，输入 write 命令保存配置信息。

```
R1#wr
Building configuration...
[OK]
```

在特权模式下显示 R1 的 IPv6 路由信息：

```
R1#show ipv6 route
IPv6 Routing Table - 6 entries
Codes: C - Connected, L - Local, S - Static, R - RIP, B - BGP
       U - Per-user Static route, M - MIPv6
       I1 - ISIS L1, I2 - ISIS L2, IA - ISIS interarea, IS - ISIS summary
       O - OSPF intra, OI - OSPF inter, OE1 - OSPF ext 1, OE2 - OSPF ext 2
       ON1 - OSPF NSSA ext 1, ON2 - OSPF NSSA ext 2
       D - EIGRP, EX - EIGRP external
C     2001:250:2006:1::/64 [0/0]
        via ::, FastEthernet0/1
L     2001:250:2006:1::1/128 [0/0]
        via ::, FastEthernet0/1
C     2001:250:2006:2::/64 [0/0]
        via ::, FastEthernet0/0
L     2001:250:2006:2::1/128 [0/0]
        via ::, FastEthernet0/0
S     2001:250:2006:3::/64 [1/0]
        via 2001:250:2006:2::2
L     FF00::/8 [0/0]
        via ::, Null0
```

可以看到路由器 R1 中，增加了一条到达 2001:250:2006:3::/64 网段的静态路由，以字母 S 标记。

在 R2 上配置到达 R1 连接的 2001:250:2006:1::/64 网段的静态路由：

R2>en

R2#configure t

Enter configuration commands, one per line.   End with CNTL/Z.

R2(config)#ipv6 route 2001:250:2006:1::/64 2001:250:2006:2::1   #添加到达 IPv6 网段 2001:250:2006:1::/64 的静态路由

按 Ctrl+Z 返回特权执行模式，输入 write 命令保存配置信息。

R2#wr   #保存配置

Building configuration...

[OK]

在特权模式下显示 R2 的 IPv6 路由信息：

```
R2#show ipv6 route
IPv6 Routing Table - 6 entries
Codes: C - Connected, L - Local, S - Static, R - RIP, B - BGP
       U - Per-user Static route, M - MIPv6
       I1 - ISIS L1, I2 - ISIS L2, IA - ISIS interarea, IS - ISIS summary
       O - OSPF intra, OI - OSPF inter, OE1 - OSPF ext 1, OE2 - OSPF ext 2
       ON1 - OSPF NSSA ext 1, ON2 - OSPF NSSA ext 2
       D - EIGRP, EX - EIGRP external
S   2001:250:2006:1::/64 [1/0]
     via 2001:250:2006:2::1
C   2001:250:2006:2::/64 [0/0]
     via ::, FastEthernet0/0
L   2001:250:2006:2::2/128 [0/0]
     via ::, FastEthernet0/0
C   2001:250:2006:3::/64 [0/0]
     via ::, FastEthernet0/1
L   2001:250:2006:3::1/128 [0/0]
     via ::, FastEthernet0/1
L   FF00::/8 [0/0]
     via ::, Null0
```

可以看到，在路由器 R1、R2 上手工配置了静态路由以后，比较之前的路由表发现在每台路由器中都增加了一条静态路由。此时再在 PC0、PC1 和 PC2 上用 ping 命令测试网络连通性。

静态路由配置时要注意，在 IPv6 规范中，不推荐使用聚合全球单播或本地站点地址作为下一跳地址，一般使用本地链路地址作为下一跳地址，但在配置本地地址作为一下跳时，在配置中必须指出路由器上相应的网络接口。

实验三　IPv6 RIPng 路由协议配置

一、实验内容

在路由器接口上配置 IPv6 地址，路由器之间配置 RIPng 动态路由协议。

二、实验目的

（1）掌握 RIPng 路由协议原理；
（2）掌握在路由器上配置 IPv6 RIPng 动态路由协议。

三、实验器材

装有 Windows 2000/XP 以上操作系统的计算机，有 Cisco Packet Tracer 软件。

四、实验环境

如图 3-6 所示，网络中有三台路由器 R1、R2、R3 通过以太网端口互联，路由器 R1 连接本地局域网网段为 2001:250:2006:1::/64，R3 连接本地局域网网段为 2001:250:2006:2::/64。要求在三台路由器之间运行 RIPng 动态路由协议使全网互通，PC1 能够 PC2 相互通信。

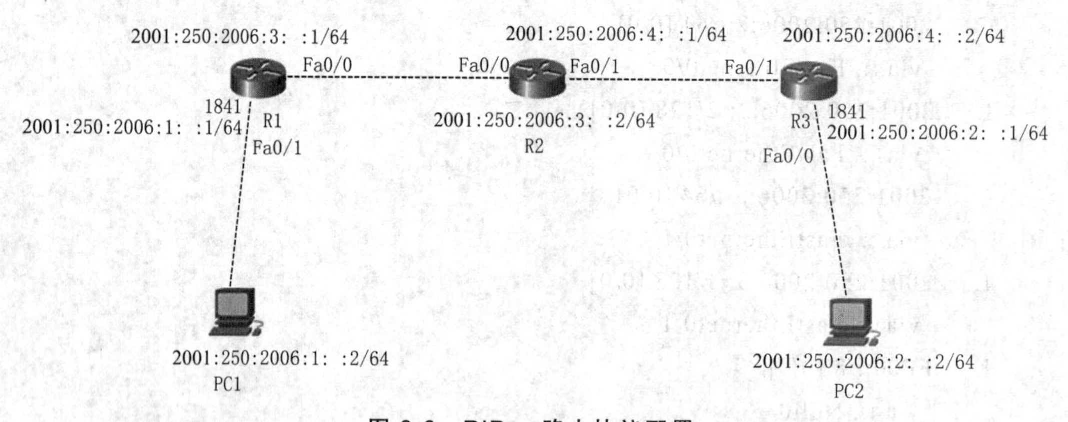

图 3-6　RIPng 路由协议配置

五、实验步骤

按照拓扑结构图完成路由器与路由器、路由器与 PC 机的连接，路由器与路由器、路由器与 PC 机之间均通过交叉线进行连接。

（一）路由器端口配置

1. 配置路由器 R1

Router>en #进入特权模式
Router#configure t #进入全局配置模式
Enter configuration commands, one per line. End with CNTL/Z.
Router(config)#hostname R1 #配置路由器名称为 R1
R1(config)#ipv6 unicast-routing #启用 IPv6 单播路由协议
R1(config)#interface fastEthernet 0/1 #进入端口配置模式
R1(config-if)#ipv6 address 2001:250:2006:1::1/64 #配置端口 IPv6 地址
R1(config-if)#no shutdown #启用端口
R1(config-if)#exit #退出端口配置模式，返回上一级模式
R1(config)#interface fa0/0
R1(config-if)#ipv6 address 2001:250:2006:3::1/64
R1(config-if)#no shut

按 Ctrl+Z 返回特权执行模式，输入 write 命令保存配置信息。

R1#wr
Building configuration...
[OK]

2. 配置路由器 R2

Router>en #进入特权模式
Router#conf t #进入全局配置模式
Enter configuration commands, one per line. End with CNTL/Z.
Router(config)#hostname R2 #配置路由器名称为 R2
R2(config)#ipv6 unicast-routing #启用 IPv6 单播路由协议
R2(config)#int fa0/0 #进入端口配置模式
R2(config-if)#ipv6 addr 2001:250:2006:3::2/64 #配置端口 IPv6 地址
R2(config-if)#no shut #启用端口
R2(config-if)#exit #退出端口配置模式，返回上一级模式
R2(config)#int fa0/1
R2(config-if)#ipv6 addr 2001:250:2006:4::1/64
R2(config-if)#no shut

按 Ctrl+Z 返回特权执行模式，输入 write 命令保存配置信息。

R2#wr
Building configuration...
[OK]

3. 配置路由器 R3

```
Router>en
Router#conf t
Enter configuration commands, one per line.   End with CNTL/Z.
Router(config)#hostname R3                    #配置路由器名称为 R3
R3(config)#ipv6 unicast-routing               #启用 IPv6 单播路由协议
R3(config)#int fa0/1                          #进入端口配置模式
R3(config-if)#ipv6 addr 2001:250:2006:4::2/64    #配置端口 IPv6 地址
R3(config-if)#no shut                         #启用端口
R3(config-if)#exit                            #退出端口配置模式，返回上一级模式
R3(config)#int fa0/0
R3(config-if)#ipv6 addr 2001:250:2006:2::1/64
R3(config-if)#no shut
```

按 Ctrl+Z 返回特权执行模式，输入 write 命令保存配置信息。

```
R3#wr
Building configuration...
[OK]
```

（二）测试路由器之间、PC1 与 PC2 之间的连通性

在路由器 R1 上 ping 路由器 R2 的 fa0/0 端口 IPv6 地址，在路由器 R2 上 ping 路由器 R3 的 fa0/1 端口 IPv6 地址，测试路由器之间的连通性。

```
R1#ping 2001:250:2006:3::2
R2#ping 2001:250:2006:4::2
```

给 PC1 与 PC2 配置对应的 IPv6 地址和网关，分别在 PC1 与 PC2 的命令提示符下 ping 对方的 IPv6 地址，查看返回信息，为什么会出现这样的结果？

（三）显示路由信息

在特权模式使用 show ipv6 route 显示各路由器的路由信息。

1. 路由器 R1 的 IPv6 路由表

```
R1#show ipv6 route
IPv6 Routing Table - 5 entries
Codes: C - Connected, L - Local, S - Static, R - RIP, B - BGP
       U - Per-user Static route, M - MIPv6
       I1 - ISIS L1, I2 - ISIS L2, IA - ISIS interarea, IS - ISIS summary
       O - OSPF intra, OI - OSPF inter, OE1 - OSPF ext 1, OE2 - OSPF ext 2
       ON1 - OSPF NSSA ext 1, ON2 - OSPF NSSA ext 2
```

```
        D - EIGRP, EX - EIGRP external
C    2001:250:2006:1::/64 [0/0]
      via ::, FastEthernet0/1
L    2001:250:2006:1::1/128 [0/0]
      via ::, FastEthernet0/1
C    2001:250:2006:3::/64 [0/0]
      via ::, FastEthernet0/0
L    2001:250:2006:3::1/128 [0/0]
      via ::, FastEthernet0/0
L    FF00::/8 [0/0]
      via ::, Null0
```

2. 路由器 R2 的 IPv6 路由表

```
R2#show ipv6 route
IPv6 Routing Table - 5 entries
Codes: C - Connected, L - Local, S - Static, R - RIP, B - BGP
        U - Per-user Static route, M - MIPv6
        I1 - ISIS L1, I2 - ISIS L2, IA - ISIS interarea, IS - ISIS summary
        O - OSPF intra, OI - OSPF inter, OE1 - OSPF ext 1, OE2 - OSPF ext 2
        ON1 - OSPF NSSA ext 1, ON2 - OSPF NSSA ext 2
        D - EIGRP, EX - EIGRP external
C    2001:250:2006:3::/64 [0/0]
      via ::, FastEthernet0/0
L    2001:250:2006:3::2/128 [0/0]
      via ::, FastEthernet0/0
C    2001:250:2006:4::/64 [0/0]
      via ::, FastEthernet0/1
L    2001:250:2006:4::1/128 [0/0]
      via ::, FastEthernet0/1
L    FF00::/8 [0/0]
      via ::, Null0
```

3. 路由器 R3 的 IPv6 路由表

```
R3#show ipv6 route
IPv6 Routing Table - 5 entries
Codes: C - Connected, L - Local, S - Static, R - RIP, B - BGP
        U - Per-user Static route, M - MIPv6
        I1 - ISIS L1, I2 - ISIS L2, IA - ISIS interarea, IS - ISIS summary
```

```
        O - OSPF intra, OI - OSPF inter, OE1 - OSPF ext 1, OE2 - OSPF ext 2
        ON1 - OSPF NSSA ext 1, ON2 - OSPF NSSA ext 2
        D - EIGRP, EX - EIGRP external
C    2001:250:2006:2::/64 [0/0]
      via ::, FastEthernet0/0
L    2001:250:2006:2::1/128 [0/0]
      via ::, FastEthernet0/0
C    2001:250:2006:4::/64 [0/0]
      via ::, FastEthernet0/1
L    2001:250:2006:4::2/128 [0/0]
      via ::, FastEthernet0/1
L    FF00::/8 [0/0]
      via ::, Null0
```

可以发现，在路由器 R1、R2 和 R3 中生成了两条以字母 C 标记的直连路由。

（四）路由协议 RIPng 配置

1. 配置路由器 R1 的 RIPng 动态路由协议

```
R1>en
R1#conf t
Enter configuration commands, one per line.   End with CNTL/Z.
R1(config)#ipv6 router rip pzhu        #在路由器上启用 ripng 路由信息协议，定义名称为 pzhu 的 RIPng 进程，同时进入路由配置模式
R1(config-rtr)#exit                #返回上一级模式
R1(config)#int fa0/1         #进入端口配置模式
R1(config-if)#ipv6 rip pzhu enable          #在接口启用 RIPng
R1(config-if)#exit
R1(config)#int fa0/0
R1(config-if)#ipv6 rip pzhu enable
R1(config-if)#end      #返回特权配置模式
R1#write
Building configuration...
[OK]
```

2. 配置路由器 R2 的 RIPng 动态路由协议

```
R2>en
R2#conf t
Enter configuration commands, one per line.   End with CNTL/Z.
```

```
R2(config)#ipv6 router rip pzhu
R2(config-rtr)#exit
R2(config)#int fa0/0
R2(config-if)#ipv6 rip pzhu enable
R2(config-if)#exit
R2(config)#int fa0/1
R2(config-if)#ipv6 rip pzhu enable
R2(config-if)#end
R2#wr
Building configuration...
[OK]
```

3. 配置路由器 R3 的 RIPng 动态路由协议

```
R3>en
R3#conf t
Enter configuration commands, one per line.   End with CNTL/Z.
R3(config)#ipv6 unicast-routing
R3(config)#ipv6 router rip pzhu
R3(config-rtr)#exit
R3(config)#int fa0/0
R3(config-if)#ipv6 rip pzhu en
R3(config-if)#exit
R3(config)#int fa0/1
R3(config-if)#ipv6 rip pzhu en
R3(config-if)#end
R3#wr
Building configuration...
[OK]
```

（五）查看路由器的路由表

使用 show ipv6 route 命令显示路由器 R1 的 IPv6 路由表。

```
R1#show ipv6 route
IPv6 Routing Table - 7 entries
Codes: C - Connected, L - Local, S - Static, R - RIP, B - BGP
       U - Per-user Static route, M - MIPv6
       I1 - ISIS L1, I2 - ISIS L2, IA - ISIS interarea, IS - ISIS summary
       O - OSPF intra, OI - OSPF inter, OE1 - OSPF ext 1, OE2 - OSPF ext 2
```

```
       ON1 - OSPF NSSA ext 1, ON2 - OSPF NSSA ext 2
       D - EIGRP, EX - EIGRP external
C   2001:250:2006:1::/64 [0/0]
     via ::, FastEthernet0/1
L   2001:250:2006:1::1/128 [0/0]
     via ::, FastEthernet0/1
R   2001:250:2006:2::/64 [120/3]
     via FE80::290:21FF:FE0D:5D01, FastEthernet0/0
C   2001:250:2006:3::/64 [0/0]
     via ::, FastEthernet0/0
L   2001:250:2006:3::1/128 [0/0]
     via ::, FastEthernet0/0
R   2001:250:2006:4::/64 [120/2]
     via FE80::290:21FF:FE0D:5D01, FastEthernet0/0
L   FF00::/8 [0/0]
     via ::, Null0
```

可以发现，与之前相比，路由器 R1 中生成了路由来源以字母 R 标记的两条路由信息。使用 show IPv6 route 查看路由器 R2 和 R3 的路由信息，与之前的路由信息对比显示结果。

分别在 PC1 与 PC2 的命令提示符下 ping 对方的 IPv6 地址，查看返回信息，分析结果。

实验四　IPv6 OSPF 动态路由协议配置

一、实验内容

在路由器接口上配置 IPv6 地址，路由器之间配置 OSPFv3 动态路由协议。

二、实验目的

（1）掌握 IPv6 OSPF 路由协议原理；

（2）掌握在路由器上配置 IPv6 OSPF 动态路由协议。

三、实验器材

装有 Windows 2000/XP 以上操作系统的计算机，有 Cisco Packet Tracer 软件。

四、实验环境

如图 3-7 所示，网络中有三台路由器 R1、R2、R3 通过以太网端口互联，路由器 R1 连接本地局域网网段为 2001:250:2006:1::/64，R3 连接本地局域网网段为 2001:250:2006:2::/64。要求在三台路由器之间运行 OSPFv3 动态路由协议使全网互通，PC1 能够与 PC2 相互通信。

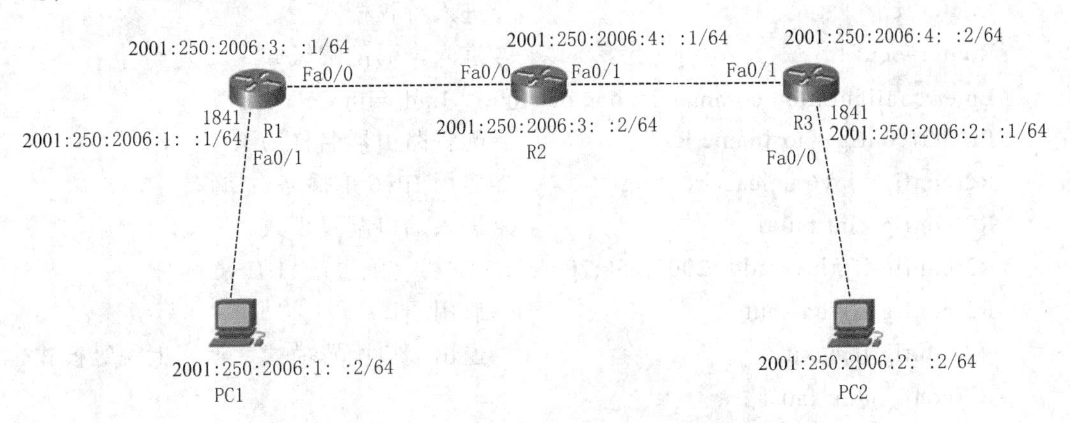

图 3-7 IPv6 OSPF 动态路由协议配置

五、实验步骤

按照拓扑结构图完成路由器与路由器、路由器与 PC 机的连接，路由器与路由器、路由器与 PC 机之间均通过交叉线进行连接。

（一）路由器端口配置

1. 配置路由器 R1

```
Router>en                                       #进入特权模式
Router#configure t                              #进入全局配置模式
Enter configuration commands, one per line.  End with CNTL/Z.
Router(config)#hostname R1                      #配置路由器名称为 R1
R1(config)#ipv6 unicast-routing                 #启用 ipv6 单播路由协议
R1(config)#interface fastEthernet 0/1           #进入端口配置模式
R1(config-if)#ipv6 address 2001:250:2006:1::1/64        #配置端口 IPv6 地址
R1(config-if)#no shutdown                       #启用端口
R1(config-if)#exit                              #退出端口配置模式，返回上一级模式
R1(config)#interface fa0/0
R1(config-if)#ipv6 address 2001:250:2006:3::1/64
R1(config-if)#no shut
```

按 Ctrl+Z 返回特权执行模式，输入 write 命令保存配置信息。

```
R1#wr
Building configuration...
[OK]
```

2. 配置路由器 R2

```
Router>en                                          #进入特权模式
Router#conf t                                      #进入全局配置模式
Enter configuration commands, one per line.  End with CNTL/Z.
Router(config)#hostname R2                         #配置路由器名称为 R2
R2(config)#ipv6 unicast-routing                    #启用 IPv6 单播路由协议
R2(config)#int fa0/0                               #进入端口配置模式
R2(config-if)#ipv6 addr 2001:250:2006:3::2/64      #配置端口 IPv6 地址
R2(config-if)#no shut                              #启用端口
R2(config-if)#exit                                 #退出端口配置模式，返回上一级模式
R2(config)#int fa0/1
R2(config-if)#ipv6 addr 2001:250:2006:4::1/64
R2(config-if)#no shut
```

按 Ctrl+Z 返回特权执行模式，输入 write 命令保存配置信息。

```
R2#wr
Building configuration...
[OK]
```

3. 配置路由器 R3

```
Router>en
Router#conf t
Enter configuration commands, one per line.  End with CNTL/Z.
Router(config)#hostname R3                         #配置路由器名称为 R3
R3(config)#ipv6 unicast-routing                    #启用 IPv6 单播路由协议
R3(config)#int fa0/1                               #进入端口配置模式
R3(config-if)#ipv6 addr 2001:250:2006:4::2/64      #配置端口 IPv6 地址
R3(config-if)#no shut                              #启用端口
R3(config-if)#exit                                 #退出端口配置模式，返回上一级模式
R3(config)#int fa0/0
R3(config-if)#ipv6 addr 2001:250:2006:2::1/64
R3(config-if)#no shut
```

按 Ctrl+Z 返回特权执行模式，输入 write 命令保存配置信息。

```
R3#wr
```

Building configuration...
[OK]

（二）测试路由器之间、PC1 与 PC2 之间的连通性

在路由器 R1 上 ping 路由器 R2 的 fa0/0 端口 IPv6 地址，在路由器 R2 上 ping 路由器 R3 的 fa0/1 端口 IPv6 地址，测试路由器之间的连通性。

```
R1#ping 2001:250:2006:3::2
R2#ping 2001:250:2006:4::2
```

给 PC1 与 PC2 配置对应的 IPv6 地址和网关，分别在 PC1 与 PC2 的命令提示符下 ping 对方的 IPv6 地址，查看返回信息，为什么会出现这样的结果？

（三）显示路由信息

在特权模式使用 show ipv6 route 显示各路由器的路由信息。

1. 路由器 R1 的 IPv6 路由表

```
R1#show ipv6 route
IPv6 Routing Table - 5 entries
Codes: C - Connected, L - Local, S - Static, R - RIP, B - BGP
       U - Per-user Static route, M - MIPv6
       I1 - ISIS L1, I2 - ISIS L2, IA - ISIS interarea, IS - ISIS summary
       O - OSPF intra, OI - OSPF inter, OE1 - OSPF ext 1, OE2 - OSPF ext 2
       ON1 - OSPF NSSA ext 1, ON2 - OSPF NSSA ext 2
       D - EIGRP, EX - EIGRP external
C   2001:250:2006:1::/64 [0/0]
     via ::, FastEthernet0/1
L   2001:250:2006:1::1/128 [0/0]
     via ::, FastEthernet0/1
C   2001:250:2006:3::/64 [0/0]
     via ::, FastEthernet0/0
L   2001:250:2006:3::1/128 [0/0]
     via ::, FastEthernet0/0
L   FF00::/8 [0/0]
     via ::, Null0
```

2. 路由器 R2 的 IPv6 路由表

```
R2#show ipv6 route
IPv6 Routing Table - 5 entries
Codes: C - Connected, L - Local, S - Static, R - RIP, B - BGP
```

```
       U - Per-user Static route, M - MIPv6
       I1 - ISIS L1, I2 - ISIS L2, IA - ISIS interarea, IS - ISIS summary
       O - OSPF intra, OI - OSPF inter, OE1 - OSPF ext 1, OE2 - OSPF ext 2
       ON1 - OSPF NSSA ext 1, ON2 - OSPF NSSA ext 2
       D - EIGRP, EX - EIGRP external
C   2001:250:2006:3::/64 [0/0]
     via ::, FastEthernet0/0
L   2001:250:2006:3::2/128 [0/0]
     via ::, FastEthernet0/0
C   2001:250:2006:4::/64 [0/0]
     via ::, FastEthernet0/1
L   2001:250:2006:4::1/128 [0/0]
     via ::, FastEthernet0/1
L   FF00::/8 [0/0]
     via ::, Null0
```

3. 路由器 R3 的 IPv6 路由表

```
R3#show ipv6 route
IPv6 Routing Table - 5 entries
Codes: C - Connected, L - Local, S - Static, R - RIP, B - BGP
       U - Per-user Static route, M - MIPv6
       I1 - ISIS L1, I2 - ISIS L2, IA - ISIS interarea, IS - ISIS summary
       O - OSPF intra, OI - OSPF inter, OE1 - OSPF ext 1, OE2 - OSPF ext 2
       ON1 - OSPF NSSA ext 1, ON2 - OSPF NSSA ext 2
       D - EIGRP, EX - EIGRP external
C   2001:250:2006:2::/64 [0/0]
     via ::, FastEthernet0/0
L   2001:250:2006:2::1/128 [0/0]
     via ::, FastEthernet0/0
C   2001:250:2006:4::/64 [0/0]
     via ::, FastEthernet0/1
L   2001:250:2006:4::2/128 [0/0]
     via ::, FastEthernet0/1
L   FF00::/8 [0/0]
     via ::, Null0
```

可以发现，在路由器 R1、R2 和 R3 中生成了两条以字母 C 标记的直连路由。

（四）动态路由协议 OSPFv3 配置

1. 配置路由器 R1 的 OSPFv3 动态路由协议

```
R1>en
R1#conf t
Enter configuration commands, one per line.   End with CNTL/Z.
R1(config-if)#exit
R1(config)#ipv6 router ospf 1               #启动 IPv6 的 OSPF 路由功能，进程号为 1
R1(config-rtr)#router-id 1.1.1.1            #指定 router-id 号为 1.1.1.1
R1(config-rtr)#exit
R1(config)#int fa0/0
R1(config-if)#ipv6 ospf 1 area 0            #在接口上启用 OSPF，指定为区域 0
R1(config-if)#exit
R1(config)#int fa0/1
R1(config-if)#ipv6 ospf 1 area 0            #在接口上启用 OSPF，指定为区域 0
R1(config-if)#end
R1#wr
Building configuration...
[OK]
```

2. 配置路由器 R2 的 OSPFv3 动态路由协议

```
R2>en
R2#conf t
Enter configuration commands, one per line.   End with CNTL/Z.
R2(config)#ipv6 router ospf 1               #启动 IPv6 的 OSPF 路由功能，进程号为 1
R2(config-rtr)#router-id 2.2.2.2            #指定 router-id 号为 2.2.2.2
R2(config-rtr)#exit
R2(config)#int fa0/0
R2(config-if)#ipv6 ospf 1 area 0            #在接口上启用 OSPF，设置 fa0/0 接口
                                            运行在 OSPF 区域 0
R2(config-if)#exit
R2(config)#int fa0/1
R2(config-if)#ipv6 ospf 1 area 0            #在接口上启用 OSPF，设置 fa0/1 接口
                                            运行在 OSPF 区域 0
R2(config-if)#end
R2#wr
Building configuration...
[OK]
```

3. 配置路由器 R3 的 OSPFv3 动态路由协议

```
R3>en
R3#conf t
Enter configuration commands, one per line.   End with CNTL/Z.
R3(config)#ipv6 router ospf 1             #启动 IPv6 的 OSPF 路由功能，进程号为 1
R3(config-rtr)#router-id 3.3.3.3          #指定 router-id 号为 3.3.3.3
R3(config-rtr)#exit
R3(config)#int fa0/0
R3(config-if)#ipv6 ospf 1 area 0          #在接口上启用 OSPF，设置 fa0/0 接口
                                          运行在 OSPF 区域 0
R3(config-if)#exit
R3(config)#int fa0/1
R3(config-if)#ipv6 ospf 1 area 0          #在接口上启用 OSPF，设置 fa0/1 接口
                                          运行在 OSPF 区域 0
R3(config-if)#end
R3#wr
Building configuration...
[OK]
```

（五）验证 R1,R2,R3 的邻居状态

在路由器 R1、R2 和 R3 特权模式下分别使用 show ipv6 ospf neighbor 验证 R1,R2,R3 的邻居状态。

```
R2#show ipv6 ospf neighbor
Neighbor ID     Pri   State           Dead Time   Interface ID   Interface
1.1.1.1           1   FULL/DR         00:00:36        1          FastEthernet0/0
3.3.3.3           1   FULL/BDR        00:00:35        2          FastEthernet0/1
R1#show ipv6 ospf neighbor
Neighbor  ID     Pri     State                 Dead  Time      Interface  ID
Interface
2.2.2.2           1   FULL/BDR        00:00:34    1       FastEthernet0/0
R3#show ipv6 ospf neighbor
Neighbor ID     Pri    State           Dead Time     Interface ID     Interface
2.2.2.2          1   FULL/DR         00:00:35      2             FastEthernet0/1
```

（六）查看各路由器路由表

使用 show ipv6 route 命令显示各路由器的 IPv6 路由表。

1. R1 的路由表

```
R1#show ipv6 route
IPv6 Routing Table - 7 entries
Codes: C - Connected, L - Local, S - Static, R - RIP, B - BGP
       U - Per-user Static route, M - MIPv6
       I1 - ISIS L1, I2 - ISIS L2, IA - ISIS interarea, IS - ISIS summary
       O - OSPF intra, OI - OSPF inter, OE1 - OSPF ext 1, OE2 - OSPF ext 2
       ON1 - OSPF NSSA ext 1, ON2 - OSPF NSSA ext 2
       D - EIGRP, EX - EIGRP external
C   2001:250:2006:1::/64 [0/0]
     via ::, FastEthernet0/1
L   2001:250:2006:1::1/128 [0/0]
     via ::, FastEthernet0/1
O   2001:250:2006:2::/64 [110/3]
     via FE80::290:21FF:FE0D:5D01, FastEthernet0/0
C   2001:250:2006:3::/64 [0/0]
     via ::, FastEthernet0/0
L   2001:250:2006:3::1/128 [0/0]
     via ::, FastEthernet0/0
O   2001:250:2006:4::/64 [110/2]
     via FE80::290:21FF:FE0D:5D01, FastEthernet0/0
L   FF00::/8 [0/0]
     via ::, Null0
```

2. R2 的路由表

```
R2#show ipv6 route
IPv6 Routing Table - 7 entries
Codes: C - Connected, L - Local, S - Static, R - RIP, B - BGP
       U - Per-user Static route, M - MIPv6
       I1 - ISIS L1, I2 - ISIS L2, IA - ISIS interarea, IS - ISIS summary
       O - OSPF intra, OI - OSPF inter, OE1 - OSPF ext 1, OE2 - OSPF ext 2
       ON1 - OSPF NSSA ext 1, ON2 - OSPF NSSA ext 2
       D - EIGRP, EX - EIGRP external
O   2001:250:2006:1::/64 [110/2]
     via FE80::20C:85FF:FE91:2D01, FastEthernet0/0
O   2001:250:2006:2::/64 [110/2]
     via FE80::2E0:F7FF:FE1C:9802, FastEthernet0/1
```

```
C      2001:250:2006:3::/64 [0/0]
        via ::, FastEthernet0/0
L      2001:250:2006:3::2/128 [0/0]
        via ::, FastEthernet0/0
C      2001:250:2006:4::/64 [0/0]
        via ::, FastEthernet0/1
L      2001:250:2006:4::1/128 [0/0]
        via ::, FastEthernet0/1
L      FF00::/8 [0/0]
        via ::, Null0
```

3. R3 的路由表

```
R3#show ipv6 route
IPv6 Routing Table - 7 entries
Codes: C - Connected, L - Local, S - Static, R - RIP, B - BGP
       U - Per-user Static route, M - MIPv6
       I1 - ISIS L1, I2 - ISIS L2, IA - ISIS interarea, IS - ISIS summary
       O - OSPF intra, OI - OSPF inter, OE1 - OSPF ext 1, OE2 - OSPF ext 2
       ON1 - OSPF NSSA ext 1, ON2 - OSPF NSSA ext 2
       D - EIGRP, EX - EIGRP external
O      2001:250:2006:1::/64 [110/3]
        via FE80::290:21FF:FE0D:5D02, FastEthernet0/1
C      2001:250:2006:2::/64 [0/0]
        via ::, FastEthernet0/0
L      2001:250:2006:2::1/128 [0/0]
        via ::, FastEthernet0/0
O      2001:250:2006:3::/64 [110/2]
        via FE80::290:21FF:FE0D:5D02, FastEthernet0/1
C      2001:250:2006:4::/64 [0/0]
        via ::, FastEthernet0/1
L      2001:250:2006:4::2/128 [0/0]
        via ::, FastEthernet0/1
L      FF00::/8 [0/0]
        via ::, Null0
```

与之前相比，路由器 R1、R2 和 R3 中生成了路由来源以字母 O 标记的两条路由信息。分别在 PC1 与 PC2 的命令提示符下 ping 对方的 IPv6 地址，查看返回信息，分析结果。

实验五　IPv6 ACL 的配置

一、实验内容

在路由器 R1 或 R3 上配置 ACL，使 PC1 不能与 PC3 通信。

二、实验目的

（1）掌握 IPv6 OSPF 路由协议配置；
（2）掌握在路由器上配置 IPv6 OSPF 动态路由协议；
（3）掌握 ACL 原理及其在路由器上的配置。

三、实验器材

装有 Windows 2000/XP 以上操作系统的计算机，装有 Cisco Packet Tracer 软件。

四、实验环境

如图 3-8 所示，网络中有三台路由器 R1、R2、R3 通过以太网端口互联，路由器 R1 连接本地局域网网段为 2001:250:2006:1::/64，R3 连接本地局域网网段为 2001:250:2006:2::/64。要求在三台路由器之间运行 OSPFv3 动态路由协议使全网互通，PC1 能够与 PC2 相互通信，然后在路由器 R1 或 R3 上配置 ACL，使 PC1 不能与 PC2 通信。

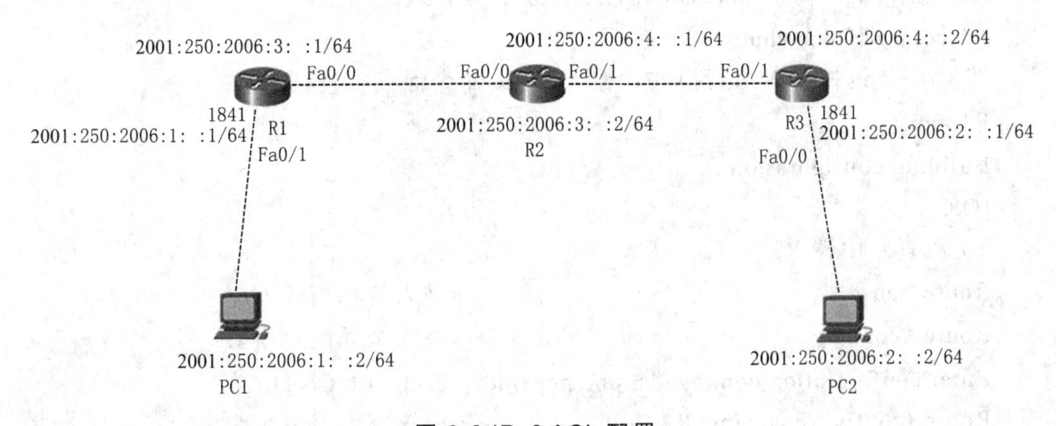

图 3-8 IPv6 ACL 配置

五、实验步骤

IPv6 ACL（Access Control Lists，访问控制列表）是路由器或交换机实现的一种根据 IPv6 三层及以上层信息进行数据包过滤的机制，通过允许或拒绝特定数据包进入网络，路由器或交换机可以对网络访问进行控制，有效保证网络的安全运行。用户可以于报文中的特定信息制定一组规则（rule），每条规则都描述了对匹配一定信息的数据包采取的动作：允许通过（permit）或拒绝通过（deny）。用户可以把这些规则应用到特定换机端口的入口，这样特定端口上特定方向的数据流就必须依照指定的 ACL 规则进入交换。

IPv6 ACL 可支持多条规则，仅对 IPv6 数据有效。

按照拓扑结构图完成路由器与路由器、路由器与 PC 机的连接，路由器与路由器、路由器与 PC 机之间均通过交叉线进行连接。

1. 路由器端口配置

1）配置路由器 R1

```
Router>en                                        #进入特权模式
Router#configure t                               #进入全局配置模式
Enter configuration commands, one per line.  End with CNTL/Z.
Router(config)#hostname R1                       #配置路由器名称为 R1
R1(config)#ipv6 unicast-routing                  #启用 IPv6 单播路由协议
R1(config)#interface fastEthernet 0/1            #进入端口配置模式
R1(config-if)#ipv6 address 2001:250:2006:1::1/64 #配置端口 IPv6 地址
R1(config-if)#no shutdown                        #启用端口
R1(config-if)#exit                               #退出端口配置模式,返回上一级模式
R1(config)#interface fa0/0
R1(config-if)#ipv6 address 2001:250:2006:3::1/64
R1(config-if)#no shut
```

按 Ctrl+Z 返回特权执行模式，输入 write 命令保存配置信息。

```
R1#wr
Building configuration...
[OK]
```

2）配置路由器 R2

```
Router>en                                        #进入特权模式
Router#conf t                                    #进入全局配置模式
Enter configuration commands, one per line.  End with CNTL/Z.
Router(config)#hostname R2                       #配置路由器名称为 R2
R2(config)#ipv6 unicast-routing                  #启用 IPv6 单播路由协议
```

```
R2(config)#int fa0/0                              #进入端口配置模式
R2(config-if)#ipv6 addr 2001:250:2006:3::2/64     #配置端口 IPv6 地址
R2(config-if)#no shut                             #启用端口
R2(config-if)#exit                                #退出端口配置模式,返回上一级模式
R2(config)#int fa0/1
R2(config-if)#ipv6 addr 2001:250:2006:4::1/64
R2(config-if)#no shut
```

按 Ctrl+Z 返回特权执行模式，输入 write 命令保存配置信息。

```
R2#wr
Building configuration...
[OK]
```

3）配置路由器 R3

```
Router>en
Router#conf t
Enter configuration commands, one per line.   End with CNTL/Z.
Router(config)#hostname R3                        #配置路由器名称为 R3
R3(config)#ipv6 unicast-routing                   #启用 IPv6 单播路由协议
R3(config)#int fa0/1                              #进入端口配置模式
R3(config-if)#ipv6 addr 2001:250:2006:4::2/64     #配置端口 IPv6 地址
R3(config-if)#no shut                             #启用端口
R3(config-if)#exit                                #退出端口配置模式,返回上一级模式
R3(config)#int fa0/0
R3(config-if)#ipv6 addr 2001:250:2006:2::1/64
R3(config-if)#no shut
```

按 Ctrl+Z 返回特权执行模式，输入 write 命令保存配置信息。

```
R3#wr
Building configuration...
[OK]
```

2. 测试路由器之间、PC1 与 PC2 之间的连通性

在路由器 R1 上 ping 路由器 R2 的 fa0/0 端口 IPv6 地址，在路由器 R2 上 ping 路由器 R3 的 fa0/1 端口 IPv6 地址，测试路由器之间的连通性。

```
R1#ping 2001:250:2006:3::2
R2#ping 2001:250:2006:4::2
```

给 PC1 与 PC2 配置对应的 IPv6 地址和网关，分别在 PC1 与 PC2 的命令提示符下 ping 对方的 IPv6 地址，查看返回信息，为什么会出现这样的结果？

3. 显示路由信息

在特权模式使用 show ipv6 route 显示各路由器的路由信息。

1）路由器 R1 的 IPv6 路由表

```
R1#show ipv6 route
IPv6 Routing Table - 5 entries
Codes: C - Connected, L - Local, S - Static, R - RIP, B - BGP
       U - Per-user Static route, M - MIPv6
       I1 - ISIS L1, I2 - ISIS L2, IA - ISIS interarea, IS - ISIS summary
       O - OSPF intra, OI - OSPF inter, OE1 - OSPF ext 1, OE2 - OSPF ext 2
       ON1 - OSPF NSSA ext 1, ON2 - OSPF NSSA ext 2
       D - EIGRP, EX - EIGRP external
C   2001:250:2006:1::/64 [0/0]
     via ::, FastEthernet0/1
L   2001:250:2006:1::1/128 [0/0]
     via ::, FastEthernet0/1
C   2001:250:2006:3::/64 [0/0]
     via ::, FastEthernet0/0
L   2001:250:2006:3::1/128 [0/0]
     via ::, FastEthernet0/0
L   FF00::/8 [0/0]
     via ::, Null0
```

2）路由器 R2 的 IPv6 路由表

```
R2#show ipv6 route
IPv6 Routing Table - 5 entries
Codes: C - Connected, L - Local, S - Static, R - RIP, B - BGP
       U - Per-user Static route, M - MIPv6
       I1 - ISIS L1, I2 - ISIS L2, IA - ISIS interarea, IS - ISIS summary
       O - OSPF intra, OI - OSPF inter, OE1 - OSPF ext 1, OE2 - OSPF ext 2
       ON1 - OSPF NSSA ext 1, ON2 - OSPF NSSA ext 2
       D - EIGRP, EX - EIGRP external
C   2001:250:2006:3::/64 [0/0]
     via ::, FastEthernet0/0
L   2001:250:2006:3::2/128 [0/0]
     via ::, FastEthernet0/0
C   2001:250:2006:4::/64 [0/0]
     via ::, FastEthernet0/1
L   2001:250:2006:4::1/128 [0/0]
```

```
    via ::, FastEthernet0/1
L   FF00::/8 [0/0]
    via ::, Null0
```

3）路由器 R3 的 IPv6 路由表

```
R3#show ipv6 route
IPv6 Routing Table - 5 entries
Codes: C - Connected, L - Local, S - Static, R - RIP, B - BGP
       U - Per-user Static route, M - MIPv6
       I1 - ISIS L1, I2 - ISIS L2, IA - ISIS interarea, IS - ISIS summary
       O - OSPF intra, OI - OSPF inter, OE1 - OSPF ext 1, OE2 - OSPF ext 2
       ON1 - OSPF NSSA ext 1, ON2 - OSPF NSSA ext 2
       D - EIGRP, EX - EIGRP external
C   2001:250:2006:2::/64 [0/0]
    via ::, FastEthernet0/0
L   2001:250:2006:2::1/128 [0/0]
    via ::, FastEthernet0/0
C   2001:250:2006:4::/64 [0/0]
    via ::, FastEthernet0/1
L   2001:250:2006:4::2/128 [0/0]
    via ::, FastEthernet0/1
L   FF00::/8 [0/0]
    via ::, Null0
```

可以发现，在路由器 R1、R2 和 R3 中生成了两条以字母 C 标记的直连路由。

4. 动态路由协议 OSPFv3 配置

1）配置路由器 R1 的 OSPFv3 动态路由协议

```
R1>en
R1#conf t
Enter configuration commands, one per line.  End with CNTL/Z.
R1(config-if)#exit
R1(config)#ipv6 router ospf 1              #启动 IPv6 的 OSPF 路由功能，进程号为 1
R1(config-rtr)#router-id 1.1.1.1           #指定 router-id 号为 1.1.1.1
R1(config-rtr)#exit
R1(config)#int fa0/0
R1(config-if)#ipv6 ospf 1 area 0           #在接口上启用 OSPF，指定为区域 0
R1(config-if)#exit
```

```
R1(config)#int fa0/1
R1(config-if)#ipv6 ospf 1 area 0              #在接口上启用OSPF，指定为区域0
R1(config-if)#end
R1#wr
Building configuration...
[OK]
```

2）配置路由器 R2 的 OSPFv3 动态路由协议

```
R2>en
R2#conf t
Enter configuration commands, one per line.  End with CNTL/Z.
R2(config)#ipv6 router ospf 1                 #启动IPv6的OSPF路由功能，进程
                                              号为1
R2(config-rtr)#router-id 2.2.2.2              #指定router-id号为2.2.2.2
R2(config-rtr)#exit
R2(config)#int fa0/0
R2(config-if)#ipv6 ospf 1 area 0              #在接口上启用OSPF，设置fa0/0接
                                              口运行在OSPF区域0
R2(config-if)#exit
R2(config)#int fa0/1
R2(config-if)#ipv6 ospf 1 area 0              #在接口上启用OSPF，设置fa0/1接
                                              口运行在OSPF区域0
R2(config-if)#end
R2#wr
Building configuration...
[OK]
```

3）配置路由器 R3 的 OSPFv3 动态路由协议

```
R3>en
R3#conf t
Enter configuration commands, one per line.  End with CNTL/Z.
R3(config)#ipv6 router ospf 1                 #启动IPv6的OSPF路由功能，进程
                                              号为1
R3(config-rtr)#router-id 3.3.3.3              #指定router-id号为3.3.3.3
R3(config-rtr)#exit
R3(config)#int fa0/0
R3(config-if)#ipv6 ospf 1 area 0              #在接口上启用OSPF，设置fa0/0接
                                              口运行在OSPF区域0
R3(config-if)#exit
```

```
R3(config)#int fa0/1
R3(config-if)#ipv6 ospf 1 area 0            #在接口上启用OSPF，设置fa0/1接
                                             口运行在OSPF区域0
R3(config-if)#end
R3#wr
Building configuration...
[OK]
```

5. 验证 R1,R2,R3 的邻居状态

在路由器 R1、R2 和 R3 特权模式下分别使用 show ipv6 ospf neighbor 验证 R1,R2,R3 的邻居状态。

```
R2#show ipv6 ospf neighbor
Neighbor ID     Pri   State         Dead Time   Interface ID    Interface
1.1.1.1          1    FULL/DR       00:00:36    1               FastEthernet0/0
3.3.3.3          1    FULL/BDR      00:00:35    2               FastEthernet0/1
R1#show ipv6 ospf neighbor
Neighbor ID     Pri   State         Dead Time   Interface ID    Interface
2.2.2.2          1    FULL/BDR      00:00:34    1               FastEthernet0/0
R3#show ipv6 ospf neighbor
Neighbor ID     Pri   State         Dead Time   Interface ID    Interface
2.2.2.2          1    FULL/DR       00:00:35    2               FastEthernet0/1
```

6. 查看各路由器路由表

使用 show ipv6 route 命令显示各路由器的 IPv6 路由表。

1）R1 的路由表

```
R1#show ipv6 route
IPv6 Routing Table - 7 entries
Codes: C - Connected, L - Local, S - Static, R - RIP, B - BGP
       U - Per-user Static route, M - MIPv6
       I1 - ISIS L1, I2 - ISIS L2, IA - ISIS interarea, IS - ISIS summary
       O - OSPF intra, OI - OSPF inter, OE1 - OSPF ext 1, OE2 - OSPF ext 2
       ON1 - OSPF NSSA ext 1, ON2 - OSPF NSSA ext 2
       D - EIGRP, EX - EIGRP external
C   2001:250:2006:1::/64 [0/0]
     via ::, FastEthernet0/1
L   2001:250:2006:1::1/128 [0/0]
     via ::, FastEthernet0/1
O   2001:250:2006:2::/64 [110/3]
```

```
        via FE80::290:21FF:FE0D:5D01, FastEthernet0/0
C    2001:250:2006:3::/64 [0/0]
        via ::, FastEthernet0/0
L    2001:250:2006:3::1/128 [0/0]
        via ::, FastEthernet0/0
O    2001:250:2006:4::/64 [110/2]
        via FE80::290:21FF:FE0D:5D01, FastEthernet0/0
L    FF00::/8 [0/0]
        via ::, Null0
```

2）R2 的路由表

```
R2#show ipv6 route
IPv6 Routing Table - 7 entries
Codes: C - Connected, L - Local, S - Static, R - RIP, B - BGP
       U - Per-user Static route, M - MIPv6
       I1 - ISIS L1, I2 - ISIS L2, IA - ISIS interarea, IS - ISIS summary
       O - OSPF intra, OI - OSPF inter, OE1 - OSPF ext 1, OE2 - OSPF ext 2
       ON1 - OSPF NSSA ext 1, ON2 - OSPF NSSA ext 2
       D - EIGRP, EX - EIGRP external
O    2001:250:2006:1::/64 [110/2]
        via FE80::20C:85FF:FE91:2D01, FastEthernet0/0
O    2001:250:2006:2::/64 [110/2]
        via FE80::2E0:F7FF:FE1C:9802, FastEthernet0/1
C    2001:250:2006:3::/64 [0/0]
        via ::, FastEthernet0/0
L    2001:250:2006:3::2/128 [0/0]
        via ::, FastEthernet0/0
C    2001:250:2006:4::/64 [0/0]
        via ::, FastEthernet0/1
L    2001:250:2006:4::1/128 [0/0]
        via ::, FastEthernet0/1
L    FF00::/8 [0/0]
        via ::, Null0
```

3）R3 的路由表

```
R3#show ipv6 route
IPv6 Routing Table - 7 entries
Codes: C - Connected, L - Local, S - Static, R - RIP, B - BGP
       U - Per-user Static route, M - MIPv6
```

```
       I1 - ISIS L1, I2 - ISIS L2, IA - ISIS interarea, IS - ISIS summary
       O - OSPF intra, OI - OSPF inter, OE1 - OSPF ext 1, OE2 - OSPF ext 2
       ON1 - OSPF NSSA ext 1, ON2 - OSPF NSSA ext 2
       D - EIGRP, EX - EIGRP external
O   2001:250:2006:1::/64 [110/3]
     via FE80::290:21FF:FE0D:5D02, FastEthernet0/1
C   2001:250:2006:2::/64 [0/0]
     via ::, FastEthernet0/0
L   2001:250:2006:2::1/128 [0/0]
     via ::, FastEthernet0/0
O   2001:250:2006:3::/64 [110/2]
     via FE80::290:21FF:FE0D:5D02, FastEthernet0/1
C   2001:250:2006:4::/64 [0/0]
     via ::, FastEthernet0/1
L   2001:250:2006:4::2/128 [0/0]
     via ::, FastEthernet0/1
L   FF00::/8 [0/0]
     via ::, Null0
```

与之前相比，路由器 R1、R2 和 R3 中生成了路由来源以字母 O 标记的两条路由信息。分别在 PC1 与 PC2 的命令提示符下 ping 对方的 IPv6 地址，查看返回信息，分析结果。

7. 在路由器 R3 上配置 ACL

R3>en

R3#conf t

Enter configuration commands, one per line. End with CNTL/Z.

R3(config)#ipv6 access-list test   #定义访问控制列表名称 test，进入 IPv6 ACL 配置模式

R3(config-ipv6-acl)#deny ipv6 host 2001:250:2006:1::2 any   #配置访问控制列表规则，拒绝 IP 为 2001:250:2006:1::2 的主机访问网络

R3(config-ipv6-acl)#exit

R3(config)#int fa0/0   #进入端口配置模式

R3(config-if)#ipv6 traffic-filter test out   #应用 IPv6 访问控制列表，注意 in/out 方向

R3(config-if)#end

R3#wr

8. 测试

检查网络连通性，在 PC1 的命令行提示符下 ping 计算机 PC2 的 IPv6 地址。

PC>ping 2001:250:2006:2::2

查看返回信息，分析结果。

第四部分　网络服务

实验一　Windows Server 2003 安装

一、实验内容

安装 Windows Server 2003 操作系统及设置。

二、实验目的

学习并掌握 Windows Server 2003 的安装、启动和关机方法。

三、实验器材

Windows Server 2003 的安装光盘、计算机。

四、实验步骤

Windows Server 2003 是微软公司开发的网络服务器操作系统，与以前的同类操作系统相比，它更加安全，性能更加稳定，而操作和使用却更加轻松，因此，它不仅能够安装到服务器上设置成为主域控制服务器、文件服务器等各种服务器，也能安装在局域网的客户机上，作为客户端系统使用，当然也可以安装到个人电脑中，成为更加稳定、更加安全、更容易使用的个人操作系统。

首先在启动计算机的时候进入 CMOS 设置，把系统启动选项改为光盘启动，保存配置后放入系统光盘，重新启动计算机，让计算机用系统光盘启动。

启动后，系统首先要读取必须的启动文件，如图 4-1 所示。接下来询问用户是否安装此操作系统，按回车确定安装，按 R 进行修复，按 F3 键退出安装。

这时，按下回车键确认安装，接下来出现软件的授权协议，必须按 F8 键同意其协议方能继续进行，下面将搜索系统中已安装的操作系统，并询问用户将操作系统安装到系统的哪个分区中，如果是第一次安装系统，那么用光标键选定需要安装的分区，如图 4-2 所示。

Windows Server 2003, Enterprise Edition 安装程序
欢迎使用安装程序。
这部分的安装程序准备在您的计算机上运行 Microsoft(R) Windows(R)。
要现在安装 Windows，请按 Enter 键。
要用“恢复控制台”修复 Windows 安装，请按 R。
要退出安装程序，不安装 Windows，请按 F3。
Enter=继续 R=修复 F3=退出

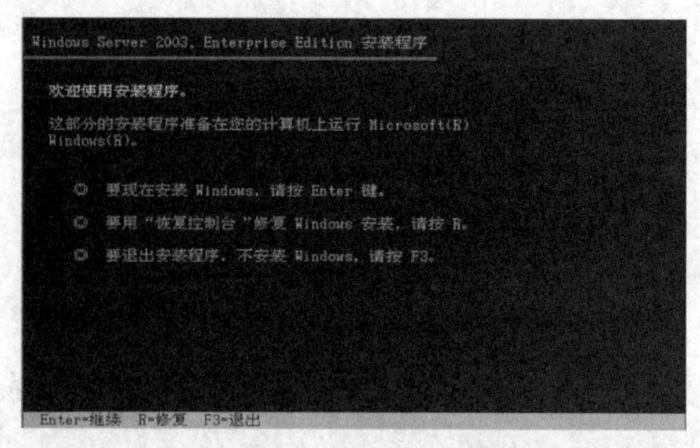

图 4-1　安装选择

Windows Server 2003, Enterprise Edition 安装程序
以下列表显示这台计算机上的现有磁盘分区
和尚未划分的空间。
用上移和下移箭头键选择列表中的项目。
要在所选项目上安装 Windows，请按 Enter。
要在尚未划分的空间中创建磁盘分区，请按 C。
删除所选磁盘分区，请按 D。
2048 MB Disk 0 at Id 0 on bus 0 on atapi [MBR]
C: 分区 1 [NTFS] 2044 MB (1440 MB 可用)
未划分的空间 4 MB
4095 MB Disk 0 at Id 1 on bus 0 on atapi [MBR]
未划分的空间 4095 MB
Enter=安装 C=创建磁盘分区 F3=退出

图 4-2　选择安装的分区

选定分区后，系统会询问用户把分区格式化成哪种分区格式，建议格式化为 NTFS 格式；对于已经格式化的磁盘，软件会询问用户是保持现有的分区还是重新将分区修改为 NTFS 或 FAT 格式的分区，同样建议修改为 NTFS 格式分区。选定后按回车，系统将从光盘复制安装文件到硬盘上。当安装文件复制完毕后，第一次重新启动计算机。

系统重新启动后，即进入窗口界面，如图 4-3 所示，开始正式安装。在安装过程中，由于系统要检测硬件设备，所以屏幕会抖动几次，这是正常的。

Windows
收集信息
动态更新
准备安装
完成安装
可伸缩性满足了您的业务需求
正在安装设备

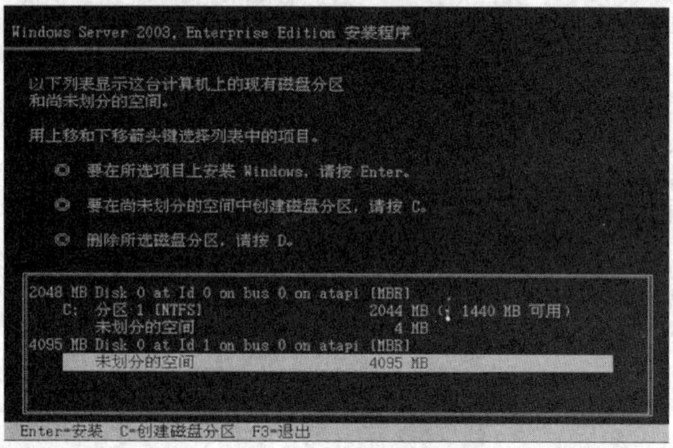

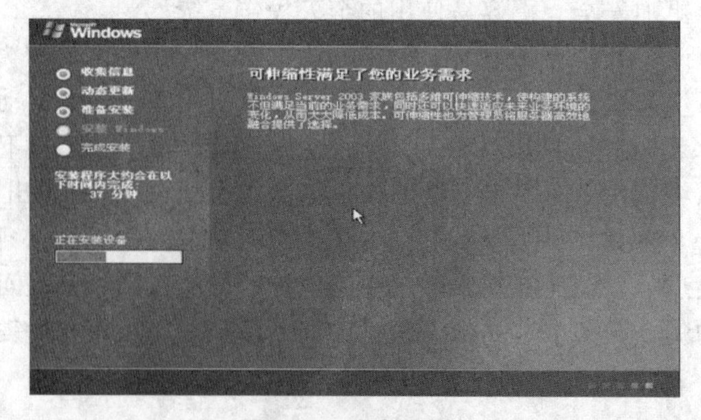

图 4-3　准备安装

在安装过程中，有几步需要用户参与。第一次是系统语言、用户信息的配置，如图 4-4 所示，一般说来，只要使用默认设置即可，直接点击“下一步”按钮即可进行。

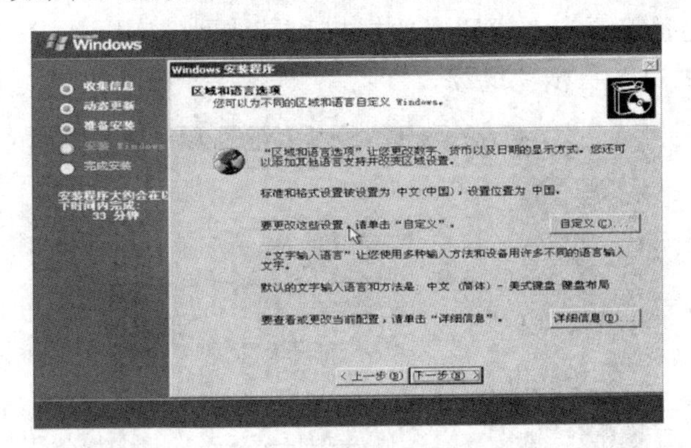

图 4-4　区域与语言选择

下面输入用户的姓名和单位名称，如图 4-5 所示，输入完毕后点击“下一步”按钮继续。

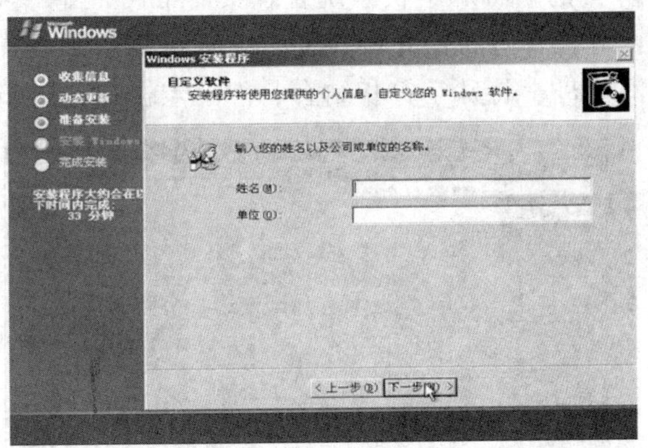

图 4-5　输入用户信息

接下来输入软件的序列号，在光盘的封套或者说明书中找到其序列号，输入到如图 4-6 所示的“产品密钥”输入框中，点击“下一步”继续。

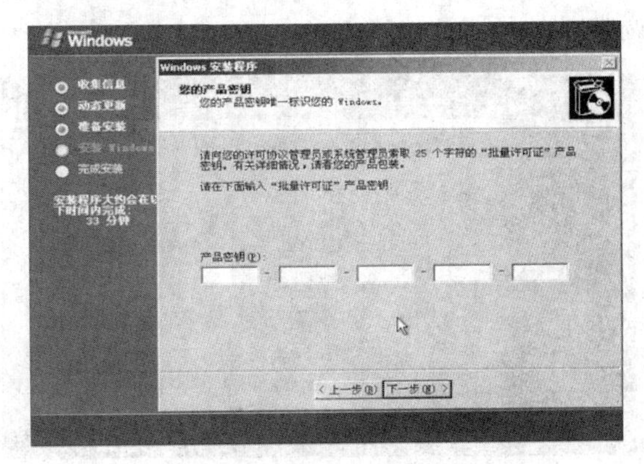

图 4-6　输入序列号

第二次是关于网络方面的设置，如图 4-7 所示，对于单机用户和局域网客户端来说，直接点击“下一步”按钮继续即可，但对于服务器来说，要设置此服务器供多少客户端使用，此时需要参考说明书的授权和局域网的实际情况，输入客户端数量。设置完毕后，点击“下一步”继续。

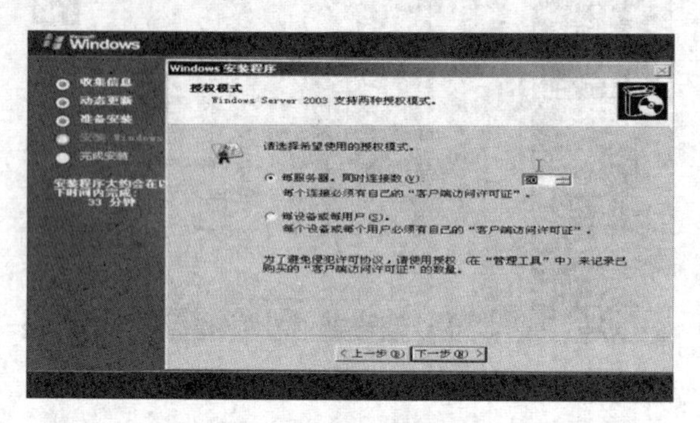

图 4-7　客户端数量

下面是设置计算机的名称和本机系统管理员的密码，如图 4-8 所示，计算机的名称不能与局域网内其他计算机的名称相同，管理员的密码设置要安全，最好是数字、大写字母、小写字母、特殊字符相结合，然后点击“下一步”继续。

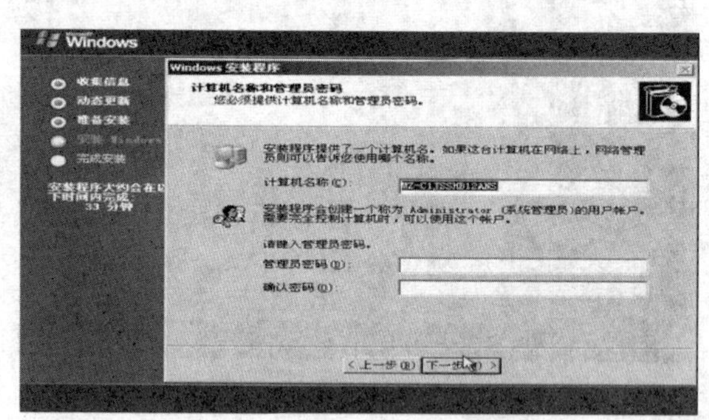

图 4-8　系统管理员设置

下面是系统关于网络的设置，如图 4-9 所示，在这里可以选择“典型设置”，在安装完毕后再进行调整。

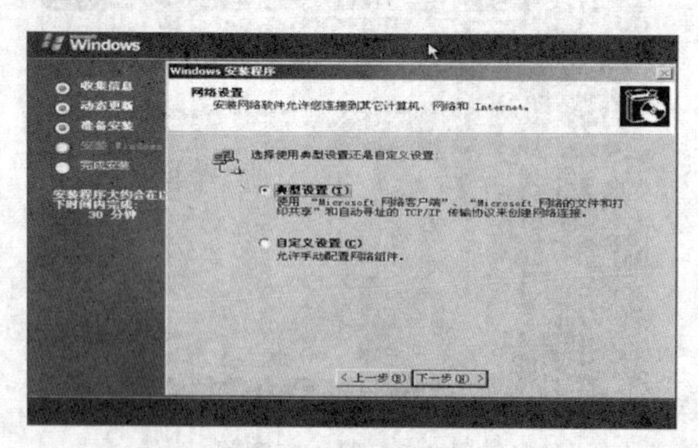

图 4-9　网络设置

在设置工作组或计算机域的时候，不论是单机还是局域网服务器，最好是选中第一项，当系统安装完毕后再进行详细的设置，如图 4-10 所示。

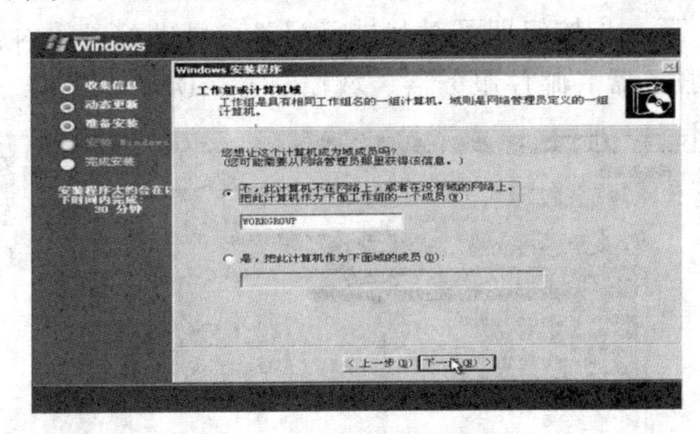

图 4-10　工作组设置

设置完毕后，系统将对安装开始菜单项、组件进行注册等进行最后的设置，这些都无需用户参与，所有的设置完毕并保存后，系统进行第二次重新启动。

第二次重新启动时，用户需要按“Ctrl+Alt+Del”组合键，输入密码登录系统，如图 4-11 所示。

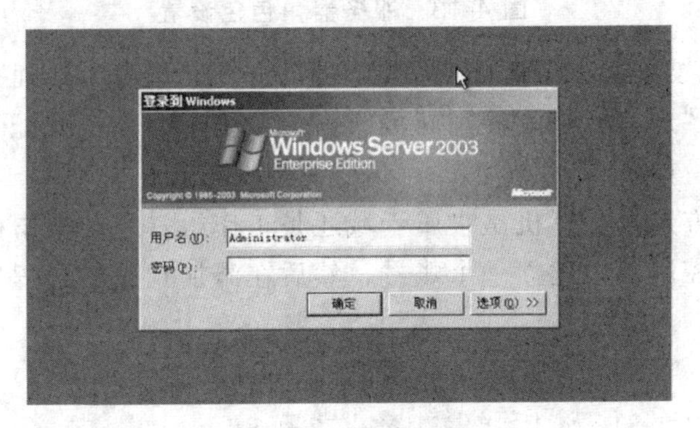

图 4-11　用户登录

进入系统之后，将自动弹出一个“管理您的服务器”窗口，如图 4-12 所示。这里需要根据需要进行详细配置。

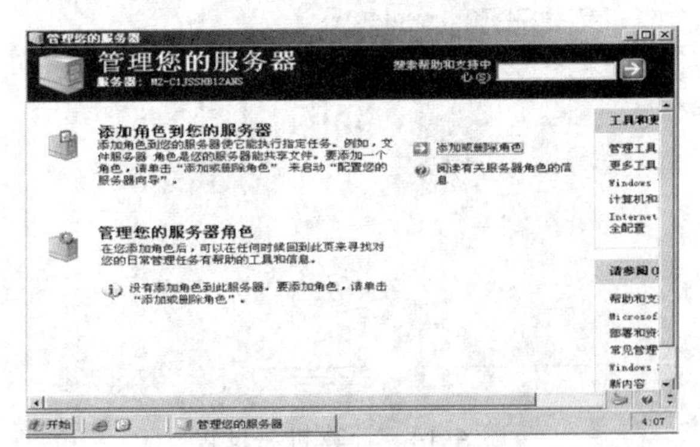

图 4-12　服务器管理设置

对于服务器来说，点击“添加角色到您的服务器”右侧的“添加或删除角色”按钮，点击下一步按钮进行详细配置，如图 4-13 所示，在“服务器角色”中选定某项，然后“点击”下一步按钮即可对其进行配置，可供配置的内容如文件服务器、打印服务器、IIS 服务器、邮件服务器、域控制器、DNS 服务器、DHCP 服务器等。

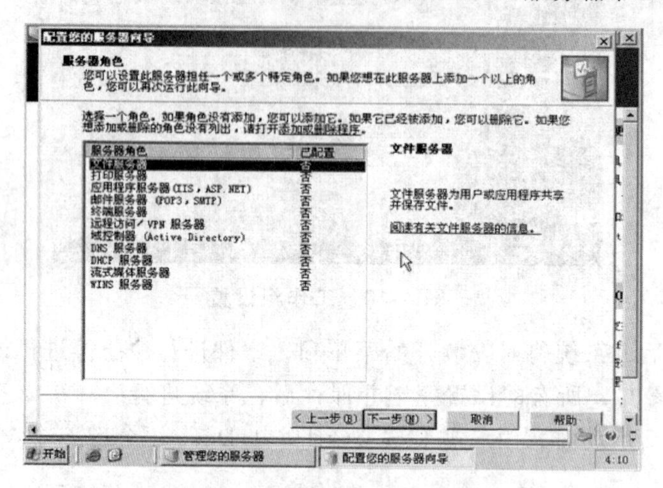

图 4-13　服务器角色色设置

对于局域网内的客户机来说，需要配置的并不是服务器，而是如何将本机添加到网络中。通过“开始”→“控制面板”→“系统”命令打开配置窗口，点击“计算机名”标签页，如图 4-14 所示，点击“更改”按钮，如图 4-15 所示，输入计算机名，然后在下方选择计算机是隶属于域还是工作组，之后点击确定按钮。在加入域时，需要在域控制器中建立一个账号，然后在添加到域的过程中输入账号和密码即可。

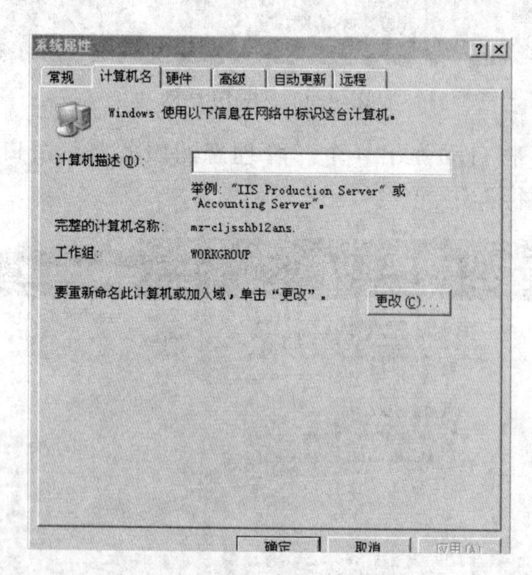

图 4-14　计算机名设置

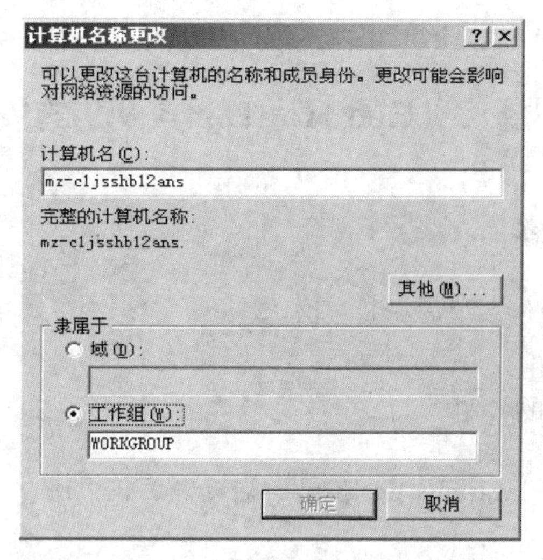

图 4-15　计算机名更改设置

在局域网中，每台计算机都要有自己的 IP 地址，在 Windows 2003 中设置 IP 地址与之前的操作系统基本相同：在控制面板中右击网络连接，选择“属性”命令，如图 4-16 所示，选中“Internet 协议（TCP/IP）”，点击“属性”按钮，如图 4-17 所示，选定“使用下面的 IP 地址”，然后输入适当的 IP 地址和子网掩码、默认网关、DNS 服务器等内容，点击确定按钮。

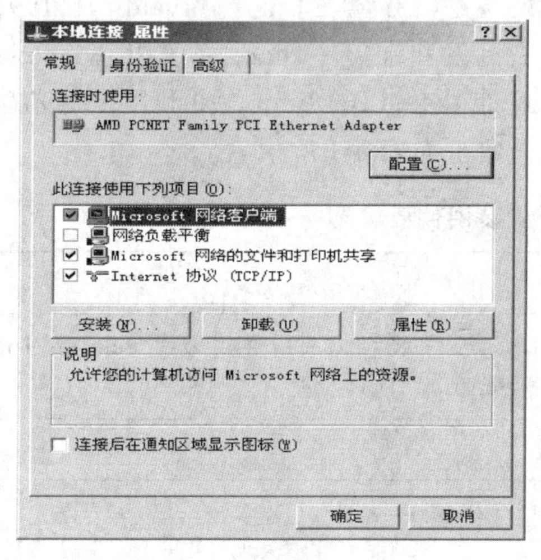

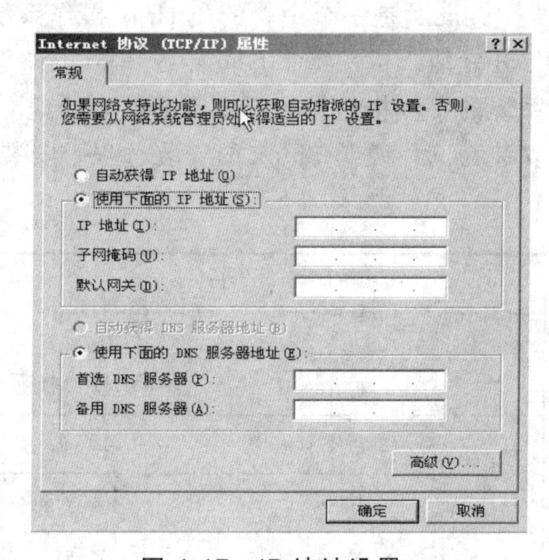

图 4-16　本地连接网络属性　　　　图 4-17　IP 地址设置

以上是针对局域网用户而言的必要设置，对于单机用户来说，无需设置这些网络属性，只要系统安装完毕，就基本上安装完成了。而且由于它是较新的操作系统，所以绝大多数硬件设备的驱动程序也都安装了，然后只需对系统进行必要的调整而已，如调整显示分辨率、屏幕刷新频率等，然后安装必要的应用软件就可以开始工作了。

实验二　Red Hat Linux 9.0 的安装

一、实验内容

Red Hat Linux 操作系统的安装方法。

二、实验目的

学习并掌握 Red Hat Linux 9 的安装、启动和关机方法。

三、实验器材

Red Hat Linux 9 的安装光盘，计算机。

四、实验步骤

Linux 是一个免费的类 Unix 操作系统，最初是由芬兰人 Linus Torvalds 于 1991 年开发的，目前由来自世界各地的电脑爱好者开发和维护。Linux 系统跟 windows 系统的安装相比，有不少需要注意的地方，此处以 Red Hat Linux 9.0 利用本地光盘安装为例，说明 Linux 的安装过程。安装硬件要求如表 4-1 所示。

表 4-1　Linux 系统安装硬件要求

硬件	最低要求
处理器	Intel® 或兼容机（要求支持光驱引导），最少 Pentium 166 MHz、推荐使用 Pentium III 以上处理器
硬盘空间	4 G 以上硬盘
内存	推荐至少使用 128 MB
CD-ROM 驱动器	需要
网卡	推荐使用 Intel 百兆或千兆网卡。

（一）系统的安装

当光驱引导成功，Linux 进入安装引导界面，如图 4-18 所示，在“boot:”后键入“text”并回车后，进入文本安装模式。直接按 Enter 键即可开始图形化界面安装。

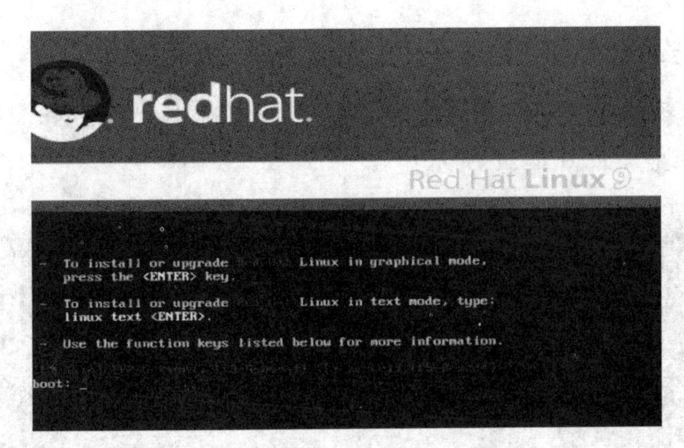

图 4-18　安装引导界面

（二）检测介质

在如图 4-19 所示的界面中选择是否对光盘介质进行完整性检测，一般可以跳过，选择“Skip”跳过。

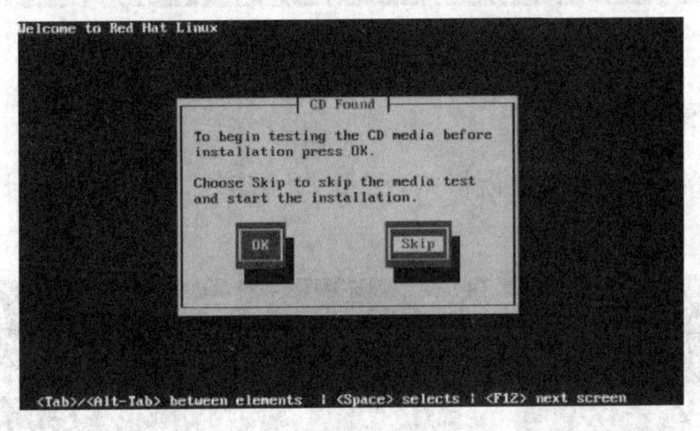

图 4-19　安装介质检查

（三）欢迎界面

当执行或忽略光盘介质检查之后，进入如图 4-20 所示安装欢迎界面，选中“OK”继续。

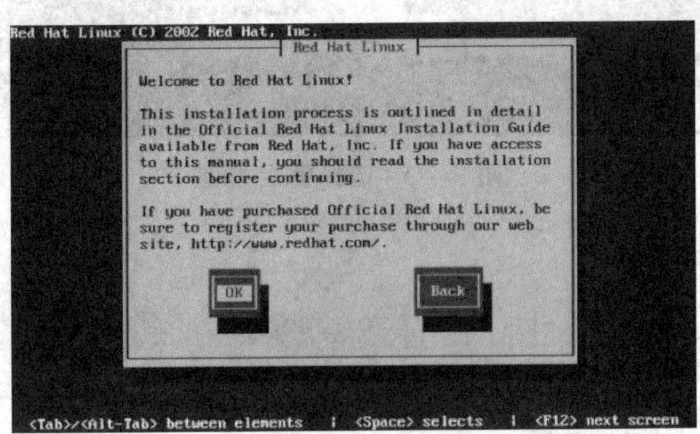

图 4-20　欢迎界面

（四）选择安装过程的语言

此处请选择系统安装过程中使用的语言界面，选中“English”后，选择“OK”后进入下一步安装，如图 4-21 所示。

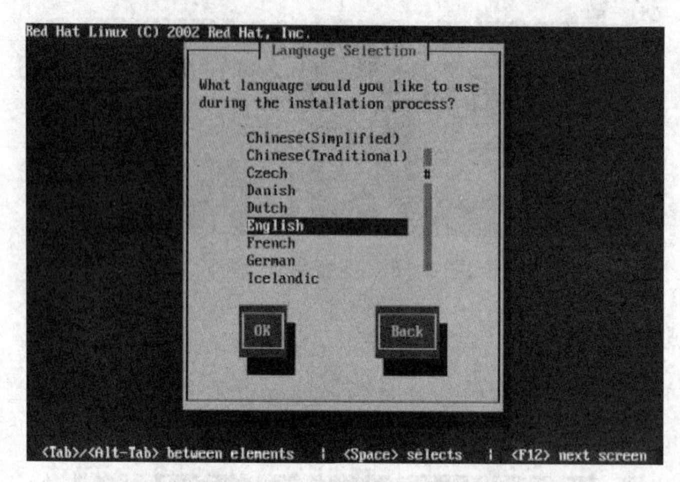

图 4-21 选择安装过程的语言

（五）选择键盘类型

请选择默认的“us(标准键盘格式)”，选择“OK”后进入下一步安装，如图 4-22 所示。

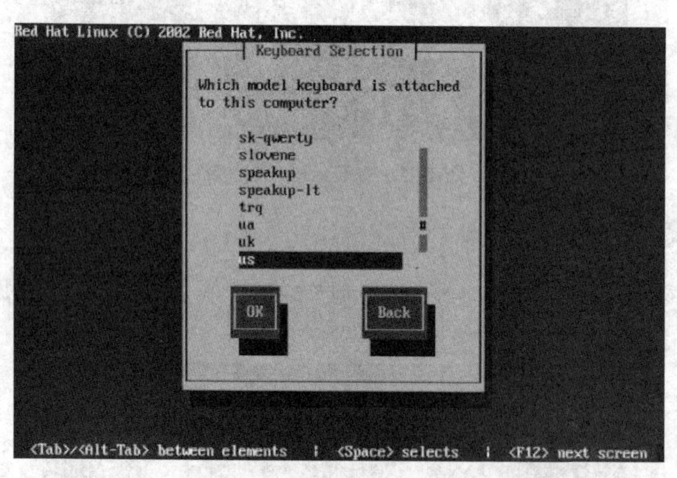

图 4-22 选择键盘类型

（六）选择鼠标

如果服务器不需鼠标，可以选择“No – mouse”，或者根据自已的需要进行选择，如图 4-23 所示。然后选择“OK”继续。

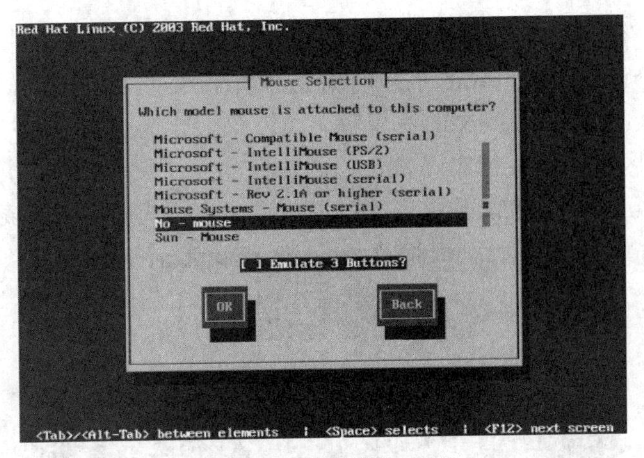

图 4-23　选择鼠标类型

（七）选择安装类型

Red Hat Linux9 有 4 种安装类型，分别是：个人桌面、工作站、服务器和执行定制。

对于服务器的安装，选择 Custom（自定义安装），“OK”后进入下一步安装，如图 4-24 所示。

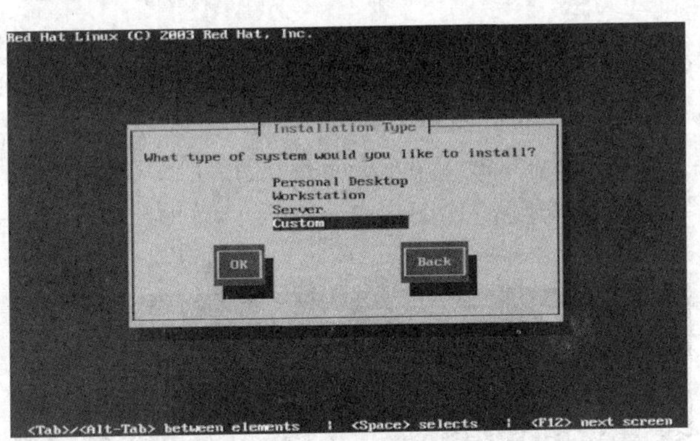

图 4-24　选择安装类型

（八）选择分区工具

选择 Disk Druid 对硬盘进行分区，如图 4-25 所示。要安装 Linux 至少使用包含 SWAP 分区的两个分区。

最简单的分区方案是使用：

（1）/分区（建议大小为 4 G）；

（2）SWAP 分区（建议大小为物理内存的 2 倍）。

但是使用上面的分区方案，所有的数据（包括系统程序和用户数据）都存放在/分区中，很不安全。所以，建议使用下面的分区方案：

（1）SWAP 分区：用于实现虚拟内存（建议大小为物理内存的 2 倍）；

（2）/分区：存放系统命令和用户数据等（建议大小为 1 G）;
（3）/boot 分区：存放与 Linux 启动相关的程序（建议大小为 3 G）;
（4）/usr 分区：存放 Linux 的应用程序（建议大小为 3 G）;
（5）/var 分区：存放系统中经常变化的数据（建议大小为 1 G）;
（6）/home 分区：存放普通用户的数据（建议大小为所有磁盘剩余空间）。

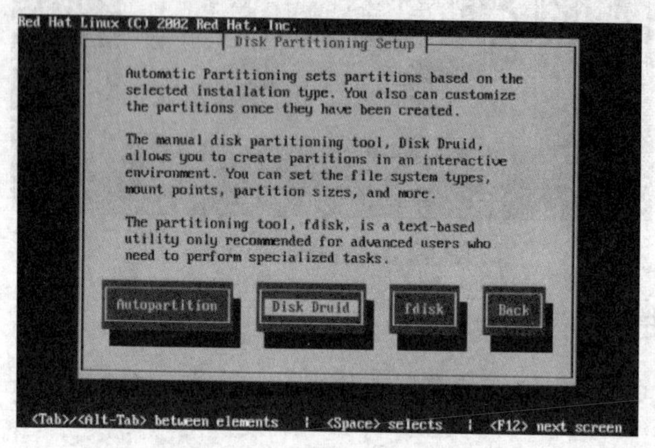

图 4-25　选择分区工具

（九）根分区

首先选择“New”增加一个分区,在 Mount Point 处填写“/”表示这个分区为根分区，在 Size 处填写你给予这个分区分配的空间大小，根分区不需设置太大，一般 1 ~ 2 G 左右即可。在 File System Type 处选择这个分区的类型，根分区请选择 ext3 类型，选择“OK”确认此分区，如图 4-26 所示。添加其他分区方法与添加根分区方法一样。

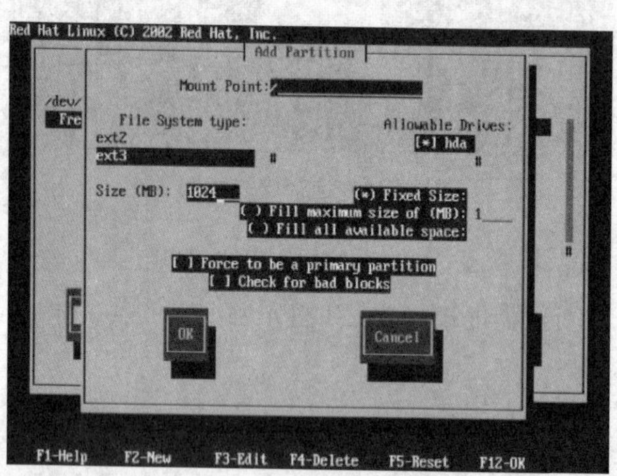

图 4-26　添加根分区

（十）系统装载器设置

选择系统装载器（Boot Loader），请选择“Use GRUB Boot Loader”，如图 4.27

所示。选择“OK”继续。

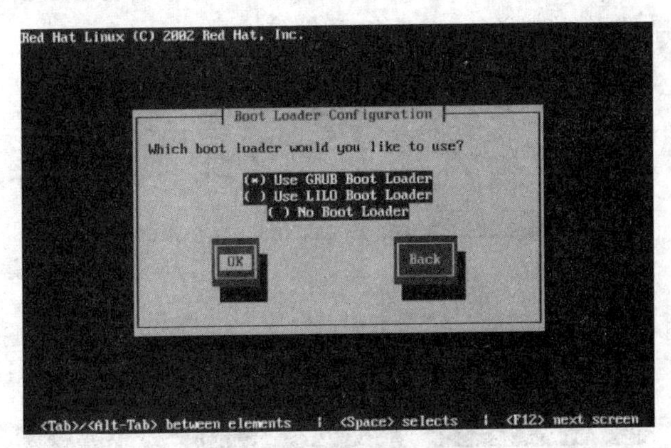

图 4-27 系统装载器设置

接着系统会需要添加一些启动参数，这是为特殊硬件设置的。此处可以不用设置，选择“OK”继续，如图 4-28 所示。

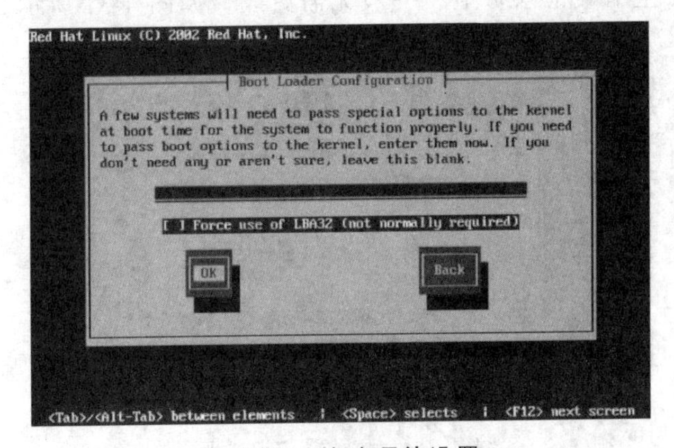

图 4-28 特殊硬件设置

选择“OK”，进入如图 4-29 所示设置的 GRUB 密码界面。

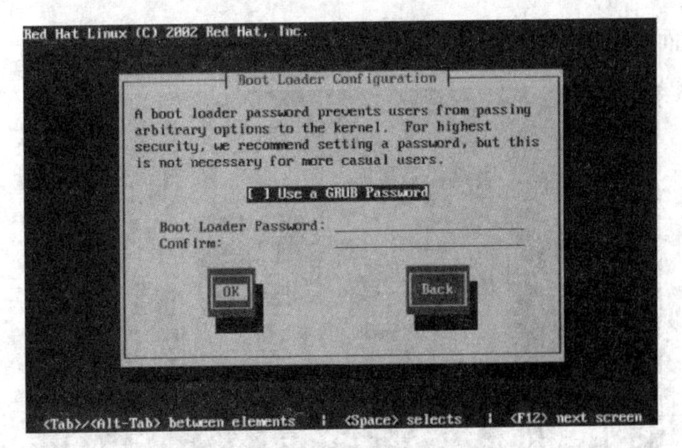

图 4-29 GRUB 密码设置

设置 GRUB 的密码，可以选择不设置，选择“OK”继续。出现如图 4-30 所示的选择默认引导操作系统选择，按“OK”继续。

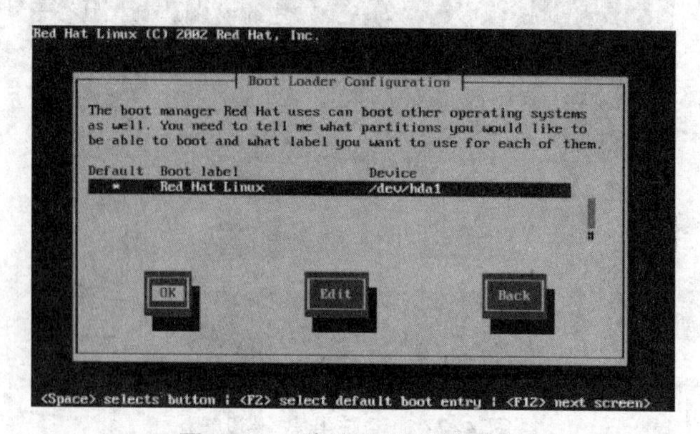

图 4-30　默认引导系统选择

按“OK”继续，进入选择装载器的安装分区，系统装载器默认被安装到第 1 块磁盘的 MBR（主引导记录）上，一般无需更改，如图 4-31 所示。

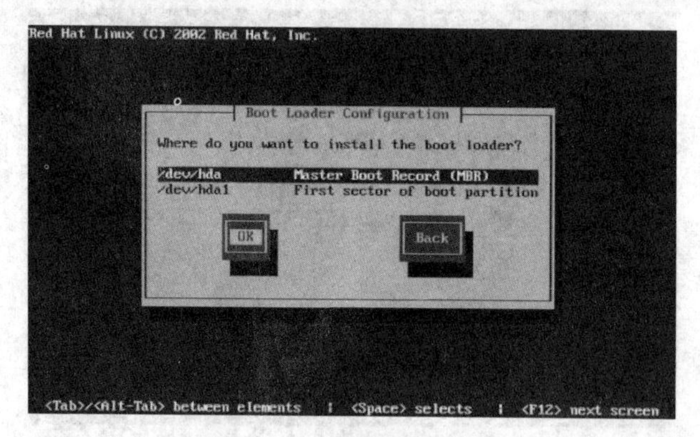

图 4-31　引导器安装分区

（十一）配置网卡

网卡配置界面如图 4-32 所示，输入相关信息后按“OK”继续。

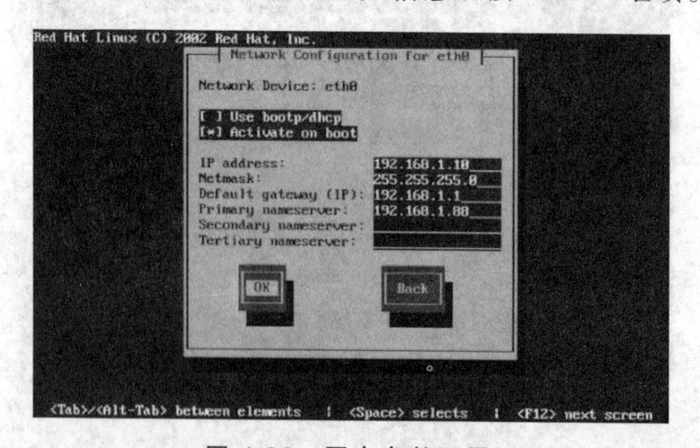

图 4-32　网卡参数配置

（十二）设定主机名称

如图 4-33 所示用于设定 Linux 的主机名称，在 Hostname 处输入 Linux 的主机名。

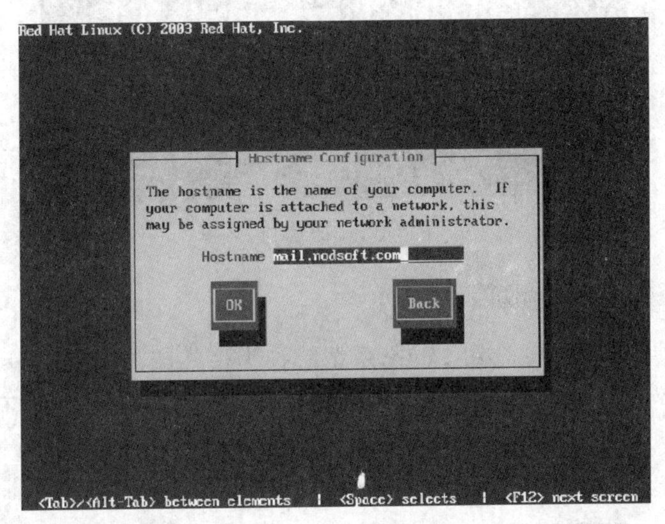

图 4-33　主机名称设定

（十三）防火墙设置

对系统安全要求较高的用户可以选择“高级”级别，而一般的用户勾选“使用默认的防火墙规则”或者选择“No firewall”即可，如图 4-34 所示。

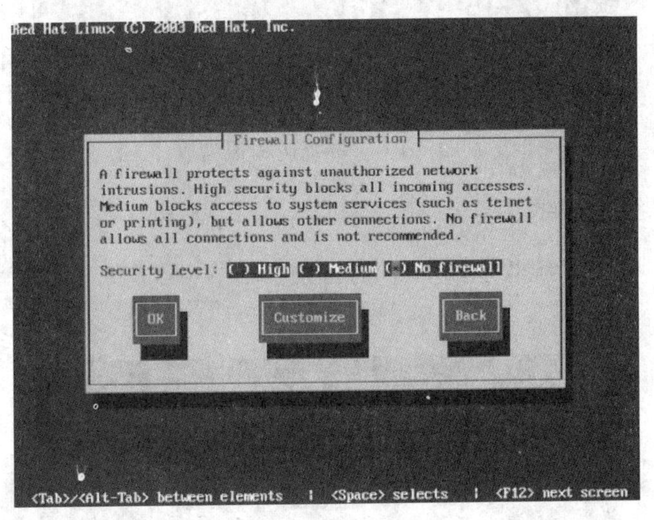

图 4-34　防火墙选择

（十四）选择语言

选择语言，保持默认值“English（USA）”不变，如图 4-35 所示。

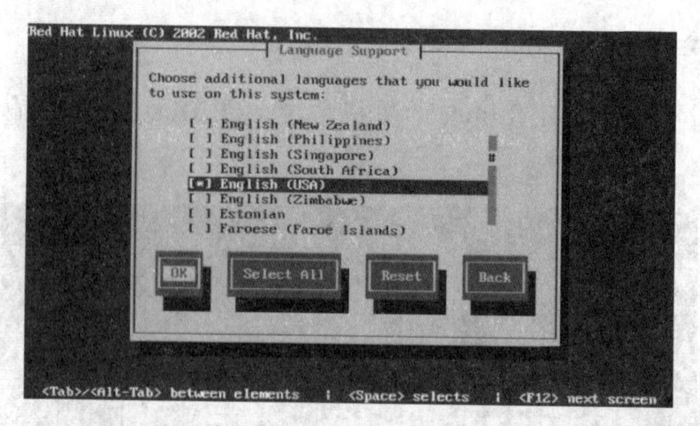

图 4-35 语言选择

（十五）系统时钟的设置

对系统时钟进行设置，选用 Linux 系统时钟为格林威治标准时间，如图 4-36 所示。先选定“[*]HardWare clock set to GMT”选项，再选择“GMT+0”，安装完后，系统会自动校正。如果有问题，也可以再执行 date 命令进行校正。系统时钟设置完毕后，选择“OK”进入下一步安装。

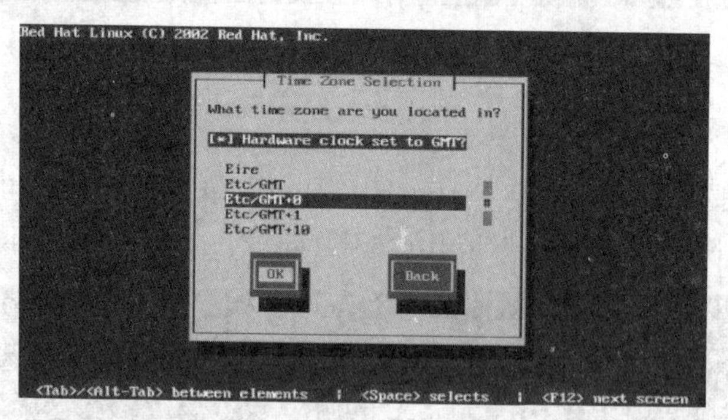

图 4-36 系统时间设置

（十六）系统密码的设定

用于设定 Linux 系统管理员(root)的密码，如图 4-37 所示。密码设置完毕后，选择“OK”进入下一步安装。

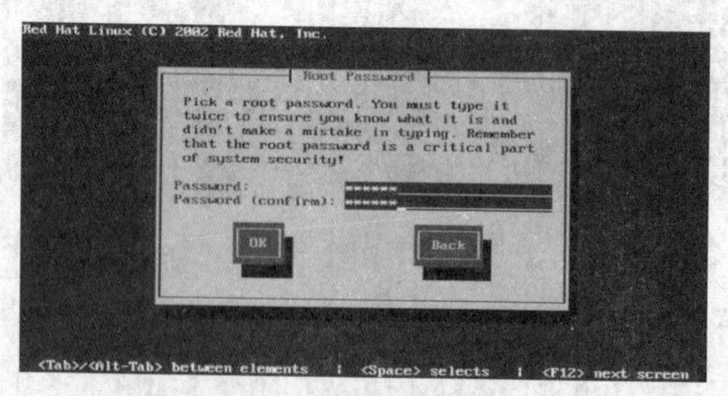

图 4-37 系统密码设置

（十七）普通用户的添加

用于添加 Linux 用户，如图 4-38 所示。为了系统的安全，请不要随便添加用户，选择“OK”进入下一步安装。

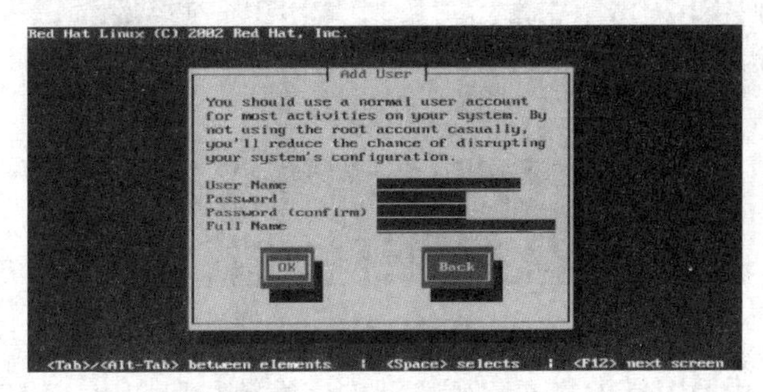

图 4-38　添加普通用户

（十八）加密设置

如图 4-39 所示界面用于设置 Linux 中的加密选项，保持默认值，选择“OK”后进入下一步安装。

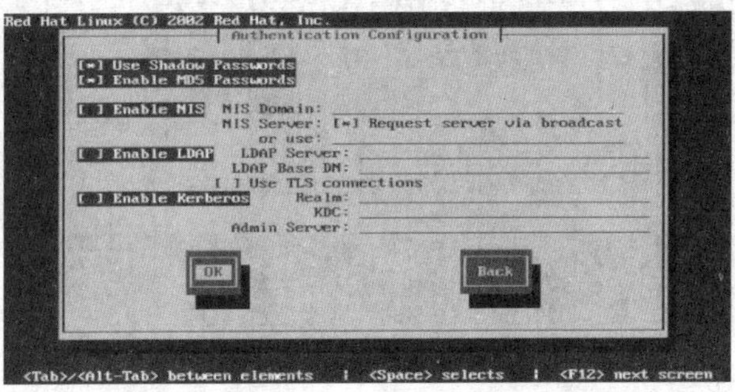

图 4-39　加密设置

（十九）应用软件包的安装

用于选择用户所要安装的 Linux 应用软件包，如图 4-40 所示。选择需要安装的软件包。选择“OK”后进入下一步安装。系统提示您确认是否认可先前的设置，如图 4-41 所示。

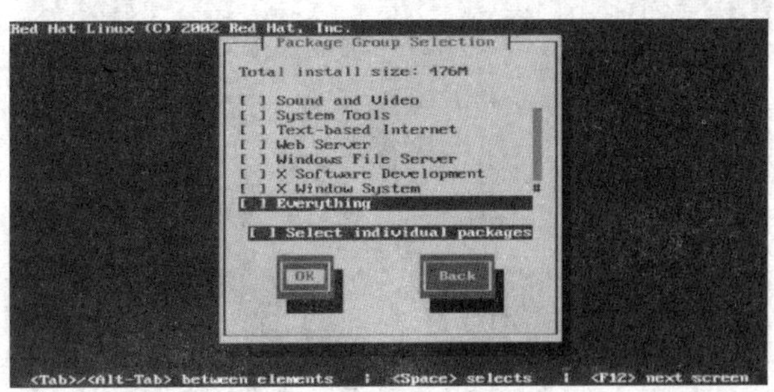

图 4-40　选择需要安装的软件包

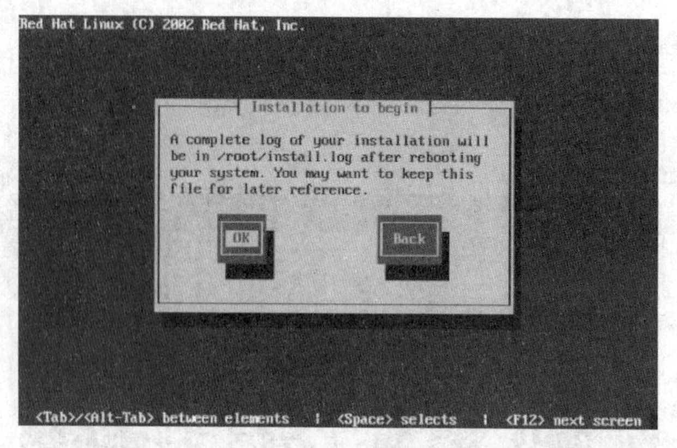

图 4-41　安装确认

选择“OK”后系统开始格式化硬盘并安装系统程序和应用软件包，如图 4-42 所示。

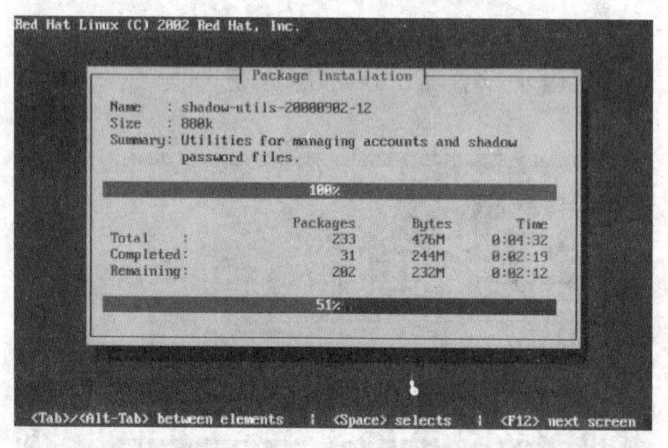

图 4-42　安装进度显示

（二十）制作启动盘

此处创建的启动盘用于系统出现问题后，作紧急修复时使用。将软盘插入软驱之后，在如图 4-43 所示的界面中选择“Yes”选项，即可以创建系统启动盘。

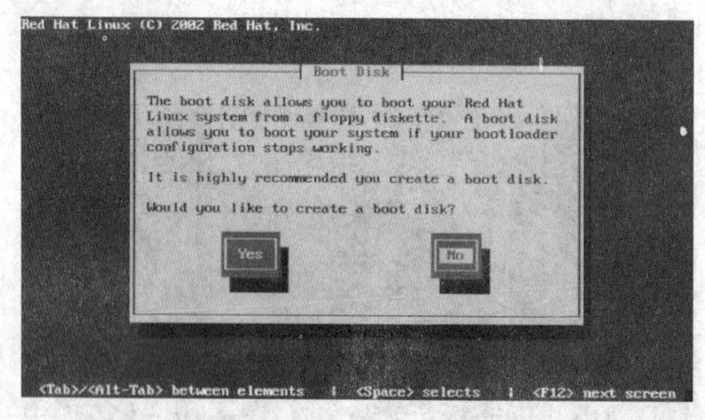

图 4-43　制作启动盘

（二十一）安装完成

一切配置完成之后，会出现如图 4-44 所示界面提示您已经全部完成 Linux 系统的安装，请取出 Linux 的安装光盘，选择“OK”后，系统会自动重新启动计算机。

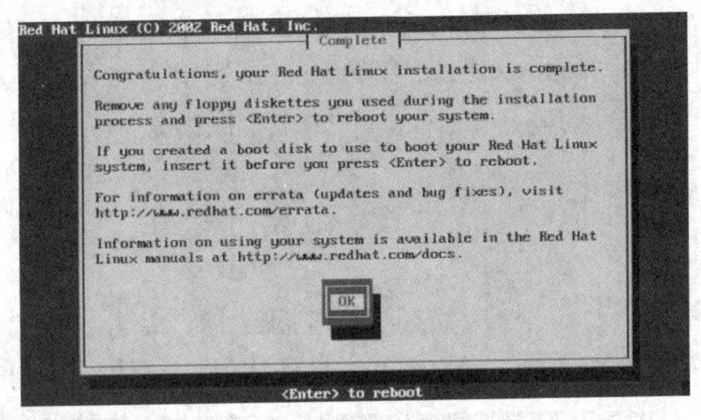

图 4-44　安装结束

实验三　WWW 服务器配置与管理

一、实验内容

Windows 系统下配置 WWW 服务器。

二、实验目的

（1）掌握 WWW 服务的基本概念及工作原理；
（2）掌握 Windows 系统下 WWW 服务的安装方法。

三、实验器材

装有 Windows Server 2003 系统的计算机、IIS 软件。

四、实验步骤

1. WWW 服务器简介

World Wide Web(也称 WEB、WWW 或万维网)是 Internet 上集文本、声音、动画、视频等多种媒体信息于一身的信息服务系统，整个系统由 WEB 服务器、浏览器（Browser）及通信协议等 3 部分组成。采用的协议是超文本传输协议。HTML 对 WEB 网页的内容、格式及 WEB 页中的超链接进行描述，WEB 页面采用超级文本

(HyperText 的格式进行链接)。

2. IIS 简介

IIS (Internet 信息服务器) 是 Internet Information Server 的缩写，是微软提供的 Internet 服务器软件，包括 WEB、FTP、SMTP 等服务器组件。它只能用于 Windows 操作系统。IIS 集成在 Windows 2000/2003 Server 版中，在 Windows 2000 Server 中集成的是 IIS 5.0，在 Windows Server 2003 中集成的是 IIS 6.0。IIS 6.0 不能用于 Windows 2000 系统中。

(一) 安装 IIS

(1) 运行“控制面板”中的“添加或删除程序”，点击“添加删除 Windows 组件”按钮，出现如图 4-45 所示“Windows 组件向导”对话框。

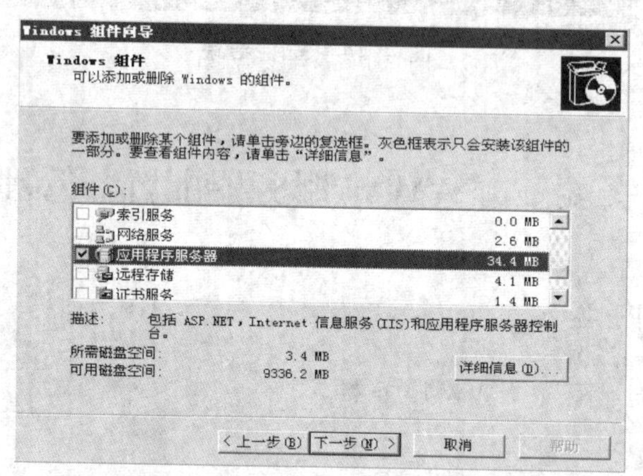

图 4-45　Windows 组件向导

(2) 在“组件”列表框中，双击“应用程序服务器”，出现“应用程序服务器”对话框，如图 4-46 所示。

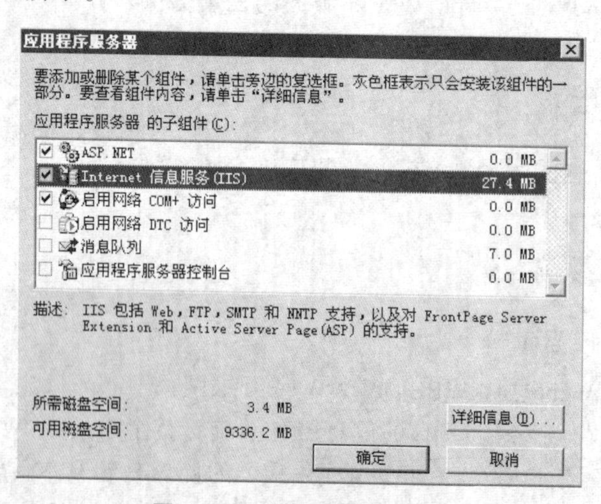

图 4-46　应用程序服务器

（3）选择“Internet 信息服务（IIS）”和“应用程序服务器控制台”组件。双击“Internet 信息服务（IIS）”，出现如图 4-47 所示“Internet 信息服务（IIS）”窗口，选择“Internet 信息服务管理器”“万维网服务”和“文件传输协议（FTP）服务”三个复选框，双击“万维网服务”后，打开如图 4-48 所示“万维网服务”对话框。

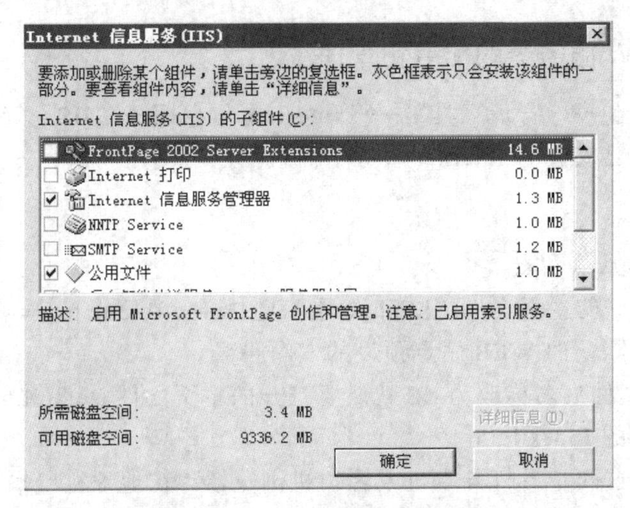

图 4-47　Inernet 信息服务

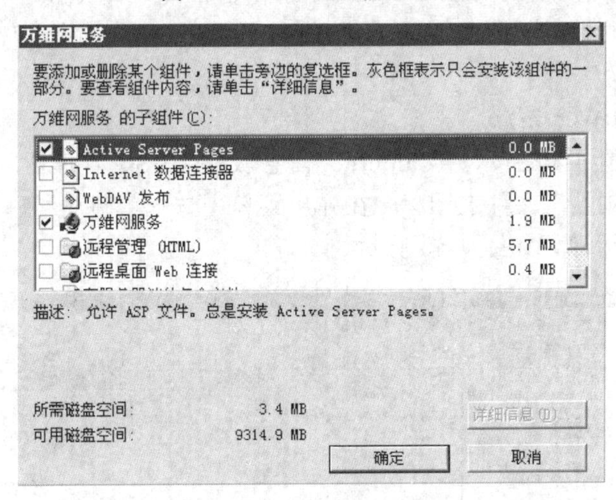

图 4-48　万维网服务

（4）选中“万维网服务”复选框。如果服务器要支持 ASP，还应该选中“Active Server Pages”。逐个单击“确定”按钮，关闭各对话框，直到返回如图 4-45 所示的“Windows 组件向导”对话框。

（5）在 Windows 组件安装向导中，单击“下一步”按钮，系统开始 IIS 的安装，安装过程会要求插入 Windows Server 2003 安装盘，系统会自动进行安装工作。安装完成后，弹出提示安装成功的对话框，单击“确定”按钮就完成了 IIS 的安装。单击“完成”结束。

注意：如果要同时安装 FTP 服务器，在“Internet 信息服务(IIS)”对话框中应该把“文件传输协议(FTP)服务”的复选框也选中。系统自动安装组件，完成安装后，系统在“开始”→“程序”→“管理工具”程序组中会添加一项“Internet 信息服务（IIS）管理器”，此时服务器的 WWW 服务、FTP 服务等服务会自动启动。

（二）WWW 服务器的配置和管理

选择“开始”→“管理工具”→“Internet 信息服务（IIS）管理器”窗口，窗口显示此计算机已安装的 Internet 服务，而且都已自动启动运行。

1. WEB 站点设置

1）使用 IIS 默认站点

（1）将制作好的主页文件（html 文件）复制到 c:\Inetpub\wwwroot 目录，该目录是安装程序为默认的 WEB 站点预设的发布目录。

（2)将主页文件夹名称改为 IIS 默认要打开的主页文件 Default.htm 或 Default.asp，而不是一般常用的 Index.html。

注意：完成这两步后打开本机或客户机浏览器，在地址栏里输入此计算机的 IP 地址或主机的域名来浏览站点，测试 Web 服务器是否安装成功，Web 服务器是否运转正常。站点运行后若要维护系统或更新网站数据，可以暂停或停止站点的运行，完成后再重新启动。

2）添加新的 Web 站点

（1）打开如图 4-49 所示的“Internet 信息服务（IIS）管理器”窗口，鼠标右键单击目录树中“网站”文件夹图标，在弹出菜单中选择“新建”→“网站”，出现网站创建向导”对话框，如图 4-50 所示。

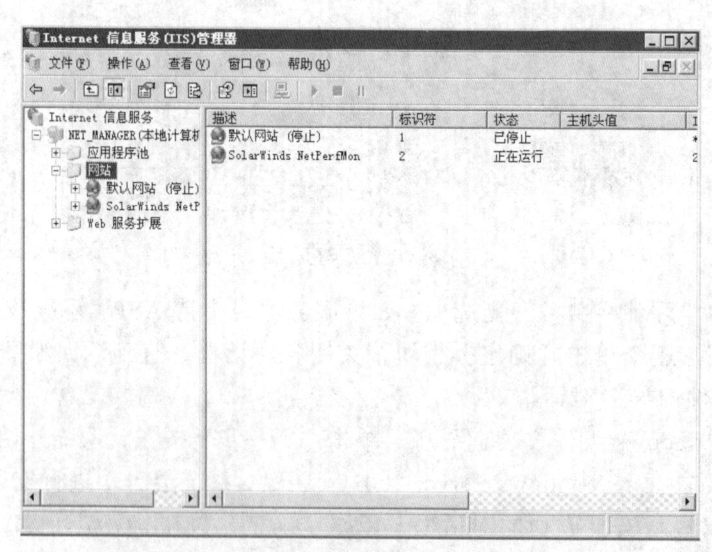

图 4-49 Internet 信息服务管理器

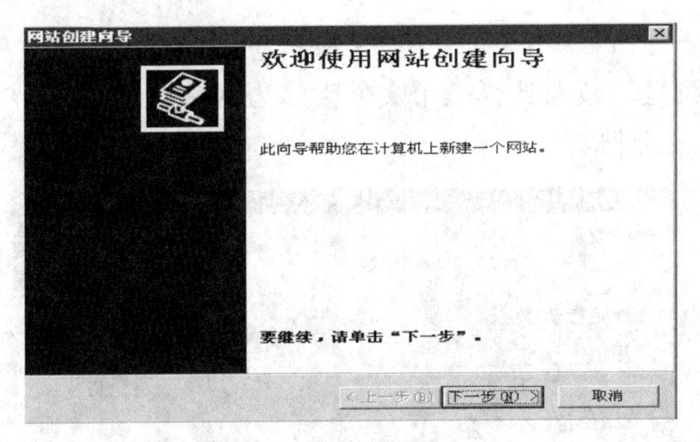

图 4-50 网站创建向导

（2）单击"下一步"继续，出现如图 4-51 所示窗口，网站描述就是网站的名字，它会显示在 IIS 窗口的目录树中，方便管理员识别各个站点。此处输入"SolarWinds"。

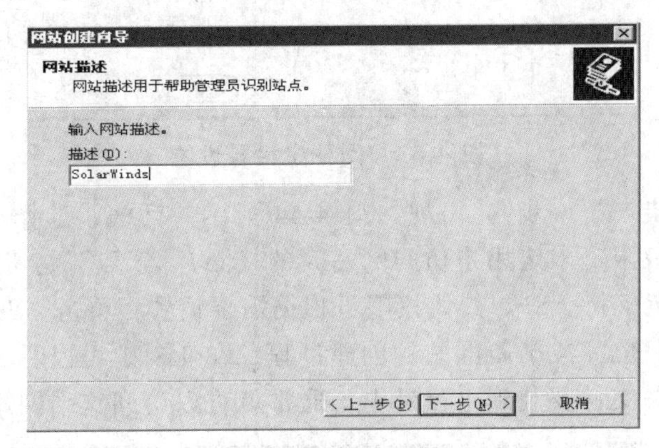

图 4-51 网站描述

（3）单击"下一步"继续，出现如图 4-52 所示窗口。网站 IP 地址：如果选择"全部未分配"，则服务器会将本机所有 IP 地址绑定在该网站上，这个选项适合于服务器中只有一个网站的情况。也可以从下拉式列表框中选择一个 IP 地址。TCP 端口：一般使用默认的端口号 80，如果改为其他值，则用户在访问该站点时必须在地址中加入端口号。主机头：如果该站点已经有域名，可以在主机头中输入域名。

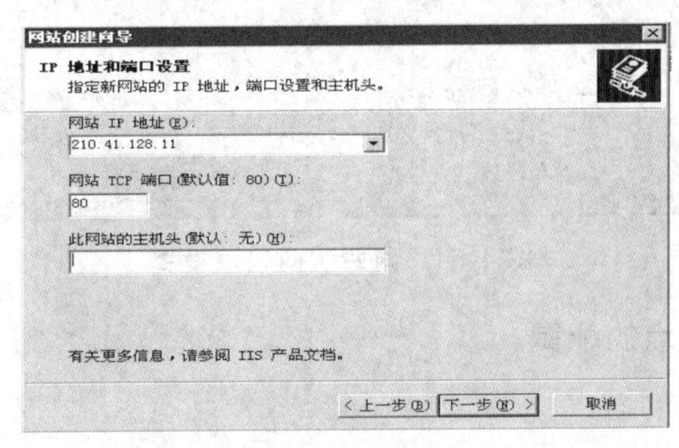

图 4-52 指定网站 IP 地址和 TCP 端口号

（4）单击“下一步”，出现如图 4-53 所示对话框。主目录路径是网站根目录的位置，可以用“浏览”按钮选择一个文件夹作为网站的主目录，选择“允许匿名访问此 Web 站点”复选框。

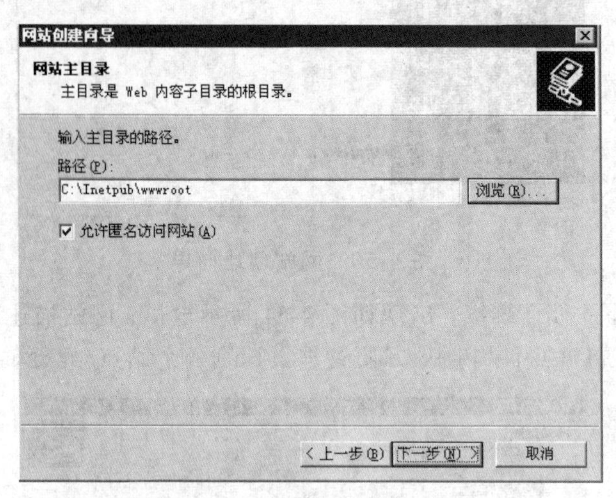

图 4-53　网站主目录设置

（5）然后单击“下一步”，出现如图 4-54 所示对话框，选择 WEB 站点的访问权限，网站访问权限是限定用户访问网站时的权限，“读取”是必需选取的，“运行脚本”可以让站点支持 ASP，其他权限可根据需要设置。单击“下一步”，弹出“完成向导”对话框，就完成了新网站的创建过程，在 IIS 中可以看到新建的网站。把做好的网页和相关文件复制到主目录中，通常就可以访问这个网站了。

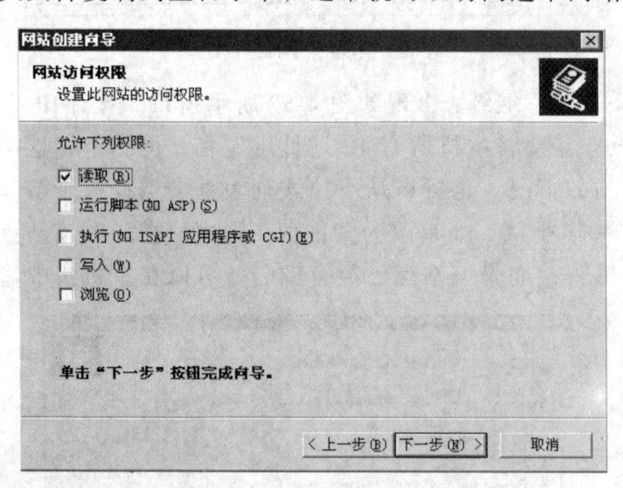

图 4-54　网站访问权限设置

（三）Web 站点的配置

1. 站点配置

通过“开始”→“程序”→“管理工具”→“Internet 服务管理器”打开“Internet

信息服务窗口”，在所管理的站点上，单击鼠标右键执行“属性”命令，进入该站点的“属性”对话框，如图 4-55 所示。

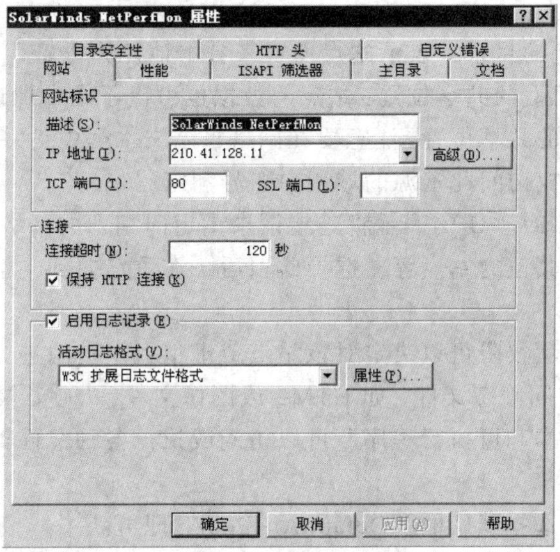

图 4-55　Web 站点属性

1）“网站”标签

如图 4-55 所示，在“网站”的属性页上主要设置网站标识参数、连接、启用日志记录，主要有以下内容。

描述：在“描述”文本框中输入对该站点的描述文字，用它表示站点名称，这个名称会出现在 IIS 的树状目录中，通过它来识别站点。

IP 地址：设置此站点使用的 IP 地址，如果构建此站点的计算机中设置了多个 IP 地址，可以选择对应的 IP 地址。若站点要使用多个 IP 地址或与其他站点共用一个 IP 地址，则可以通过“高级”按钮设置。

TCP 端口：确定正在运行的服务的端口。默认情况下公认的 WWW 端口是 80。如果设置其他端口，例如：8080，那么用户在浏览该站点时必须输入这个端口号。

连接超时：“连接超时”设置服务器断开未活动用户的时间；启用保持 HTTP 激活，允许客户保持与服务器的开放连接，禁用则会降低服务器的性能，默认为激活状态。

启用日志：表示要记录用户活动的细节，在“活动日志格式”下拉列表框中可选择日志文件使用的格式。单击“属性”按钮可进一步设置纪录用户信息所包含的内容，如用户的 IP、访问时间、服务器名称，默认的日志文件保存在 c:\windows\system32\logfiles 目录下。良好的习惯应该注重日志功能的使用，通过日志可以监视访问本服务器的用户、内容等，对不正常连接和访问加以监控和限制。

2）“主目录”标签

用户可以设置 Web 站点所提供的内容来自何处，内容的访问权限以及应用程序在此站点执行许可。Web 站点的内容包含各种给用户浏览的文件，例如 HTTP 文件、ASP 程序文件等，这些数据必须指定一个目录来存放，而主目录所在的位置有 3 种选择：

① 此计算机上的目录：表示站点内容来自本地计算机。

② 另一计算机上的共享位置：站点的数据也可以不在本地计算机上，而在局域网上其他计算机中的共享位置，注意要在网络目录文本框中输入其路径，并点击“连接为”按钮设置有权访问此资源的域用户账号和密码。

③ 重定向到 URL（U）：表示将连接请求重定向到别的网络资源，如某个文件、目录、虚拟目录或其他的站点等。选择此项后，在重定向到文本框中输入上述网络资源的 URL 地址。

执行权限：此项权限可以决定对该站点或虚拟目录资源进行何种级别的程序执行。“无”只允许访问静态文件，如 HTML 或图像文件；“纯文本”只允许运行脚本，如 ASP 脚本；“脚本和可执行程序”可以访问或执行各种文件类型，如服务器端存储的 CGI 程序。

应用程序池：选择默认的“DefaultAppPool”即可。

3）“性能”标签

带宽限制：如果计算机上设置了多个 Web 站点，或是还提供其他的 Internet 服务，如文件传输、电子邮件等，那么就有必要根据各个站点的实际需要，来限制每个站点可以使用的宽带。要限制 Web 站点所使用的宽带，只要选择“限制网站可以使用的网络带宽”复选框，在“最大带宽”文本框中输入设置数值即可。

网站连接：Web 站点连接的数目愈大时，占有的系统资源愈多。在这里可以根据服务器性能预先设置的 Web 站点的连接数，合理设置连接数可以提高 Web 服务器的性能。

4）“文档”标签

启动默认文档：默认文档可以是 HTML 文件或 ASP 文件，当用户通过浏览器连接至 Web 站点时，若未指定要浏览那一个文件，则 Web 服务器会自动传送该站点的默认文档供用户浏览，例如我们通常将 Web 站点主页 default.htm、default.asp 和 index.htm 设为默认文档，当浏览 Web 站点时会自动连接到主页上。如果不启用默认文档，则会将整个站点内容以列表形式显示出来供用户自己选择。

5）“HTTP 头”标签

在“HTTP 标题”属性页上，如果选择了“启用内容过期”选项，便可进一步设置此站点内容过期的时间，当用户浏览此站点时，浏览器会对比当前日期和过期日期，来决定显示硬盘中的网页暂存文件，或是向服务器要求更新网页。

2. 虚拟目录设置

1）虚拟目录

虚拟目录可以使一个网站不必把所有内容都放置在主目录内。虚拟目录从用户的角度来看仍在主目录之内，但实际位置可以在计算机的其他位置，虚拟目录的名字可以与真实目录不同。

如图 4-56 所示，图中用户看到的一个位于主目录下的文件夹“pic”，其真实位置在服务器的“D:\image”处，而主目录位于“C:\www”处。假设该网站的域名是“www.xxx.cn”，则用户访问“http://www.xxx.cn/pic/文件 1”时，访问的实际位置是服务器的“D:\image\文件 1”，所以虚拟目录的真实名字和位置对用户是不可知的。

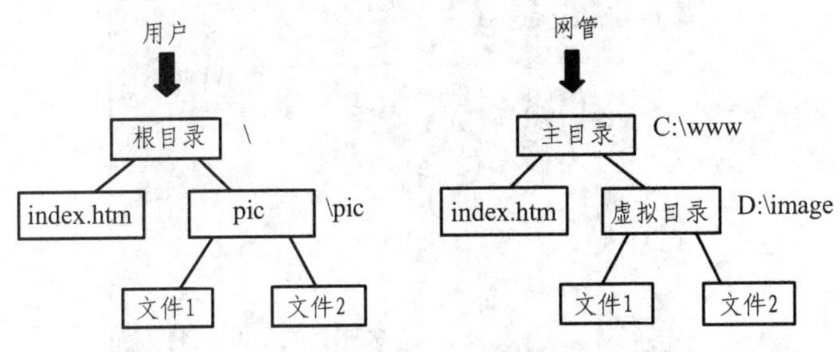

图 4-56 服务器虚拟目录与真实目录

2）虚拟目录的创建

（1）打开 Internet 信息服务窗口，在要创建虚拟目录的 Web 站点上单击右键，选择“新建”→“虚拟目录”。弹出虚拟目录创建向导，如图 4-57 所示。

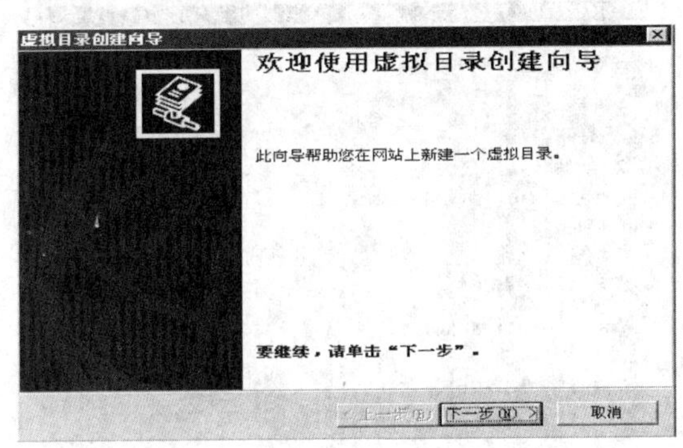

图 4-57 虚拟目录创建向导

（2）单击“下一步”按钮，打开如图 4-58 所示虚拟目录别名对话框。别名是映射后的名字，即客户访问时的名字，此处输入“pic”。

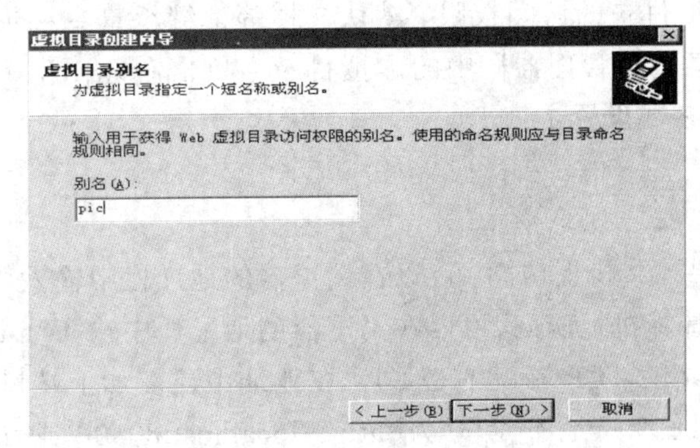

图 4-58 虚拟目录别名

（3）单击“下一步”按钮，打开如图 4-59 所示“网站内容目录”对话框。路径为服务器上的真实路径名，即虚拟目录的实际位置。单击浏览按钮，选择服务器上的 D:\image 文件夹。

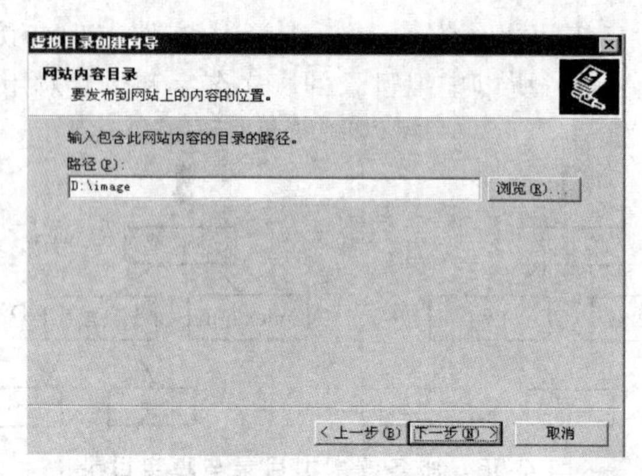

图 4-59　网站内容目录

（4）单击“下一步”按钮，打开如图 4-60 所示“虚拟目录访问权限”对话框。指客户端对该目录的访问权限。

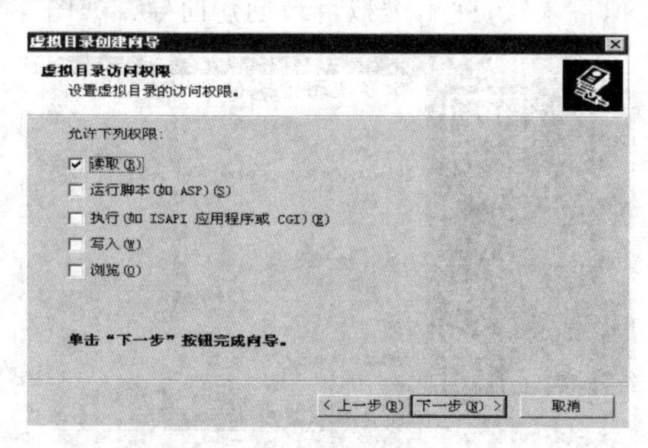

图 4-60　虚拟目录访问权限

单击“下一步”按钮，弹出完成对话框，虚拟目录就建立成功了。把相关网页文件复制到虚拟目录中，用户就可以按照虚拟的树形结构访问到指定文件。

注意：通常虚拟目录的访问权限、默认文档等都继承自主目录，如果需要修改，可在“Internet 信息服务管理器”中的虚拟目录上单击右键，选择“属性”，从而可以修改虚拟目录的参数设置了。

（四）测试

访问网站：如果在本机上访问，可以在浏览器的地址栏中输入“http://localhost/”；如果在网络中其他计算机上访问，可以在浏览器的地址栏中输入“http://网站 IP 地址”。

注意：如果网站的 TCP 端口不是 80，在地址中还需加上端口号。假设 TCP 端口设置为 8080，则访问地址应写为“http://localhost:8080/”或“http://网站 IP 地址:8080”。

实验四　不隔离用户 FTP 文件服务器配置与管理

一、实验内容

在 Windows Server2003 配置 FTP 服务器。

二、实验目的

掌握 IIS6.0 中不隔离用户 FTP 服务器配置与管理。

三、实验器材

安装 Windows Server 2003 操作系统的计算机、IIS 软件。

四、实验步骤

FTP 服务器（File Transfer Protocol Server）是在互联网上提供文件存储和访问服务的计算机，它们依照 FTP 协议提供服务。FTP 是 File Transfer Protocol（文件传输协议），就是专门用来传输文件的协议。简单地说，支持 FTP 协议的服务器就是 FTP 服务器。

IIS 自带的 FTP 服务器自从 IIS6.0 后，加强了 FTP 服务器的用户管理能力，将 FTP 服务器分为“不分隔用户”“隔离用户”（Isolate Users Mode）和“用 Active Directory 隔离用户”。“不分隔用户”模式主要是为了兼容 IIS 原有的工作机制，不启用 FTP 用户隔离使用简单，存在安全问题，多用户的管理会变得比较麻烦，不过其可以使用本地用户账户和域用户账户。

（一）建立 FTP 的目录结构

选择任意盘符，建立如图 4-61 所示的盘符结构，此处建立在 D 盘上。

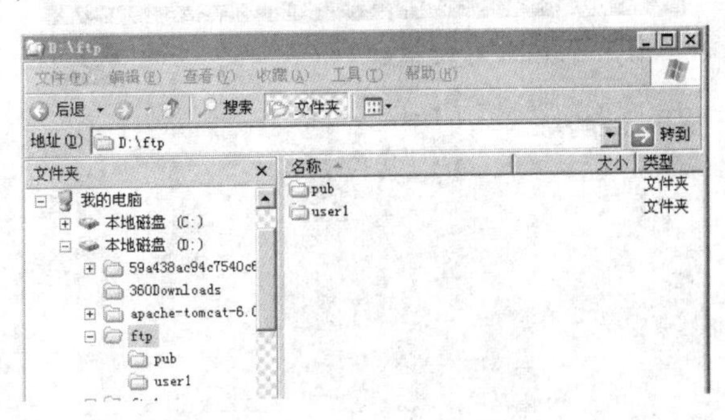

图 4-61　FTP 目录结构

（二）站点的建立

（1）选择“开始”→“程序”→“管理工具”→“Internet 信息服务（IIS）管理器”，打开 IIS 管理器窗口。

（2）打开 IIS 管理器的树形文件夹，在 FTP 站点上右击鼠标，选择新建 FTP 站点。打开如图 4-62 所示的“FTP 站点创建向导”对话框。

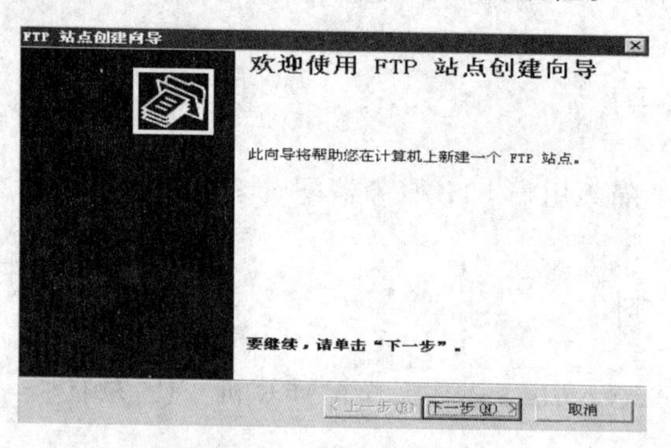

图 4-62　FTP 站点创建向导

（3）单击“下一步”按钮，进入如图 4-63 所示的 FTP 站点描述界面，FTP 站点描述帮助管理员识别各个站点，输入 FTP 站点的描述。

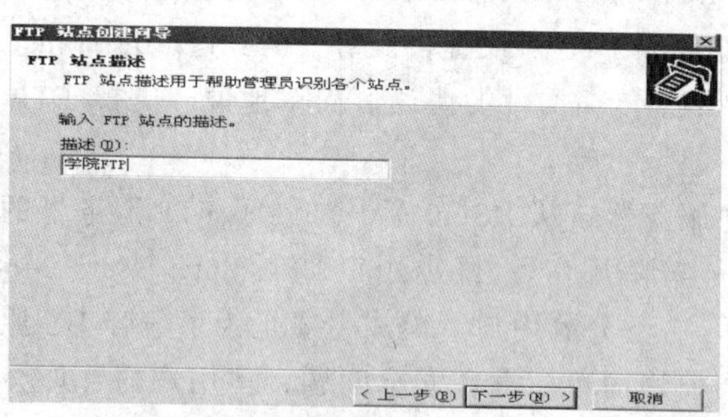

图 4-63　FTP 站点描述

（4）单击“下一步”按钮，进入如图 4-64 所示 IP 地址和端口设置界面，输入或点击向下的黑色箭头选择此 FTP 站使用的 IP 地址，端口号默认为 21。

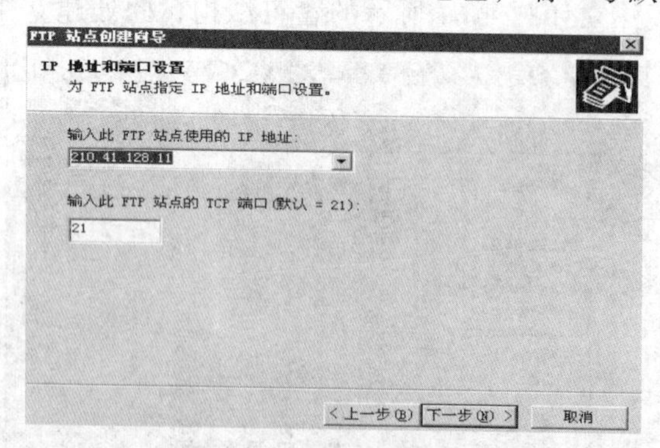

图 4-64　IP 地址和端口设置

（5）单击“下一步”按钮，进入如图 4-65 所示 FTP 用户隔离界面，根据需要选择是否隔离用户，此处选择不隔离用户。

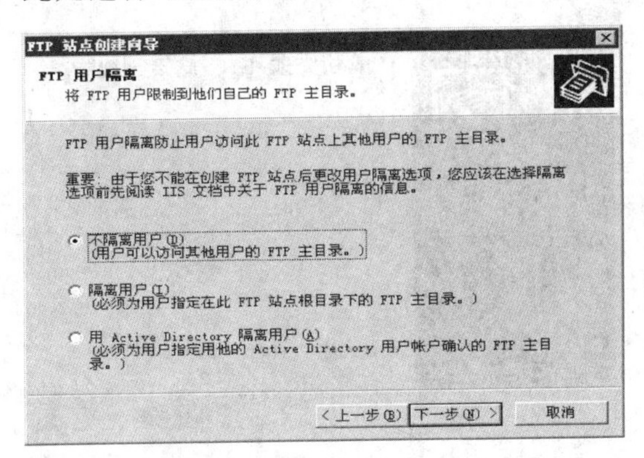

图 4-65　FTP 不隔离用户

（6）单击“下一步”按钮，进入如图 4-66 所示 FTP 站点主目录界面，单击浏览按钮，在弹出的浏览文件夹对话框中选择目录，单击确定按钮。

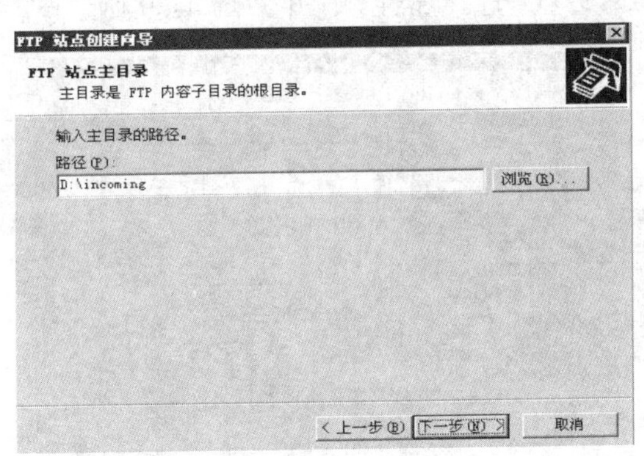

图 4-66　FTP 站点目录

（7）单击“下一步”按钮，进入如图 4-67 所示 FTP 站点访问权限界面，选中写入权限。

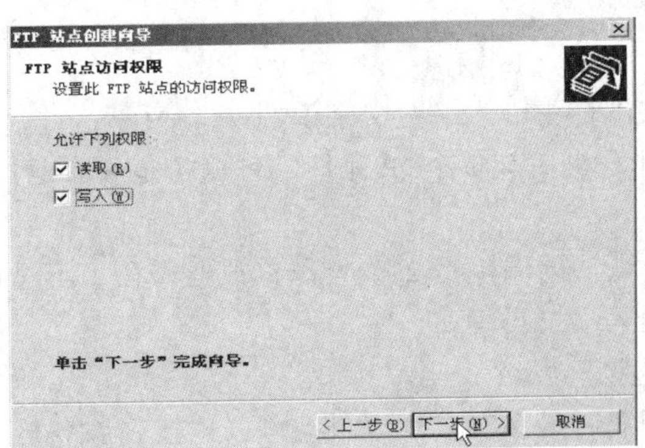

图 4-67　FTP 站点访问权限配置

（8）单击“下一步”按钮，进入如图 4-68 所示的完成 FTP 站点创建向导，单击完成按钮，完成 FTP 站点的创建。

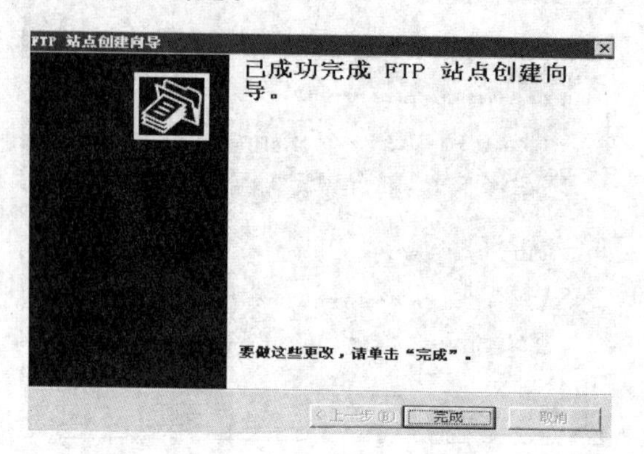

图 4-68 完成 FTP 站点创建

（三）配置 FTP 服务器

右键单击学院 FTP 站点，选择属性，打开如图 4-69 所示学院 FTP 站点属性窗口。

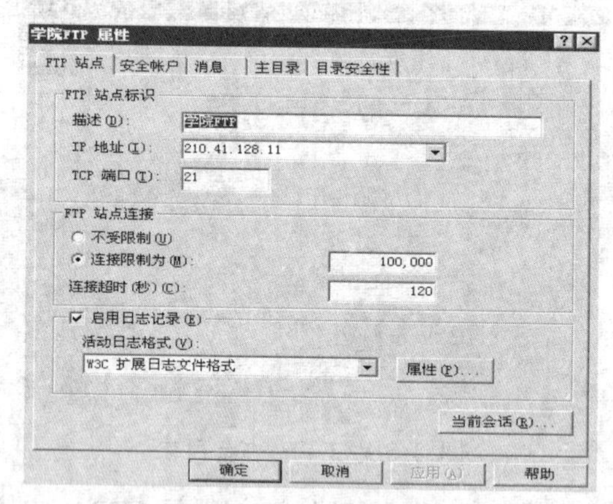

图 4-69 FTP 站点属性

1.“FTP 站点”标签

1）“FTP 站点、标识”区域

描述：可以在文本框中输入一些文字说明。

IP 地址：若此计算机内有多个 IP 地址，可以指定只有通过某 IP 地址才可以访问 FTP 站点。

TCP 端口：FTP 默认的端口是 21，可以修改此号码，不过修改后，客户端要连接此站点时，必须输入端口号码。

2）“FTP 站点连接”区域

该区域用来限制同时最多有多少客户端可以连接到服务器。

3）“启用日志记录”区域

该区域用来设置将所有的连接到此 FTP 站点的记录都存储到指定的文件。

2.“安全账户”标签

可以配置 FTP 服务器以允许对 FTP 资源进行匿名访问，选择“允许匿名连接”复选框，可以设置对匿名用户访问 FTP 服务时选择使用的 Windows 用户账户，同时也可以选择“只允许匿名连接”复选框。

3.“消息”标签

标题：当用户连接 FTP 站点时，首先会看到设置在“标题”列表框中的文字。标题消息在用户登录到站点前出现，当站点中含有敏感信息时，该消息非常有用。可以用标题显示一些较为敏感的消息。默认情况下，这些消息是空的。

欢迎：当用户登录到 FTP 站点时，会看到此消息。

退出：当用户注销时，会看到此消息。

最大连接数：如果 FTP 站点有连接数目的限制，而且目前的数目已经达到此数目，当再有用户连接到此 FTP 站点时，会看到此消息。

4.“主目录”标签

主目录标签如图 4-70 所示，“此资源的内容来源”区域包含：

此计算机上的目录：系统默认 FTP 站点的默认主目录位于 LocalDrive:\Inetpub\Ftproot。

另一台计算机上的目录：将主目录指定到另外一台计算机的共享文件夹，同时需单击“连接为”按键来设置一个有权限存取此共享文件夹的用户名和密码。

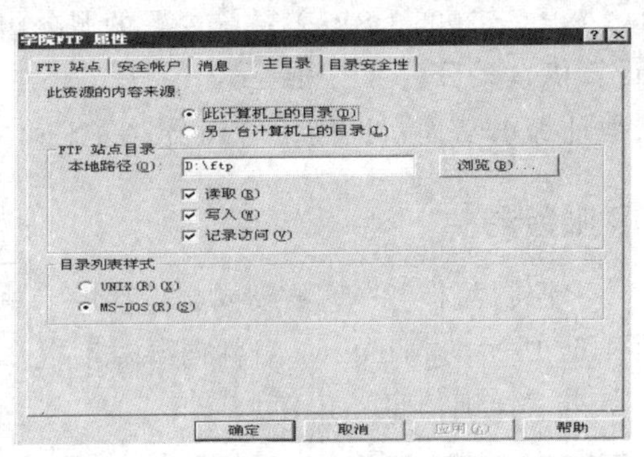

图 4-70　主目录标签

5. 目录安全性

可以设置允许或拒绝的单个 IP 地址或一组 IP 地址访问服务器 FTP 服务。

（四）测试

访问 FTP 服务器：如果在本机上访问，可以在资源管理器的地址栏中输入“ftp://localhost/”；如果在网络中其他计算机上访问，可以在资源管理器的地址栏中输入“ftp://网站 IP 地址”。同时，也可以使用其他专用的 ftp 客户端软件连接服务器。

注意：如果网站的 TCP 端口不是 21，在地址中还需加上端口号。假设 TCP 端口设置为 8080，则访问地址应写为“ftp://localhost:8080/”或“ftp://网站 IP 地址:8080”。

实验五　DHCP 服务器配置与管理

一、实验内容

Windows 系统下 DHCP 服务器的安装及配置。

二、实验目的

掌握 DHCP 服务器软件的安装，DHCP 服务器的设置、管理等。

三、实验器材

Windows 2003 操作系统的 PC 机或服务器。

四、实验步骤

（一）DHCP 服务器的简介

DHCP（Dynamic Host Configuration Protocol，动态主机配置协议）是 Windows 2000 Server 和 Windows Server 2003（SP1）系统内置的服务组件之一。DHCP 服务能为网络内的客户端计算机自动分配 TCP/IP 配置信息（如 IP 地址、子网掩码、默认网关和 DNS 服务器地址等），从而帮助网络管理员省去手动配置相关选项的工作。

（二）安装 DHCP 服务器

（1）选择“开始”→“控制面板”→“更改或删除程序”→“添加/删除 windows 组件选项”，打开如图 4-71 所示的 Windows 组件向导对话框。在组件列表中，单击“网络服务”复选框，单击“详细信息”按钮。

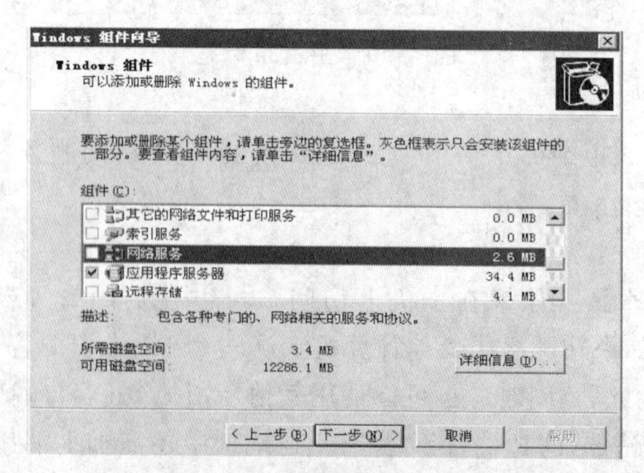

图 4-71　Windows 组件向导对话框

（2）在弹出的如图 4-72 所示的对话框中选中“动态主机配置协议（DHCP）”复选框，单击“确定”按钮。

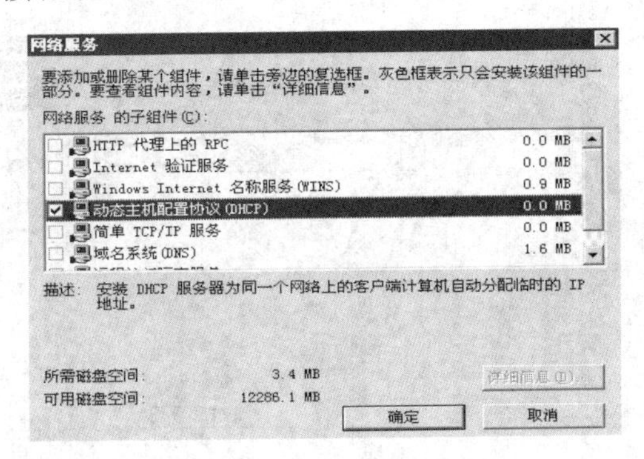

图 4-72 网络服务对话框

（3）单击“下一步”按钮，系统会根据要求配置组件。

（4）安装完成时，在“完成 windows 组件向导”界面中，单击“确定”。

（三）DHCP 服务器的配置

（1）选择“开始”→“管理工具”→“DHCP”，弹出如图 4-73 所示的 DHCP 配置窗口。

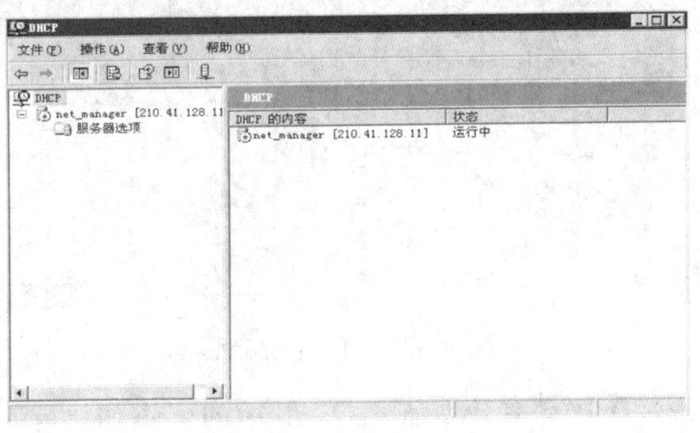

图 4-73 DHCP 配置

（2）右键单击服务器的名称，在弹出的快捷菜单中选择“新建作用域”命令，弹出如图 4-74 所示“欢迎使用新建作用域向导”对话框界面。

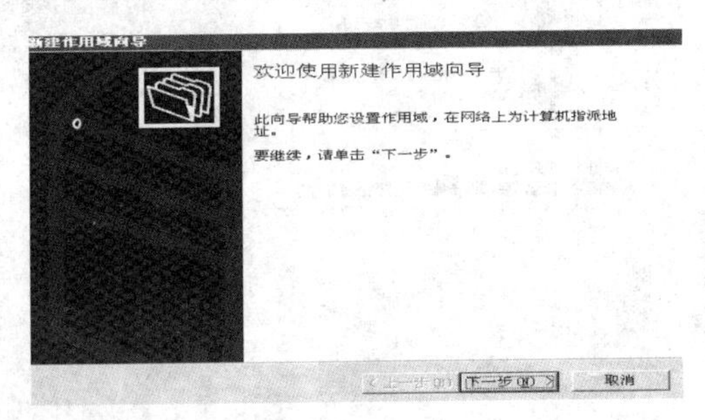

图 4-74 新建作用域向导对话框

（3）单击“下一步”按钮，弹出如图 4-75 所示“作用域名”界面，在“名称”和“描述”文本框中分别输入作用域的名称和描述的相应信息。

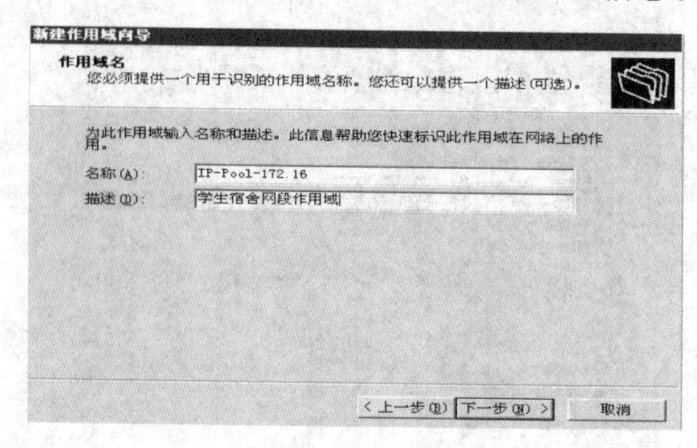

图 4-75 作用域名

（4）单击“下一步”按钮，弹出如图 4-76 所示“IP 地址范围”界面，在“起始 IP 地址”文本框中输入作用域的起始 IP 地址，在“结束 IP 地址”文本框中输入作用域的结束 IP 地址，在“长度”和“子网掩码”文本框中输入对应的掩码长度和子网掩码。

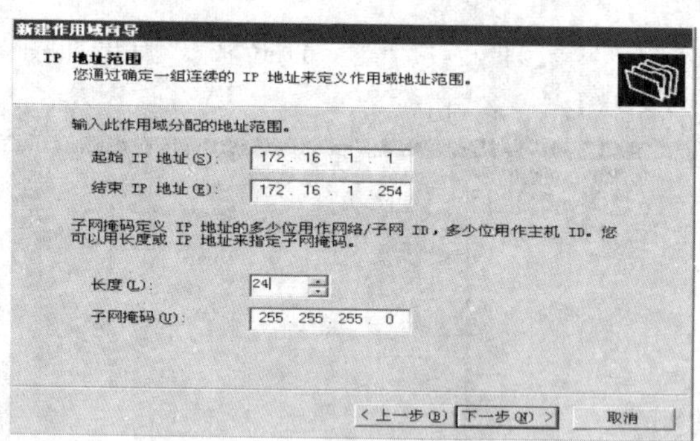

图 4-76 IP 地址范围

（5）单击“下一步”按钮弹出如图 4-77 所示的“添加排除”界面，在“起始 IP 地址”和“结束 IP 地址”文本框中输入要排除的 IP 地址或范围，单击“添加”按钮。排除的 IP 地址不会被 DHCP 服务器分配给客户端。

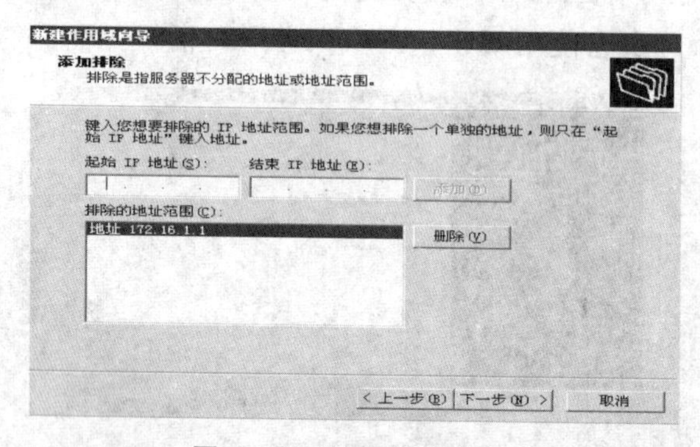

图 4-77 添加排除地址

（6）单击“下一步”按钮，弹出“租约期限”界面，在这里选择默认租约期限。

（7）单击“下一步”按钮，弹出“配置 DHCP 选项”界面，选择“是，我想现在配置这些选项”单选框。

（8）单击“下一步”按钮，弹出如图 4-78 所示的“路由器（默认网关）”界面，在“IP 地址”文本框中设置 DHCP 服务器发送给 DHCP 客户机使用的默认网关的 IP 地址，单击“添加”按钮。

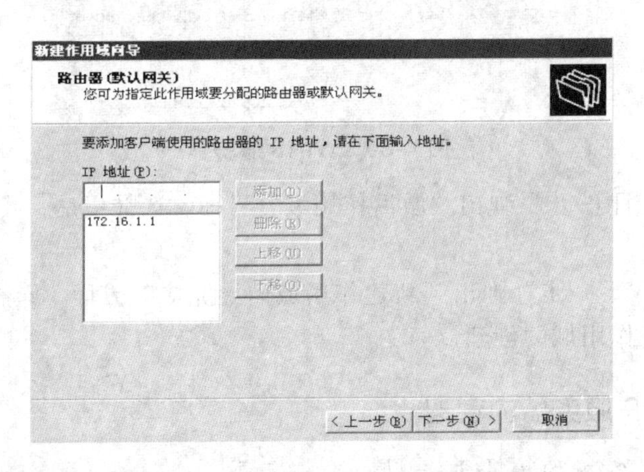

图 4-78 路由器（默认网关）配置

（9）单击“下一步”按钮，弹出“域名称和 DNS 服务器”窗口，如果要为 DHCP 客户机设置 DNS 服务器，可在“父域”文本框中设置 DNS 解析的域名，在“IP 地址”文本框中添加 DNS 服务器的 IP 地址，如图 4-79 所示。也可以在“服务器名”文本框中输入服务器的名称后单击“解析”自动查询 IP 地址。

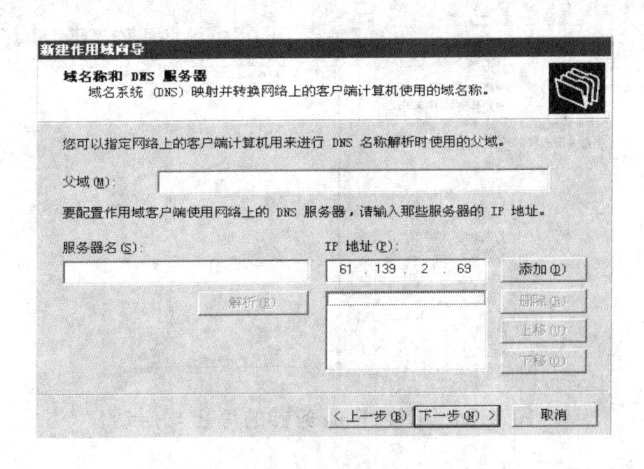

图 4-79 域名称和 DNS 服务器

（10）单击“下一步”按钮，弹出如图 4-80 所示的“WINS 服务器”界面。在“IP 地址”文本框中添加 WINS 服务器的 IP 地址，如果没有，直接单击“下一步”按钮。

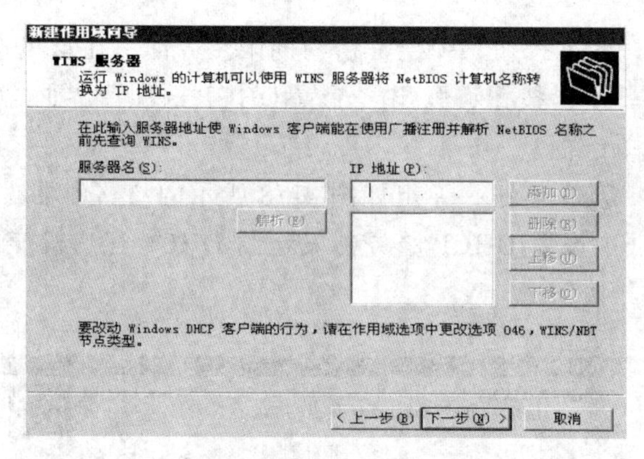

图 4-80 WINS 服务器

（11）单击“下一步”弹出“激活作用域”界面，选择“是，我想现在激活此作用域”选项。

（12）单击“下一步”弹出“新建作用域向导完成”界面，单击“完成”按钮，完成 DHCP 新建作用域的创建。

（四）DHCP 服务器的管理

1. DHCP 服务器的停止与启动

选择“开始”→“管理工具”→“DHCP”，弹出如图 4-73 所示的 DHCP 配置窗口。右键单击主机名称，在如图 4-81 所示的菜单中选择“所有任务”即可以停止/启动/暂停 DHCP 服务器。

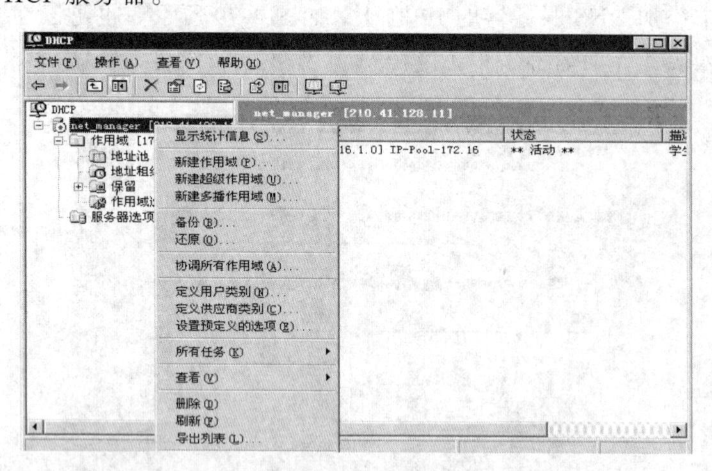

图 4-81 DHCP 服务器的停止与启动

2. 修改作用域地址池

对于已经设立的作用域的地址池可以修改其设置。

（1）在相应的作用域下右键单击“地址池”命令，在弹出的快捷菜单中选择“新建排除范围”命令，如图 4-82 所示。

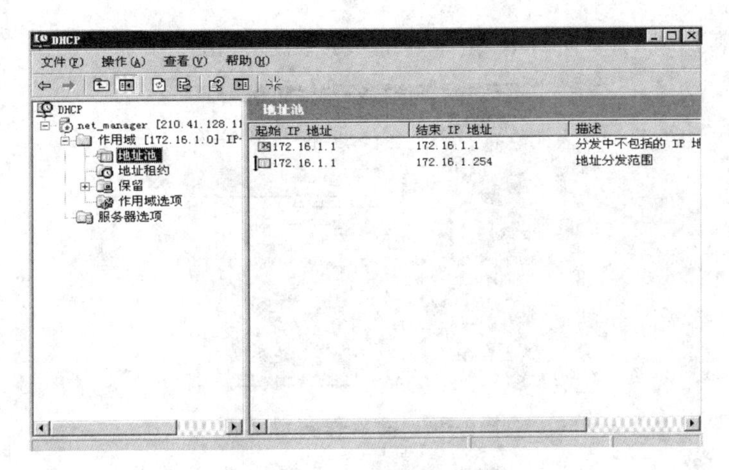

图 4-82 新建排除范围

（2）弹出如图 4-83 所示“添加排除”对话框，从中可以输入地址池中要排除的 IP 地址的范围。

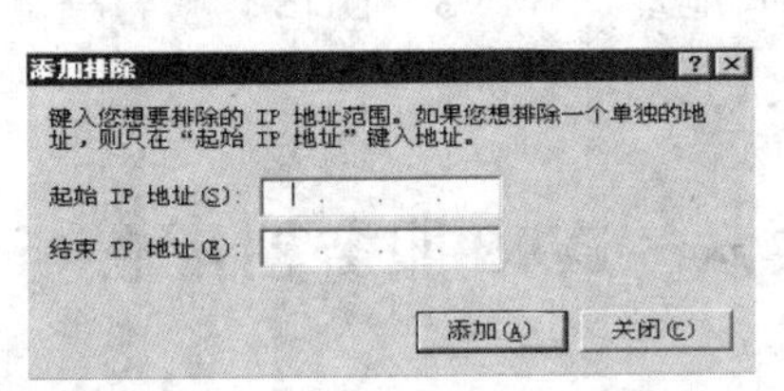

图 4-83 添加排除 IP 地址范围

（3）建立保留。

如果主机作为服务器为其他用户提供网络服务，IP 地址最好能够固定。这时可以把主机的 IP 地址设为静态 IP 而不用动态 IP，此外也可以让 DHCP 服务器为主机分配固定的 IP 地址，保留可以确保 DHCP 客户端永远可以得到同一 IP 地址。

① 在相应的作用域下右键单击“保留”命令，在弹出的快捷菜单中选择“新建保留”命令，如图 4-84 所示。

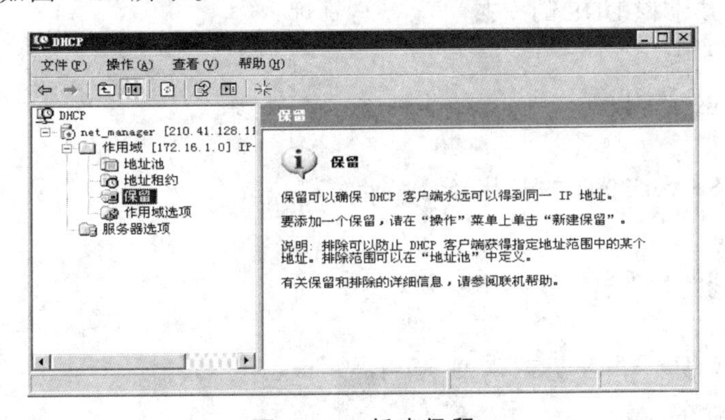

图 4-84 新建保留

② 弹出“新建保留”对话框，在“保留名称”框中输入名称，在 MAC 地址文

本框中输入客户机的网卡 MAC 地址，完成设置后单击“添加”按钮。

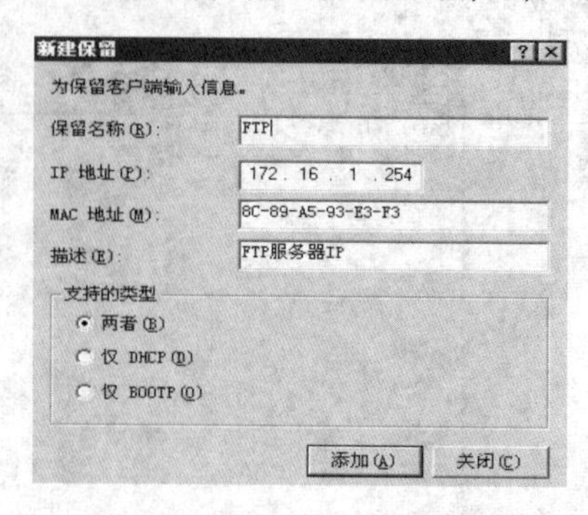

图 4-85 新建保留对话框

（五）测试是否配置成功

将客户机 TCP/IP 属性的 IP 地址设置为自动获取，然后在命令提示符下执行 C:/ipconfig/all 可以看到 IP 地址、WINS、DNS、域名等配置是否正确。

实验六 DNS 服务器配置与管理

一、实验内容

域名服务器的安装和域名服务器的配置与管理。

二、实验目的

（1）DNS 域名系统的基本概念，域名解析的原理和模式；
（2）学习并掌握 DNS 的安装、配置与管理；

三、实验器材

Windows Server 2003 的安装光盘、计算机。

四、实验步骤

1. DNS 域名系统的基本概念

1）DNS 简介

在网络上既可以使用主机名标识一台主机，也可以使用 IP 地址标识。人们更愿意使用便于记忆的主机名标识符，而路由器则只使用长度固定并有层次结构的 IP 地址。

DNS 是域名系统（Domain Name System）的缩写，是一种 TCP/IP 网络服务命名系统。如 Internet，用来通过用户的名称定位计算机和服务。当用户在应用程序中输入 DNS 名称时，DNS 通过一个分布式的数据库系统来将用户的名称解析为与此名称相关的 IP 地址。这种命名系统能适应 Internet 的增长。它主要由 3 个组成部分：

域名空间和相关资源记录（RR）：它们构成了 DNS 的分布式数据库系统；

DNS 名称服务器：是一台维护 DNS 的分布式数据库系统的服务器，并查询该系统以答复来自 DNS 客户机的查询请求；

DNS 解析器：DNS 客户集中的一个进程用来帮助客户端访问 DNS 系统，发出名称查询来获得解析的结果。

2）DNS 域名空间

DNS 域名空间是指一个逻辑树状层次化结构的命名空间，各机构可以用它自己的域名空间创建 Internet 上不可见的专用网。如图 4-86 所示，显示了域名空间的一部分，从根域到顶级 Internet DNS 域。

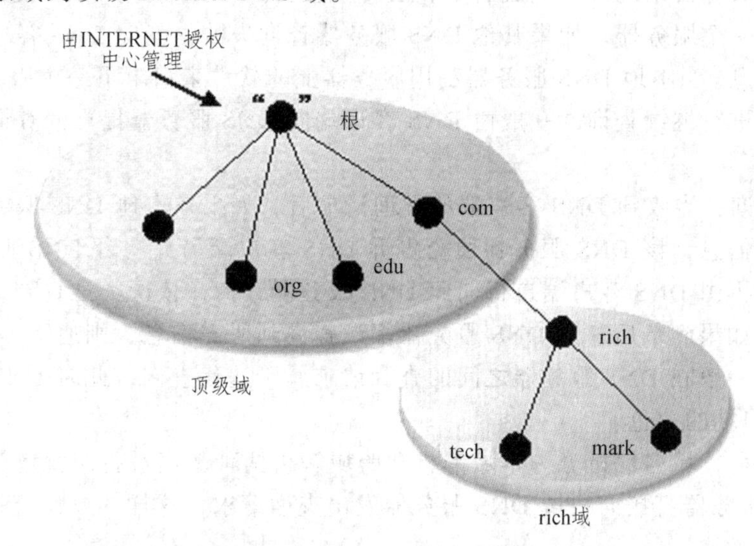

图 4-86　Interne 域名空间

（1）标号：在域名空间树上的每一个节点都有一个标号，它是一个最多为 63 字符的字符串。DNS 要求一个节点的字节点必须具有不同的标号。

（2）域名：一组具有相同后缀名的计算机构成了 DNS 中的一个域，这个相同的后缀名称为这个域的域名。通俗地说，DNS 域是节点下的一个分枝。例如，在图 4-86 中，rich.tech 就是一个域名。DNS 域可以包括主机（计算机或服务）或其他域（子域）。每个机构都拥有名字空间的某一部分授权，负责该部分名字空间的管理和划分，并用它来命名D N S 域和计算机。

（3）因特网上的域名空间：Internet 的域名空间由根域、顶级域、二级域和二级域的子域构成。Internet 域名空间的根（最顶级）由 Internet 名字注册授权机构管理，该机构把域名空间各部分的管理任务分配给连接到 Internet 的各个组织。DNS 根域下面是顶级域，也由 Internet 名字授权机构管理。

在顶级域以下，Internet 名字授权机构把域授权给连到 Internet 的各种组织。当一个组织获得了 Internet 名字授权机构对域名空间某一部分的授权后，该组织就负责命名所分配的域及其子域中的计算机设备和网络设备。并使用 DNS 服务器管理分配给它的那部分名字空间中主机设备的名字到 IP 地址的映射信息。

3）DNS 的解析过程

DNS 的客户端使用运行在客户机上的一个本地进程 DNS 解析器，来访问 DNS 分布式的数据库系统。DNS 解析器会根据客户提供的目标计算机的 FQDN 名，从右至左依次查询相关的 DNS 服务器。DNS 查询分成两类：递归查询和迭代查询。

递归查询：当收到 DNS 客户端的查询请求后，本地 DNS 服务器会向 DNS 客户端返回在该 DNS 服务器上查询到的结果或者查询失败的信息。当在本地 DNS 服务器查询失败时，该 DNS 服务器不会主动告诉 DNS 客户端其他的 DNS 服务器地址，而是由域名服务器系统自行完成名字和 IP 地址的转换，即利用 DNS 服务器上的软件来请求下一个服务器，如果其他 DNS 服务器查询失败，就向 DNS 客户端返回查询失败的信息。当本地 DNS 服务器利用服务器上的软件来请求下一个服务器时，使用递归算法进行继续查询。一般由 DNS 客户端向 DNS 服务器提出的查询请求属于递归查询。

迭代查询：当收到 DNS 客户端的查询请求后，如果在本地 DNS 服务器中没有查询到所需信息，该 DNS 服务器便会告诉 DNS 客户端另外一台 DNS 服务器的 IP 地址，然后再由 DNS 客户端自行向此 DNS 服务器查询，依次类推直到查询到所需信息为止。如果到最后一台 DNS 服务器都没查询到所需信息，则通知 DNS 客户端查询失败。一般在 DNS 服务器之间的查询请求属于迭代查询，此时 DNS 服务器充当 DNS 客户端的角色。

一般而言，域名解析分为本域解析和跨域解析两种。当进行跨域解析时，一般本地 DNS 服务器直接向根域 DNS 服务器发出查询请求，这样的操作流程会保证比较高的查询效率。

如果 Internet 上的某一客户机需要 www.huawei-3com.com 的 IP 地址，其解析过程如图 4-87 所示。

（1）客户机利用 DNS 解析器向本地的 DNS 服务器发送解析域名 www.huawei-3com.com 的递归查询，DNS 服务器必须返回正确的答案或是错误信息。

（2）本地的 DNS 服务器检查自己的高速缓存及本地的 DNS 区域以寻求答案。如果没有找到，它会向 Internet 授权服务器（即根域的 DNS 服务器）发送解析 www.huawei-3com.com 的迭代查询。

（3）Internet 根服务器不知道答案，但它返回一个指针，告诉本地 DNS 服务器.com 域的授权服务器。

（4）本地 DNS 服务器向该.com 域服务器发送解析 www.huawei-3com.com 的迭代查询。

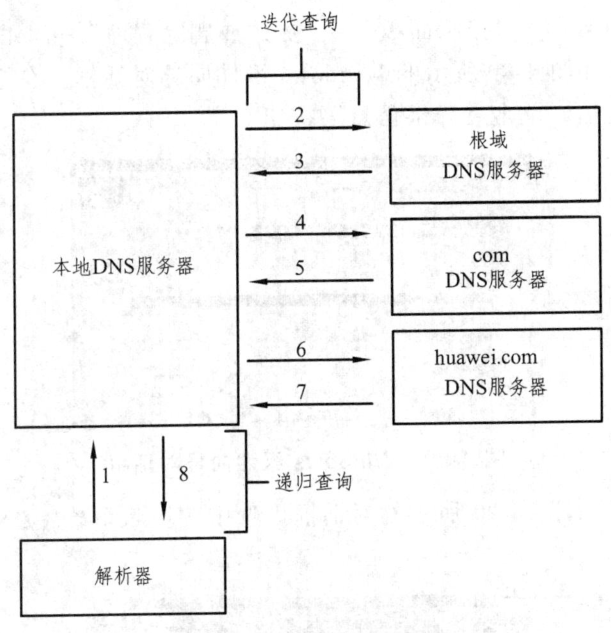

图 4-87　DNS 解析过程

（5）com 域的授权服务其不知道答案，但它返回一个指针，指向 huawei-3com.com 域的授权服务器。

（6）本地 DNS 服务器向 huawei-3com.com 域的授权服务器发送解析 www.huawei-3com.com 的迭代查询。

（7）huawei-3com.com 域的授权服务器知道答案，所以它返回所请求的 IP 地址。

（8）本地 DNS 服务器将结果告知 DNS 的客户端，客户端依据此 IP 和目标服务器建立连接。

2. 域名服务器的安装

（1）鼠标右键单击桌面上的“网上邻居”→“属性”→“Internet 协议（TCP/IP）属性”，DNS 服务器的 IP 地址要填上本机的 IP，本机的 IP 地址一定是固定 IP 地址，如图 4-88 所示。

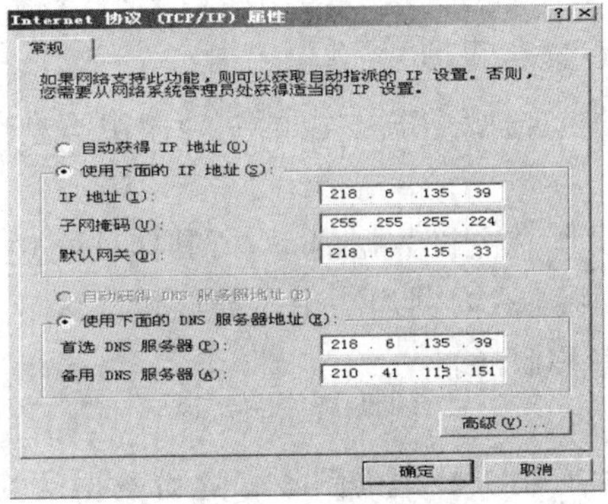

图 4-88　TCP/IP 属性

（2）选择“开始”→“控制面板”→“更改或删除程序”→“添加/删除 Windows 组件选项”，打开如图 4-89 所示的 Windows 组件向导对话框。在组件列表中，单击“网络服务”复选框，单击“详细信息”按钮。

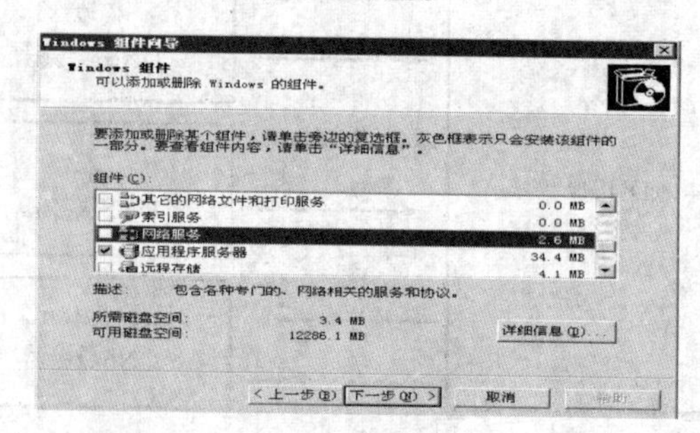

图 4-89　Windows 组件向导对话框

（3）在弹出的如图 4-90 所示的对话框中选中“域名系统（DNS）”复选框，单击“确定”按钮。

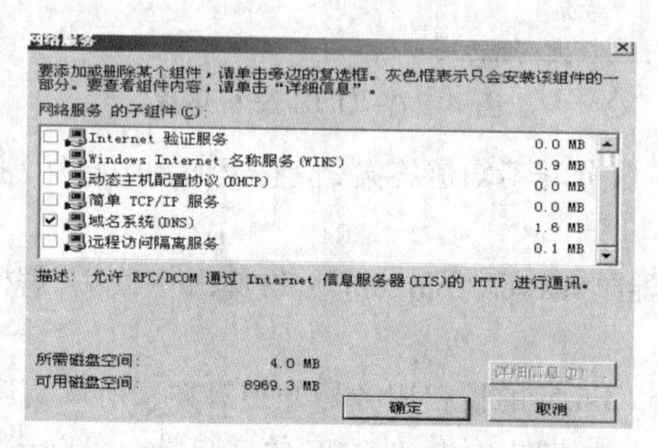

图 4-90　网络服务对话框

（4）单击“下一步”按钮，系统会根据要求配置组件。

（5）安装完成时，在“完成 windows 组件向导”界面中，单击“确定”。完成安装后，在“开始”→“程序”→“管理工具”应用程序组中会多一个“DNS”选项，使用它进行 DNS 服务器管理与设置，而且会创建一个“%systemroot%\system32\dns”文件夹，其中存储与 DNS 运行有关的文件，例如：缓存文件、区域文件、启动文件等。

3. DNS 服务器的配置与管理

1）Windows 2003 的 DNS 服务器支持的三种区域类型

（1）主要区域。

该区域存放此区域内所有主机数据的正本，其区域文件采用标准 DNS 规格的一般文本文件。当在 DNS 服务器内创建一个主要区域与区域文件后，这个 DNS 服务器就是这个区域的主要名称服务器。

（2）辅助区域。

该区域存放区域内所有主机数据的副本，这份数据从其主要区域利用区域转送的方式复制过来，区域文件采用标准 DNS 规格的一般文本文件，只读不可以修改。

创建辅助区域的 DNS 服务器为辅助名称服务器。

（3）存根区域。

存根区域是一个区域副本，只包含标识该区域的权威域名系统（DNS）服务器所需的那些资源记录。存根区域用于使主持父区域的 DNS 服务器知道其子区域的权威 DNS 服务器，从而保持 DNS 名称解析效率。

存根区域由以下部分组成：

① 委派区域的起始授权机构（SOA）资源记录、名称服务器（NS）资源记录和粘附 A 资源记录。

② 可用来更新存根区域的一个或多个主服务器的 IP 地址。

存根区域的主服务器是对于子区域具有权威性的一个或多个 DNS 服务器，通常 DNS 服务器主持委派域名的主要区域。

2）添加正向搜索区域

在创建新的区域之前，首先检查一下 DNS 服务器的设置，确认已将“IP 地址”“主机名”“域”分配给了 DNS 服务器。检查完 DNS 的设置，按如下步骤创建新的区域：

（1）选择“开始”→“管理工具”→“DNS”，打开 DNS 管理窗口。

（2）选取要创建区域的 DNS 服务器，右键单击“正向搜索区域”选择“新建区域”，如图 4-91 所示，出现“欢迎使用新建区域向导”对话框时，单击“下一步”按钮。

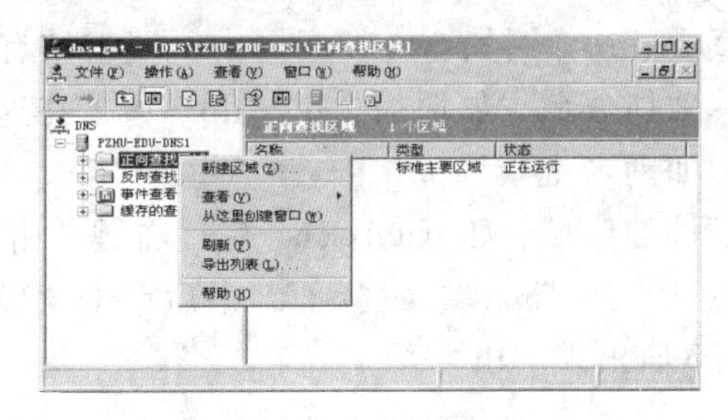

图 4-91　新建区域

（3）在出现的对话框中选择要建立的区域类型，这里选择“主要区域”，单击“下一步”按钮。

（4）出现如图 4-92 所示的“区域名称”对话框时，输入新建主区域的区域名，例如：pzhdx.cn，然后单击“下一步”，文本框中会自动显示默认的区域文件名。如果不接受默认的名字，也可以键入不同的名称。

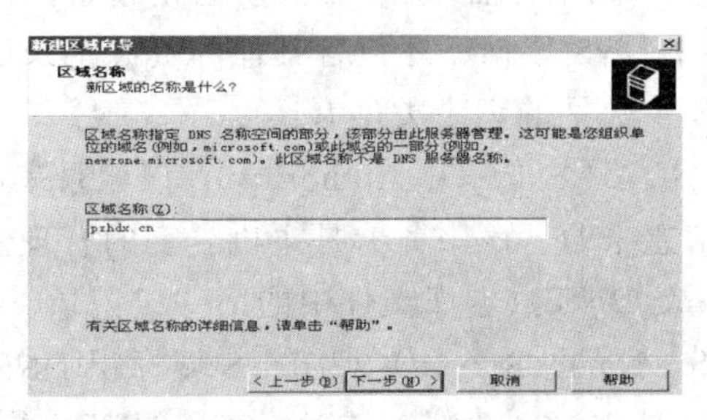

图 4-92　区域名称

（5）单击“下一步”按钮，出现“动态更新”设置窗口，按照默认设置即可。

（6）单击“下一步”按钮，在出现的对话框中单击“完成”按钮，结束区域添加。新创建的主区域显示在所属 DNS 服务器的列表中，且在完成创建后，“DNS 管理器”将为该区域创建一个 SOA 记录，同时也为所属的 DNS 服务器创建一个 NS 或 SOA 记录，并使用所创建的区域文件保存这些资源记录，如图 4-93 所示。

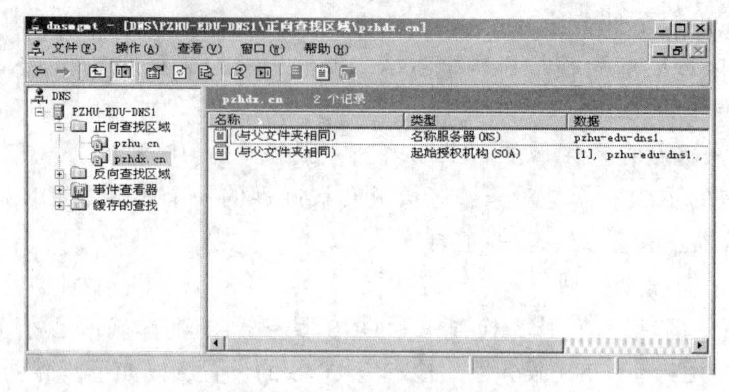

图 4-93 SOA 记录和 NS 记录

3）添加 DNS 域

一个较大的网络，可以在区域内划分多个子区域，Windows 2003 中为了与域名系统一致也称为域（Domain）。例如：在校园网中，图书馆有自己的服务器，为了方便管理，可以为其单独划分域，如增加一个“lib”域，在这个域下可添加主机记录以及其他资源记录（如别名记录等）。

首先选择要划分子域的区域，如 pzhdx.cn，然后右键单击选择“新建域”，出现如图 4-94 所示对话框，在其中输入域名“lib”，最后单击“确定”按钮完成操作，此时，在“pzhdx.cn”下面出现“lib”域。

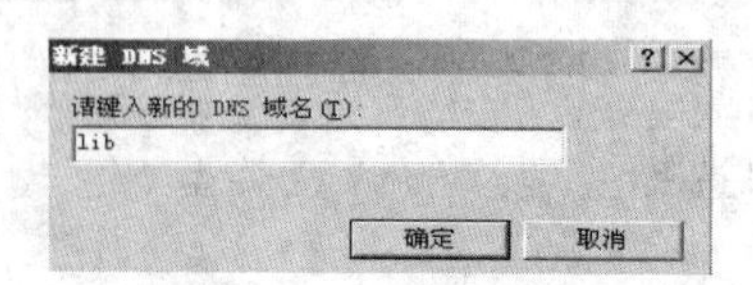

图 4-94 新建 DNS 域

（1）添加 DNS 记录。

创建新的主区域后，“域服务管理器”会自动创建起始机构授权、名称服务器、主机等记录。除此之外，DNS 数据库还包含其他的资源记录，用户可自行向主区域或域中进行添加。DNS 中常见的记录类型有：

① 起始授权机构 SOA（Start Of Authority）：该记录表明 DNS 名称服务器是 DNS 域中的数据表的信息来源，该服务器是主机名字的管理者，创建新区域时，该资源记录自动创建，且是 DNS 数据库文件中的第一条记录。

② 名称服务器 NS（Name Server）：为 DNS 域标识 DNS 名称服务器，该资源记录出现在所有 DNS 区域中。创建新区域时，该资源记录自动创建。

③ 主机地址 A（Address）：该资源将主机名映射到 DNS 区域中的一个 IP 地址。

④ 指针 PTR（Point）：该资源记录与主机记录配对，可将 IP 地址映射到 DNS 反向区域中的主机名。

⑤ 邮件交换器资源记录 MX（Mail Exchange）：为 DNS 域名指定了邮件交换服务器。在网络中存在 E-mail 服务器，需要添加一条 MX 记录对应 E-mail 服务器，以便 DNS 能够解析 E-mail 服务器地址。若未设置此记录，E-mail 服务器无法接收邮件。

⑥ 别名 CNAME（Canonical Name）：仅仅是主机的另一个名字。

例如添加 WWW 服务器的主机记录，步骤如下：

步骤一：选中要添加主机记录的主区域 pzhdx.cn，右键单击选择菜单“新建主机”。

步骤二：出现如图 4-95 所示对话框，在“名称”下输入新添加的计算机的名字，一般 WEB 服务器的名字是 www，在“IP 地址”文本框中输入相应的主机 IP 地址，然后点击“添加主机”按钮。

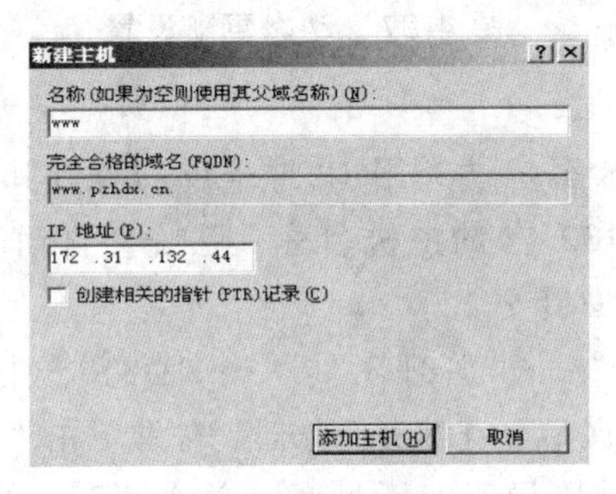

图 4-95　新建主机

可重复上述操作重复添加多个主机，添加完毕后，单击“完成”按钮关闭对话框，会在“DNS 管理器”中增添相应的记录。如图 4-96 所示，表示 www（计算机名）是 IP 地址为 172.31.132.44 的主机名。由于计算机名为 www 的这台主机添加在 pzhdx.cn 区域下，网络用户可以直接使用 www.pzhdx.cn 访问 172.31.132.44 这台主机。

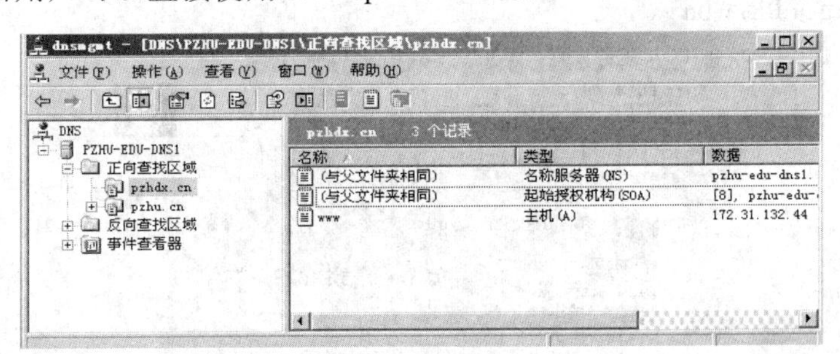

图 4-96　主机名与 IP 对应信息

DNS 服务器具备动态更新功能，当一些主机信息（主机名称或 IP 地址）更改时，更改的数据会自动传送到 DNS 服务器端。这要求 DNS 客户端也必须支持动态更新功能。

首先在 DNS 服务器端必须设置可以接收客户端动态更新的要求，其设置是以区域为单位的，右键单击要启用动态更新的区域，选择“属性”，在出现如图 4-97 所示对话框，选择是否要动态更新。

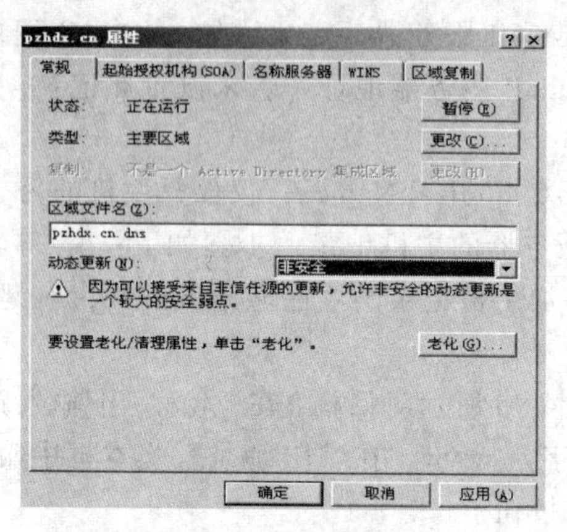

图 4-97　动态更新设置

（2）添加反向查找区域。

反向区域可以让 DNS 客户端利用 IP 地址反向查询其主机名称，例如客户端可以查询 IP 地址为 172.31.132.44 的主机名称，系统会自动解析为 www.pzhdx.cn。

添加反向区域的步骤如下：

步骤一：选择“开始”→“管理工具”→“DNS”，打开 DNS 管理窗口。

步骤二：选取要创建区域的 DNS 服务器，右键单击“反向查找区域”，选择“新建区域”，出现“新建区域向导”对话框时，单击“下一步”按钮。

步骤三：在出现的对话框中选择要建立的区域类型，选择“主要区域”，单击“下一步”按钮。

步骤四：出现如图 4-98 所示对话框时，直接在“网络 ID”处输入此区域支持的网络 ID，例如：172.31.132，它会自动在“反向搜索区域名称”处设置区域名“132.31.172.in-addr.arpa”。

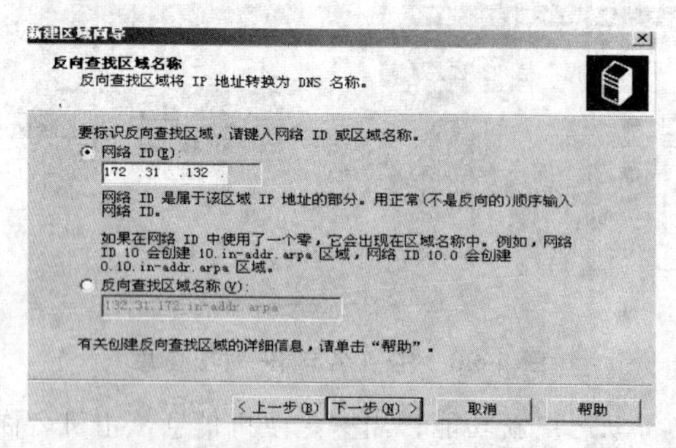

图 4-98　反向区域网络 ID

步骤五：单击“下一步”，文本框中会自动显示默认的区域文件名。如果不接受默认的名字，也可以键入不同的名称，单击“下一步”完成。查看如图 4-99 所示窗口，其中的“172.31.132.x Subnet”就是刚才所创建的反向区域。

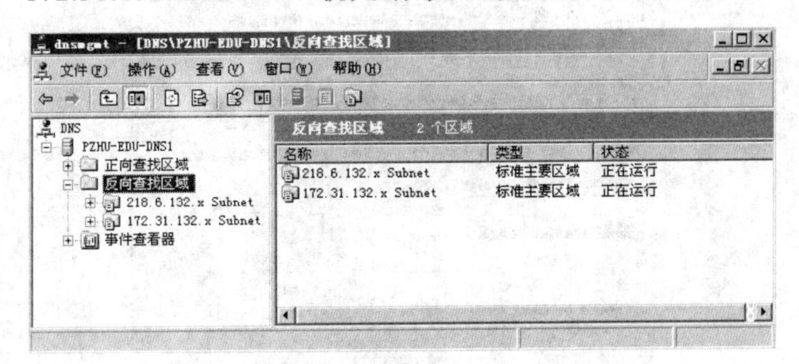

图 4-99 反向区域文件名

反向搜索区域必须有记录数据以便提供反向查询的服务，添加反向区域的记录的步骤如下：

步骤一，选中要添加主机记录的反向主区域 172.31.132.x Subnet，右键单击选择菜单“新建指针”。

步骤二，出现如图 4-100 所示对话框，输入主机 IP 地址和主机的 FQNA 名称，例如：Web 服务器的 IP 是 172.31.132.44，主机完整名称为 www.pzhdx.cn。

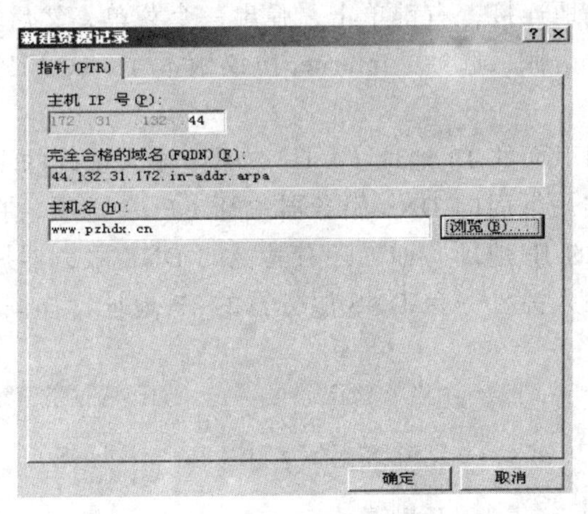

图 4-100 添加反向区域记录

可重复以上步骤，添加多个指针记录。添加完毕后，在“DNS 管理器”中会增加相应的记录。

4）设置转发器

DNS 负责本网络区域的域名解析，对于非本网络的域名，可以通过上级 DNS 进行解析。通过设置“转发器”，将自己无法解析的域名转发到下一个 DNS 服务器解析。

设置步骤：首先在“DNS 管理器”中选中 DNS 服务器，单击鼠标右键，选择“属性”→“转发器”，在弹出的如图 4-101 所示的对话框中添加上级 DNS 服务器的

IP 地址。图中所示为本网用户向 DNS 服务器请求的地址解析，若本服务器数据库中没有，转发由 202.12.14.151 解析。

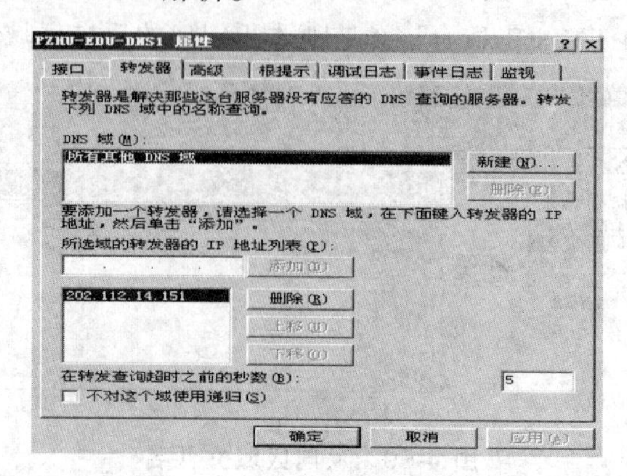

图 4-101　DNS 转发器设置

5）DNS 客户端的设置

在安装 Windows XP 或 Windows 7 系统的客户机上，设置 DNS 客户端和 IP 地址步骤为：

（1）在电脑的右下角有网络快捷按钮，点击它，打开一个菜单，然后选择“打开网络和共享中心”。在打开的窗口中，单击选择“更改适配器设置”。

（2）找到你的本地连接，右键单击，弹出一个菜单，然后选择属性。

（3）打开属性对话框，选择“Internet 协议版本 4（TCP/IPv4）”，然后点击属性按钮。

（4）选择“使用下面的 IP 地址（S）”选项，输入正确的 IP 地址、子网掩码和默认网关；选择“实用下面的 DNS 服务器地址（E）”选项，在“首选 DNS 服务器”处输入 DNS 服务器的 IP 地址，如果还有其他的 DNS 服务器提供服务的话，在“备用 DNS 服务器”处输入另外一台 DNS 服务器的 IP 地址，如图 4-102 所示，最后点击确定按钮完成设置。

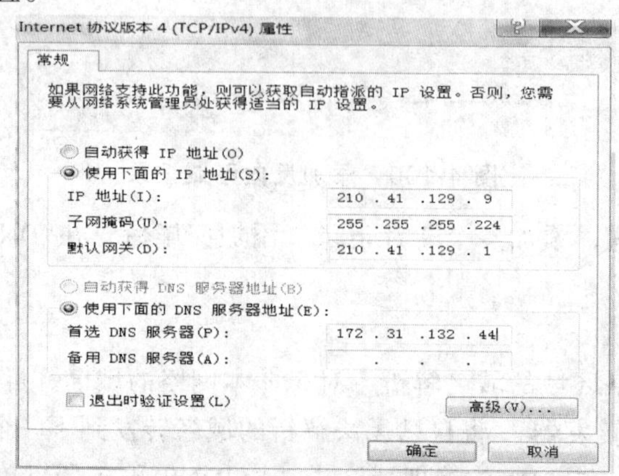

图 4-102　TCP/IP 属性设置

当组建 Intranet 时，若与 Internet 连接，必须安装 DNS 服务器实现域名解析功能，本实验主要介绍了 DNS 域名系统的基本概念、域名解析的原理与模式，以及如何设置与管理 DNS 服务器。

第五部分　综合应用案例

以某大学网络为例，其网络拓扑结构如图 5-1 所示，以图书馆子网为例接入主干网。网络结构为典型的三层结构，核心层由三台高性能的路由交换机组成环形拓扑结构，核心层之间采用两条链路聚合方式以增加它们校园网络主干带宽。校园网络通过核心交换机 Quidway S6506（Annic6506）连接图书馆的汇聚层交换机 Switch2，通过核心交换机 Quidway S8016(Annic8016)连接至防火墙。服务器所在位于 210.41.*.*/16 和 218.6.*.*/16 子网，置于防火墙后端；图书馆位于 210.41.138.*/24 子网。

要求：核心层之间运行 OSPF 动态路由协议，核心层到汇聚层设备配置静态路由协议。防火墙上只允许指定的公共服务可以被网络上的其他计算机访问。

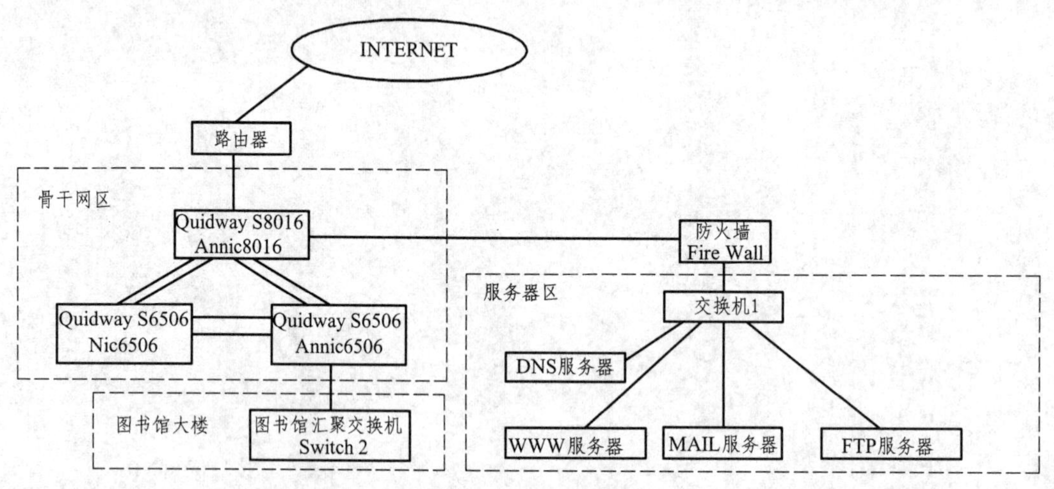

图 5-1　网络拓扑图

一、IP 地址及设备端口规划

IP 地址以及设备端口规划分配如表 5-1 所示。

表 5-1　IP 地址分配表

设备	端口	端口描述	IP 地址	子网掩码	备注
Annic8016	G7/0/0	8016 to Annic6506	10.10.10.2	255.255.255.252	端口聚合
	G7/0/1				
	G6/0/0	8016 to Annic 6506	10.10.10.9	255.255.255.252	端口聚合
	G6/0/1				

续表

设备	端口	端口描述	IP 地址	子网掩码	备注
Annic8016	G8/0/0	to Router	192.168.254.1	255.255.255.248	
	E2/1/1	to Fire Wall	10.0.0.245	255.255.255.252	
Annics6506	G1/0/4	Annic6506 to 8016	10.10.10.1	255.255.255.252	端口聚合
	G1/0/5				
	G2/0/1	Annic6506 to 6506	10.10.10.5	255.255.255.252	端口聚合
	G2/0/2				
	G1/0/8	To-lib	10.0.0.41	255.255.255.252	
Nic6506	G2/0/1	Nic6506 to Annic 6506	10.10.10.6	255.255.255.252	端口聚合
	G2/0/2				
	G2/0/3	Nic6506 to 8016	10.10.10.10	255.255.255.252	端口聚合
	G2/0/4				
	G2/0/6	to home	10.0.0.253	255.255.255.252	
FireWall	ethernet1	to 8016	10.0.0.245	255.255.255.252	
Switch2	G2/1	to Annic6506	10.0.0.42	255.255.255.252	
	E0/15				
Router	G0/0	to Annic8016	192.168.254.2	255.255.255.248	

二、设备端口配置

（一）Quidway S8016（Annic8016）端口配置

```
#进入系统视图
<Quidway>sy
#配置交换机名称
[Quidway]Sysname Annic8016
#进入端口视图
[Annic8016]int G7/0/0
#设置端口速率为强制 1 000 M，全双工工作模式
[Annic8016-GigabitEthernet7/0/0]speed 1000
[Annic8016-GigabitEthernet7/0/0]duplex full
[Annic8016-GigabitEthernet7/0/0]quit
[Annic8016]int G7/0/1
[Annic8016-GigabitEthernet7/0/1]speed 1000
[Annic8016-GigabitEthernet7/0/1]duplex full
```

```
[Annic8016-GigabitEthernet7/0/1]quit
#创建并进入 vlan 配置视图
[Annic8016]vlan 2000
#将端口加入到 vlan 中
[Annic8016-vlan2000]port g7/0/0
[Annic8016-vlan2000]port g7/0/1
[Annic8016-vlan2000]quit
#进入 vlan 虚拟接口
[Annic8016]int vlan 1000
#配置 vlan 虚拟接口 IP 地址
[Annic8016-Vlanif1000]ip addr 10.10.10.2 255.255.255.252
#配置端口聚合，主端口为 G7/0/0
[Annic8016]link-aggregation gigabitethernet 7/0/0 7/0/1 master 7/0/0
[Annic8016]int G6/0/0
[Annic8016-GigabitEthernet6/0/0]speed 1000
[Annic8016-GigabitEthernet6/0/0]duplex full
[Annic8016-GigabitEthernet6/0/0]quit
[Annic8016]int 6/0/1
[Annic8016-GigabitEthernet6/0/1]speed 1000
[Annic8016-GigabitEthernet6/0/1]duplex full
[Annic8016-GigabitEthernet6/0/1]quit
[Annic8016]vlan 3000
[Annic8016-vlan3000]port g6/0/0
[Annic8016-vlan3000]port g6/0/1
[Annic8016-vlan3000]quit
[Annic8016]int vlan 3000
[Annic8016-Vlanif1000]ip addr 10.10.10.3 255.255.255.252
#配置端口聚合
[Annic8016]link-aggregation gigabitethernet 6/0/0 6/0/1 master 6/0/0
[Annic8016]int G8/0/0
[Annic8016-GigabitEthernet8/0/0]speed 1000
[Annic8016-GigabitEthernet8/0/0]duplex full
[Annic8016]vlan 2005
[Annic8016-vlan2005]port g8/0/0
[Annic8016]int vlan 2005
[Annic8016-Vlanif2005]ip addr 192.168.254.1 255.255.255.248
[Annic8016]int e2/1/1
```

```
[Annic8016]vlan 2
[Annic8016-vlan2]port e2/1/1
[Annic8016]int vlan 2
[Annic8016-Vlanif2]ip addr 10.0.0.245 255.255.255.252
```

（二）Quidway S6506（Nic6506）配置

```
[Quidway]sy
[Quidway]Sysname Nic6506
[Nic6506]int G2/0/1
[Nic6506-GigabitEthernet2/0/1]speed 1000
[Nic6506-GigabitEthernet2/0/1]duplex full
[Nic6506-GigabitEthernet2/0/1]quit
[Nic6506]int G2/0/2
[Nic6506-GigabitEthernet2/0/2]speed 1000
[Nic6506-GigabitEthernet2/0/2]duplex full
[Nic6506-GigabitEthernet2/0/2]quit
[Nic6506]vlan 2000
[Nic6506-vlan2000]port g2/0/1
[Nic6506-vlan2000]port g2/0/2
[Nic6506-vlan2000]quit
[Nic6506]int vlan 2000
[Nic6506-Vlanif2000]ip addr 10.10.10.6 255.255.255.252
#配置端口聚合
[Nic6506]link-aggregation gigabitethernet 2/0/1 2/0/2 master 2/0/1
[Nic6506]int G2/0/3
[Nic6506-GigabitEthernet2/0/3]speed 1000
[Nic6506-GigabitEthernet2/0/3]duplex full
[Nic6506-GigabitEthernet2/0/3]quit
[Nic6506]int G2/0/4
[Nic6506-GigabitEthernet2/0/4]speed 1000
[Nic6506-GigabitEthernet2/0/4]duplex full
[Nic6506-GigabitEthernet2/0/4]quit
[Nic6506]vlan 3000
[Nic6506-vlan3000]port g2/0/3
[Nic6506-vlan3000]port g2/0/4
[Nic6506-vlan3000]quit
[Nic6506]int vlan 3000
```

[Nic6506-Vlanif3000]ip addr 10.10.10.10 255.255.255.252

#配置端口聚合

[Nic6506]link-aggregation gigabitethernet 2/0/3 2/0/4 master 2/0/3

（三）Quidway S6506（Annic6506）配置

[Quidway]sy

[Quidway]Sysname Annic6506

[Annic6506]int G1/0/4

[Annic6506-GigabitEthernet1/0/4]speed 1000

[Annic6506-GigabitEthernet1/0/4]duplex full

[Annic6506-GigabitEthernet1/0/4]quit

[Annic6506]int G1/0/5

[Annic6506-GigabitEthernet1/0/5]speed 1000

[Annic6506-GigabitEthernet1/0/5]duplex full

[Annic6506-GigabitEthernet1/0/5]quit

[Annic6506]vlan 1000

[Annic6506-vlan1000]port g1/0/4

[Annic6506-vlan1000]port g1/0/5

[Annic6506-vlan2000]quit

[Annic6506]int vlan 1000

[Annic6506-Vlanif2000]ip addr 10.10.10.1 255.255.255.252

#配置端口聚合

[Annic6506]link-aggregation gigabitethernet 1/0/4 1/0/5 master 1/0/4

[Annic6506]int G2/0/1

[Annic6506-GigabitEthernet2/0/1]speed 1000

[Annic6506-GigabitEthernet2/0/1]duplex full

[Annic6506-GigabitEthernet2/0/1]quit

[Annic6506]int G2/0/2

[Annic6506-GigabitEthernet2/0/2]speed 1000

[Annic6506-GigabitEthernet2/0/2]duplex full

[Annic6506-GigabitEthernet2/0/2]quit

[Annic6506]vlan 2000

[Annic6506-vlan2000]port g2/0/1

[Annic6506-vlan2000]port g2/0/2

[Annic6506-vlan2000]quit

[Annic6506]int vlan 2000

[Annic6506-Vlanif2000]ip addr 10.10.10.5 255.255.255.252

#配置端口聚合

[Annic6506]link-aggregation gigabitethernet 2/0/1 2/0/2 master 2/0/1

[ANNIC6506]vlan 28

[Annic6506-vlan28]port g1/0/8

[Annic6506-vlan28]quit

[Annic6506]int g1/0/8

[Annic6506-GigabitEthernet1/0/8]duplex full

[Annic6506-GigabitEthernet1/0/8]speed 1000

[Annic6506]int vlan 28

[Annic6506-Vlanif28]ip addr 10.0.0.41 255.255.255.252

三、路由器 Router 端口配置

<Quidway>sy

[Quidway]sysname Router

[Router]interface gigabitEthernet 0/0

[Router- GigabitEthernet 0/0] duplex auto

[Router- GigabitEthernet 0/0] speed auto

[Router]quit

[Router] ip address 192.168.254.2 255.255.255.248

四、图书馆汇聚交换机 Switch2 配置

<Quidway>sy

[Quidway]sysname Switch2

[Switch2]vlan 28

[Switch2-vlan28]port gi2/1

[Switch2]int gi2/1

[Switch2-GigabitEthernet2/1]speed 1000

[Switch2-GigabitEthernet2/1]duplex full

[Switch2-GigabitEthernet2/1]quit

[Switch2]int vlan 28

[Switch2-Vlanif28]ip addr 10.0.0.42 255.255.255.252

[Switch2] interface Ethernet0/15

#配置端口模式为 trunk

[Switch2-Ethernet0/15]port link-type trunk

#配置 trunk 端口允许所有 vlan 数据通过

[Switch2-Ethernet0/15] port trunk permit vlan all

[Switch2-Ethernet0/15] quit

[Switch2]ip route 0.0.0.0 0.0.0.0 10.0.0.41

#配置图书馆汇聚交换机 Switch2 的默认路由

五、防火墙 FireWall 配置

#设置端口所在区域

FireWall->set interface "ethernet1" zone "Untrust"

FireWall->set interface "ethernet2" zone "DMZ"

FireWall->set interface "ethernet3" zone "DMZ"

FireWall->set interface "ethernet4" zone "DMZ"

#设置对应端口 IP 地址

FireWall->set interface vlan1 ip 10.0.0.246/30

FireWall->set interface ethernet1 ip 10.0.0.246/30

FireWall->set interface ethernet1 route

FireWall->set interface ethernet2 ip 11.0.0.1/30

FireWall->set interface ethernet2 route

FireWall->set interface ethernet3 ip 11.0.0.5/30

#设置允许访问的公共服务组

FireWall->set group service "pzhu-server" add "DHCP-Relay"

FireWall->set group service "pzhu-server" add "DNS"

FireWall->set group service "pzhu-server" add "FTP"

FireWall->set group service "pzhu-server" add "HTTP"

#设置允许从 Untrust 区域到 DMZ 区域可以访问的服务组或特定服务

FireWall->set policy id 3 from "Untrust" to "DMZ" "Any" "210.41.*.*/24" "pzhu-server" Permit

FireWall->set policy id 6 from "Untrust" to "DMZ" "Any" "218.6..*.*/255.255..0.0" "pzhu-server" Permit

六、路由协议配置

（一）OSPF 动态路由协议配置

1．Annic8016 路由协议配置

#配置 loopbakc0 接口

[Annic8016]interface LoopBack 0

[Annic8016-LoopBack0] ip address 192.168.0.1 255.255.255.0
[Annic8016-LoopBack0] ospf network-type broadcast
[Annic8016-LoopBack0]quit
#启动 ospf 进程
[Annic8016]ospf
#设置区域
[Annic8016-ospf] area 0.0.0.0
#使用 network 命令配置对应网段接口加入 OSPF 区域
[Annic8016-ospf-area-0.0.0.0] network 10.10.10.0 0.0.0.3
[Annic8016-ospf-area-0.0.0.0] network 10.10.10.8 0.0.0.3
[Annic8016-ospf-area-0.0.0.0] network 192.168.0.0 0.0.0.255
#设置优先级
[Annic8016-ospf]preference 1
#引入静态路由和直联路由
[Annic8016-ospf]import-route static
[Annic8016-ospf]import-route direct

2. Annic6506 路由协议配置

[Annic6506]interface LoopBack 0
[Annic6506-LoopBack0] ip address 192.168.0.2 255.255.255.0
[Annic6506-LoopBack0] ospf network-type broadcast
[Annic6506-LoopBack0]quit
[Annic6506]ospf 1
[Annic6506-ospf-1] preference 1
[Annic6506-ospf-1] import-route static
[Annic6506-ospf-1] import-route direct
[Annic6506-ospf-1]area 0.0.0.0
[Annic6506-ospf-1-area-0.0.0.0]network 10.10.10.0 0.0.0.3
[Annic6506-ospf-1-area-0.0.0.0]network 10.10.10.4 0.0.0.3
[Annic6506-ospf-1-area-0.0.0.0]network 192.168.0.0 0.0.0.255

3. Nic6506 路由协议配置

[Nic6506]interface LoopBack 0
[Nic6506-LoopBack0] ip address 192.168.0.3 255.255.255.0
[Nic6506-LoopBack0] ospf network-type broadcast
[Nic6506-LoopBack0]quit
[Nic6506]ospf 1
[Nic6506-ospf-1] preference 1

[Nic6506-ospf-1] import-route static
[Nic6506-ospf-1] import-route direct
[Nic6506-ospf-1]area 0.0.0.0
[Nic6506-ospf-1-area-0.0.0.0]network 10.10.10.4 0.0.0.3
[Nic6506-ospf-1-area-0.0.0.0]network 10.10.10.8 0.0.0.3
[Nic6506-ospf-1-area-0.0.0.0]network 192.168.0.0 0.0.0.255

（二）静态路由配置

1. Annic6506 到图书馆网段静态路由配置，图书馆位于 210.41.*.*/24 子网

[Annic6506] ip route-static 210.41.*.*   255.255.255.0 10.0.0.42 preference 60

2. Annic8016 静态路由配置，假设服务器所在子网 218.6.*.*/26

[Annic8016] ip route-static 218.6.*.*   255.255.255.192 10.0.0.246 preference 60

3. 防火墙 FireWall 静态路由配置：

FireWall->set route 0.0.0.0/0 interface ethernet1 gateway 10.0.0.245
FireWall->set route 210.41.*.*/16 interface ethernet3 gateway 11.0.0.6
FireWall->set route 218.6.*.*/16 interface ethernet2 gateway 11.0.0.2

4. 出口路由器 Router 静态路由配置

#假设出口默认下一跳地址为 17.17.17.1
[Router]ip route 0.0.0.0   0.0.0.0   17.17.17.1
#配置指向内网的静态路由
[Router]ip route 210.41.*.* 255.255.0.0 192.168.254.1
[Router]ip route 218.6.*.* 255.255.0.0 192.168.254.1

参考文献

[1] 钱德沛. 计算机网络实验教程[M]. 北京：高等教育出版社，2005.

[2] 张靖，周伟. 计算机网络信息系统工程应用技术[M]. 成都：西南交通大学出版社，2011.

[3] 徐明伟，崔勇，徐恪. 计算机网络原理实验教程[M]. 北京：机械工业出版社，2008.

[4] 杭州华三通信技术有限公司. 路由交换技术第 1 卷(上册)[M]. 北京：清华大学出版社，2011.

[5] 杭州华三通信技术有限公司. 路由交换技术第 1 卷（下册）[M]. 北京：清华大学出版社，2011.

[6] [美]Wayne Lewis,Ph D. 思科网络技术学院教程：LAN 交换和无线[M]. 思科系统公司译. 北京：人民邮电出版社，2009.

[7] [美]Wayne Lewis,Ph D. 思科网络技术学院教程：路由协议和概念[M]. 思科系统公司译. 北京：人民邮电出版社，2009.

[8] 神州数码网络有限公司网站，http://www.dcnetworks.com.cn/.

[9] 神州数码网络（北京）有限公司. DCRS-5200 路由交换机使用手册，2008.

[10] 神州数码网络有限公司. DCR-3705 路由器配置手册，2010.

[11] 甘刚. 网络设备配置与管理[M]. 北京：人民邮电出版社，2011.

[12] 解云航. 网络产品安装与调试. 神州数码网络大学，2002.

[13] 陈景亮. 网络操作系统：Windows Server 2003 配置与管理[M]. 北京：人民邮电出版社，2011.

[14] 刘琨，周伟. MRTG 在校园网络中的应用[J]. 攀枝花学院学报（综合版），2006（23）：91-93.

[15] 百度文库，http://wenku.baidu.com/.

[16] 田增国，刘晶晶，张召贤. 组网技术与网络管理[M]. 2 版. 北京：清华大学出版社，2009.

[17] 思科华为技术论坛，http://bbs.ciscohuawei.com/.

[18] 华三技术论坛，http://forum.h3c.com/.

[19] 华为技术论坛，http://forum.huawei.com.